国家级一流本科专业建设成果教材

浙江省普通本科高校"十四五"重点立项建设教材

石油和化工行业"十四五"规划教材

材料工程基础

张景基　杜汇伟　陈俊甫　等编

Fundamentals of
Materials Engineering

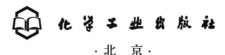
·北京·

内容简介

《材料工程基础》是为落实立德树人根本任务、适应产业变革及推进新工科建设而编写的材料科学与工程类专业教材。本教材顺应化工新材料发展需求、兼顾材料工程理论知识与前沿实践，整合材料工程共性基础理论——动量传递、热量传递、质量传递及其典型运用单元——非均相物系分离、均相物系分离、晶体析出与固体干燥等基础知识，融合科学人物、国家工程、计量标准等思政元素与行业特色。本教材既注重理论知识逻辑性，又强调工程知识实践性，并试图构建材料工程知识与材料文化共同体的知识体系。

本教材可供高等学校材料科学与工程类专业本科教学使用，也可供从事材料类科研、生产的工程技术人员参阅。

图书在版编目（CIP）数据

材料工程基础 / 张景基等编. -- 北京 : 化学工业出版社, 2025. 3. --（浙江省普通本科高校"十四五"重点立项建设教材）. -- ISBN 978-7-122-47228-1

Ⅰ. TB3

中国国家版本馆CIP数据核字第2025TR4607号

责任编辑：陶艳玲　　　　文字编辑：张亿鑫
责任校对：杜杏然　　　　装帧设计：史利平

出版发行：化学工业出版社
　　　　（北京市东城区青年湖南街13号　邮政编码100011）
印　　装：三河市航远印刷有限公司
787mm×1092mm　1/16　印张16½　字数398千字
2025年4月北京第1版第1次印刷

购书咨询：010-64518888
售后服务：010-64518899
网　　址：http://www.cip.com.cn
凡购买本书，如有缺损质量问题，本社销售中心负责调换。

定　价：49.00元　　　　　　　　　　版权所有　违者必究

前言

"材料工程基础"是高等学校材料科学与工程专业课程体系中一门重要学科基础课,也是材料物理、功能材料等专业的基础课程。《材料工程基础》是浙江省普通本科高校"十四五"首批新工科、新医科、新农科、新文科重点建设教材,是为适应新一轮科技革命与产业变革新趋势、满足国家战略与区域发展需要而编写的课程教材。

本教材依据教育部、工业和信息化部、中国工程院印发的《关于加快建设发展新工科实施卓越工程师教育培养计划2.0的意见》(教高〔2018〕3号),试图将材料工程与化学工程部分内容融为一体。本教材不仅涵盖了材料工程共性基础理论——动量传递、热量传递、质量传递,还整合了化学工程的关键应用单元,包括非均相物系分离、均相物系分离、晶体析出与固体干燥。本教材旨在构建新工科人才所需的能力结构与知识体系,精选工程实践中的经典案例,以反映新兴工业技术的发展趋势与创新需求。此外,为顺应产业发展对计量标准的需求,教材中特别融入计量标准的内容。同时,为激励学生树立远大理想,培养他们的爱国情怀、强国志向,教材中还有机融入了思政教育元素。本教材秉承"价值引领、能力培养、知识传授"三位一体的教育理念,配合国家高等教育智慧教育平台上的精品资源共享课程,致力于将价值塑造、知识传授和能力培养紧密结合,以形成一体化的教学模式。

本教材由中国计量大学张景基、杜汇伟、陈俊甫等编写,其中绪论、第1章流体力学、第2章传热学由张景基编写,第3章传质学第1、2节由聊城大学李伟编写,第3节由聊城大学黄海华编写,第4章非均相物系分离、第5章均相物系分离由杜汇伟编写,第6章晶体析出与固体干燥由陈俊甫编写,最后由张景基统稿。

在本教材编写与出版过程中,中国计量大学王疆瑛、卫国英、秦来顺、唐高给予了大量的建议与支持,并得到中国计量大学材料科学与工程专业"国家级一流本科专业"建设经费资助,在此表示感谢。

鉴于编者经历和水平有限,书中不足之处,恳请读者批评指正。

编者

2025年1月

目录

绪论 ... 1

第1章 流体力学 ... 3

1.1 概述 ... 3
- 1.1.1 流体概念 ... 3
- 1.1.2 流体力学发展 ... 4
- 1.1.3 流体力学研究方法 ... 5

1.2 流体性质 ... 6
- 1.2.1 流体连续性 ... 7
- 1.2.2 流体流动惯性 ... 9
- 1.2.3 流体可压缩性和热膨胀性 ... 9
- 1.2.4 流体黏性 ... 10

1.3 流体静力学 ... 13
- 1.3.1 作用在流体上的力 ... 13
- 1.3.2 流体静力学方程与静止流体内压强分布 ... 14
- 1.3.3 流体静力学方程应用 ... 16

1.4 不可压缩流体流动基本方程 ... 18
- 1.4.1 连续性方程 ... 18
- 1.4.2 伯努利方程 ... 20

1.5 流体流动阻力 ... 26
- 1.5.1 流体流动类型与雷诺数 ... 26
- 1.5.2 圆管内流体流动 ... 28
- 1.5.3 流体流动边界层 ... 30
- 1.5.4 圆管内流体流动阻力 ... 34
- 1.5.5 减小流动阻力措施 ... 37

1.6 可压缩气体流动 ... 38
- 1.6.1 理想气体一元稳定流动伯努利方程 ... 38
- 1.6.2 可压缩气体流速 ... 39

1.6.3　管道内气体流动 ⋯⋯⋯⋯⋯⋯⋯⋯⋯⋯⋯⋯⋯⋯⋯⋯⋯⋯⋯⋯⋯⋯⋯⋯⋯⋯⋯ 43
　1.7　流量计量 ⋯⋯⋯⋯⋯⋯⋯⋯⋯⋯⋯⋯⋯⋯⋯⋯⋯⋯⋯⋯⋯⋯⋯⋯⋯⋯⋯⋯⋯⋯⋯⋯⋯ 46
　　　1.7.1　速度式流量计 ⋯⋯⋯⋯⋯⋯⋯⋯⋯⋯⋯⋯⋯⋯⋯⋯⋯⋯⋯⋯⋯⋯⋯⋯⋯⋯⋯⋯⋯ 47
　　　1.7.2　容积式流量计 ⋯⋯⋯⋯⋯⋯⋯⋯⋯⋯⋯⋯⋯⋯⋯⋯⋯⋯⋯⋯⋯⋯⋯⋯⋯⋯⋯⋯⋯ 50
　　　1.7.3　质量流量计 ⋯⋯⋯⋯⋯⋯⋯⋯⋯⋯⋯⋯⋯⋯⋯⋯⋯⋯⋯⋯⋯⋯⋯⋯⋯⋯⋯⋯⋯⋯ 51
　本章小结 ⋯⋯⋯⋯⋯⋯⋯⋯⋯⋯⋯⋯⋯⋯⋯⋯⋯⋯⋯⋯⋯⋯⋯⋯⋯⋯⋯⋯⋯⋯⋯⋯⋯⋯⋯⋯ 52
　本章符号说明 ⋯⋯⋯⋯⋯⋯⋯⋯⋯⋯⋯⋯⋯⋯⋯⋯⋯⋯⋯⋯⋯⋯⋯⋯⋯⋯⋯⋯⋯⋯⋯⋯⋯⋯ 52
　思考题与习题 ⋯⋯⋯⋯⋯⋯⋯⋯⋯⋯⋯⋯⋯⋯⋯⋯⋯⋯⋯⋯⋯⋯⋯⋯⋯⋯⋯⋯⋯⋯⋯⋯⋯⋯ 54

第 2 章　传热学　59

　2.1　概述 ⋯⋯⋯⋯⋯⋯⋯⋯⋯⋯⋯⋯⋯⋯⋯⋯⋯⋯⋯⋯⋯⋯⋯⋯⋯⋯⋯⋯⋯⋯⋯⋯⋯⋯⋯ 59
　　　2.1.1　工程技术领域加热或冷却介质 ⋯⋯⋯⋯⋯⋯⋯⋯⋯⋯⋯⋯⋯⋯⋯⋯⋯⋯⋯⋯⋯ 59
　　　2.1.2　连续性介质假定 ⋯⋯⋯⋯⋯⋯⋯⋯⋯⋯⋯⋯⋯⋯⋯⋯⋯⋯⋯⋯⋯⋯⋯⋯⋯⋯⋯ 60
　　　2.1.3　传热学发展 ⋯⋯⋯⋯⋯⋯⋯⋯⋯⋯⋯⋯⋯⋯⋯⋯⋯⋯⋯⋯⋯⋯⋯⋯⋯⋯⋯⋯⋯ 61
　　　2.1.4　传热学研究方法 ⋯⋯⋯⋯⋯⋯⋯⋯⋯⋯⋯⋯⋯⋯⋯⋯⋯⋯⋯⋯⋯⋯⋯⋯⋯⋯⋯ 62
　2.2　传导传热 ⋯⋯⋯⋯⋯⋯⋯⋯⋯⋯⋯⋯⋯⋯⋯⋯⋯⋯⋯⋯⋯⋯⋯⋯⋯⋯⋯⋯⋯⋯⋯⋯⋯ 62
　　　2.2.1　导热基本概念与定律 ⋯⋯⋯⋯⋯⋯⋯⋯⋯⋯⋯⋯⋯⋯⋯⋯⋯⋯⋯⋯⋯⋯⋯⋯⋯ 63
　　　2.2.2　导热微分方程及其定解条件 ⋯⋯⋯⋯⋯⋯⋯⋯⋯⋯⋯⋯⋯⋯⋯⋯⋯⋯⋯⋯⋯⋯ 67
　　　2.2.3　一维稳态导热 ⋯⋯⋯⋯⋯⋯⋯⋯⋯⋯⋯⋯⋯⋯⋯⋯⋯⋯⋯⋯⋯⋯⋯⋯⋯⋯⋯⋯ 69
　2.3　对流传热 ⋯⋯⋯⋯⋯⋯⋯⋯⋯⋯⋯⋯⋯⋯⋯⋯⋯⋯⋯⋯⋯⋯⋯⋯⋯⋯⋯⋯⋯⋯⋯⋯⋯ 79
　　　2.3.1　对流传热数学描述 ⋯⋯⋯⋯⋯⋯⋯⋯⋯⋯⋯⋯⋯⋯⋯⋯⋯⋯⋯⋯⋯⋯⋯⋯⋯⋯ 79
　　　2.3.2　对流传热机理 ⋯⋯⋯⋯⋯⋯⋯⋯⋯⋯⋯⋯⋯⋯⋯⋯⋯⋯⋯⋯⋯⋯⋯⋯⋯⋯⋯⋯ 80
　　　2.3.3　相似理论在对流传热中的应用 ⋯⋯⋯⋯⋯⋯⋯⋯⋯⋯⋯⋯⋯⋯⋯⋯⋯⋯⋯⋯⋯ 83
　　　2.3.4　无相变对流传热 ⋯⋯⋯⋯⋯⋯⋯⋯⋯⋯⋯⋯⋯⋯⋯⋯⋯⋯⋯⋯⋯⋯⋯⋯⋯⋯⋯ 87
　　　2.3.5　相变对流传热 ⋯⋯⋯⋯⋯⋯⋯⋯⋯⋯⋯⋯⋯⋯⋯⋯⋯⋯⋯⋯⋯⋯⋯⋯⋯⋯⋯⋯ 98
　2.4　辐射传热 ⋯⋯⋯⋯⋯⋯⋯⋯⋯⋯⋯⋯⋯⋯⋯⋯⋯⋯⋯⋯⋯⋯⋯⋯⋯⋯⋯⋯⋯⋯⋯⋯ 104
　　　2.4.1　热辐射基本概念 ⋯⋯⋯⋯⋯⋯⋯⋯⋯⋯⋯⋯⋯⋯⋯⋯⋯⋯⋯⋯⋯⋯⋯⋯⋯⋯ 104
　　　2.4.2　黑体辐射定律 ⋯⋯⋯⋯⋯⋯⋯⋯⋯⋯⋯⋯⋯⋯⋯⋯⋯⋯⋯⋯⋯⋯⋯⋯⋯⋯⋯ 107
　　　2.4.3　实际物体辐射与吸收 ⋯⋯⋯⋯⋯⋯⋯⋯⋯⋯⋯⋯⋯⋯⋯⋯⋯⋯⋯⋯⋯⋯⋯⋯ 110
　　　2.4.4　物体间辐射传热 ⋯⋯⋯⋯⋯⋯⋯⋯⋯⋯⋯⋯⋯⋯⋯⋯⋯⋯⋯⋯⋯⋯⋯⋯⋯⋯ 113
　　　2.4.5　辐射传热强化与削弱 ⋯⋯⋯⋯⋯⋯⋯⋯⋯⋯⋯⋯⋯⋯⋯⋯⋯⋯⋯⋯⋯⋯⋯⋯ 118
　　　2.4.6　气体辐射 ⋯⋯⋯⋯⋯⋯⋯⋯⋯⋯⋯⋯⋯⋯⋯⋯⋯⋯⋯⋯⋯⋯⋯⋯⋯⋯⋯⋯⋯ 123
　　　2.4.7　火焰辐射 ⋯⋯⋯⋯⋯⋯⋯⋯⋯⋯⋯⋯⋯⋯⋯⋯⋯⋯⋯⋯⋯⋯⋯⋯⋯⋯⋯⋯⋯ 127
　2.5　综合传热与换热器 ⋯⋯⋯⋯⋯⋯⋯⋯⋯⋯⋯⋯⋯⋯⋯⋯⋯⋯⋯⋯⋯⋯⋯⋯⋯⋯⋯⋯ 128
　　　2.5.1　综合传热过程 ⋯⋯⋯⋯⋯⋯⋯⋯⋯⋯⋯⋯⋯⋯⋯⋯⋯⋯⋯⋯⋯⋯⋯⋯⋯⋯⋯ 129
　　　2.5.2　换热器 ⋯⋯⋯⋯⋯⋯⋯⋯⋯⋯⋯⋯⋯⋯⋯⋯⋯⋯⋯⋯⋯⋯⋯⋯⋯⋯⋯⋯⋯⋯ 132
　本章小结 ⋯⋯⋯⋯⋯⋯⋯⋯⋯⋯⋯⋯⋯⋯⋯⋯⋯⋯⋯⋯⋯⋯⋯⋯⋯⋯⋯⋯⋯⋯⋯⋯⋯⋯ 138

本章符号说明 ··· 139
思考题与习题 ··· 142

第3章 传质学   145

3.1 传质基本概念 ··· 145
3.1.1 混合物中浓度表达方式 ··· 146
3.1.2 流体速度与通量 ·· 148
3.2 分子扩散传质 ··· 150
3.2.1 分子扩散基本定律 ·· 150
3.2.2 分子扩散系数 ··· 152
3.2.3 气体通过多孔介质扩散 ··· 154
3.2.4 扩散传质与化学反应 ·· 156
3.2.5 非稳态扩散 ·· 160
3.3 对流传质 ·· 160
3.3.1 浓度边界层及其传质微分方程 ······································· 161
3.3.2 对流传质准数 ··· 162
3.3.3 对流传质准数关联式 ·· 162
本章小结 ·· 164
本章符号说明 ·· 165
思考题与习题 ·· 168

第4章 非均相物系分离   169

4.1 概述 ··· 169
4.1.1 单颗粒特性 ·· 169
4.1.2 颗粒床层特性 ·· 171
4.1.3 颗粒与流体相对运动 ·· 172
4.2 沉降分离 ·· 175
4.2.1 重力沉降 ··· 175
4.2.2 离心沉降 ··· 178
4.3 过滤分离 ·· 180
4.3.1 过滤原理 ··· 180
4.3.2 过滤基本方程 ·· 181
4.3.3 滤液流过滤饼特点 ··· 183
4.3.4 强化过滤途径 ·· 183
4.4 固体流态化 ··· 184
4.4.1 流态化现象 ·· 184

4.4.2　流化床流体力学分析 ································· 185
本章小结 ·· 186
本章符号说明 ·· 187
思考题与习题 ·· 189

第5章　均相物系分离　　　　　　　　　　　　　　190

5.1　液体蒸馏与精馏 ··· 190
5.1.1　理想物系气液相平衡 ································· 190
5.1.2　液体蒸馏 ··· 193
5.1.3　液体精馏 ··· 196
5.2　液体萃取 ·· 197
5.2.1　液体萃取概述 ··· 197
5.2.2　溶液组成表示及其物料衡算 ····················· 199
5.2.3　部分互溶相平衡 ····································· 200
5.3　气体吸收 ·· 202
5.3.1　气体吸收概述 ··· 202
5.3.2　气液相平衡 ·· 203
5.3.3　相际传质 ··· 205
5.4　吸附分离 ·· 208
5.4.1　吸附相平衡 ·· 209
5.4.2　吸附机理及吸附速率 ······························· 211
5.4.3　固定床吸附过程 ····································· 212
5.5　膜分离 ··· 215
5.5.1　膜分离概述 ·· 216
5.5.2　反渗透 ·· 216
5.5.3　超滤 ··· 218
5.5.4　电渗析 ·· 219
5.5.5　气体混合物分离 ····································· 219
本章小结 ·· 221
本章符号说明 ·· 222
思考题与习题 ·· 225

第6章　晶体析出与固体干燥　　　　　　　　　　　226

6.1　溶液结晶 ·· 226
6.1.1　溶液结晶概述 ··· 226
6.1.2　溶解度与溶液过饱和 ······························· 227

		6.1.3 结晶过程	228
		6.1.4 结晶条件选择与控制	231
		6.1.5 结晶过程物料与热量衡算	232
	6.2	固体干燥	234
		6.2.1 湿空气性质	235
		6.2.2 湿物料水分	238
		6.2.3 恒定干燥条件下干燥速率	239
		6.2.4 干燥速率的影响因素	242
		6.2.5 恒定条件下干燥时间	244
		6.2.6 干燥过程物料与热量衡算	245
		6.2.7 干燥过程空气状态变化	247
本章小结			249
本章符号说明			250
思考题与习题			252

附录　　　　　　　　　　　　　　　　　　　　　　　　　　　253

附录A　常见流体的热物理性质（数字资源）

　　附录A.1　饱和水的热物理性质　253
　　附录A.2　干饱和水蒸气的热物理性质　253
　　附录A.3　过热水蒸气的热物理性质（$p=1.01\times10^5$Pa）　253
　　附录A.4　几种饱和液体的热物理性质　253
　　附录A.5　液态金属的热物理性质　253
　　附录A.6　某些液体的热物理性质（20℃和$p=1.01\times10^5$Pa）　253
　　附录A.7　常见气体的热物理性质（$p=1.01\times10^5$Pa）　253

附录B　常见材料的导热系数（数字资源）　253

　　附录B.1　金属材料的密度、比热、导热系数　253
　　附录B.2　耐火材料及建筑材料的导热系数　253
　　附录B.3　绝热材料的导热系数　253

附录C　常见材料的辐射黑度（数字资源）　254

思考题与习题解析（数字资源）　254

参考文献　　　　　　　　　　　　　　　　　　　　　　　　　　255

绪论

材料是人类赖以生存与发展的物质基础，20世纪70年代人们更是把信息、材料与能源誉为当代文明三大支柱。20世纪80年代以高新技术群为代表的新技术革命，又把新材料、信息技术和生物技术并列为新技术革命的重要标志，这主要是因为材料与国民经济建设、国防建设和人民生活密切相关。

新材料作为21世纪三大关键技术之一，是高新技术发展基础与先导，是高端制造业及国防工业重要保障，未来将成为各国战略竞争焦点。"一代材料，一代技术"，当前，新材料产业的战略地位日益突出。近年来，国家高度重视新材料产业发展，相关部门先后出台了《新材料产业发展指南》《国家新材料生产应用示范平台建设方案》《"十四五"原材料工业发展规划》《原材料工业数字化转型工作方案（2024—2026年）》等一系列文件，推动新材料产业持续创新发展。

材料研究与发展已成为衡量人类社会文明程度及生产力发展水平的重要标志，因此历史学家依据人类使用材料种类和性质差异把历史时代分为石器时代、青铜器时代、铁器时代、钢铁时代及新材料时代。早在100万年以前，人类开始用石头做工具，人类进入旧石器时代。大约1万年前，人们对石头进行加工，使之成为精致的器皿或工具，人类从此进入新石器时代。公元前约5000年，人类在不断改进石器和寻找石料过程中发现了天然的铜块和铜矿石，在用火烧制陶器中发明了冶铜术；后来又发现把锡矿石加到红铜里一起熔炼，制成的物品更加坚韧耐磨，这就是青铜，人类从此进入青铜器时代。公元前14世纪至公元前13世纪，人类开始使用并铸造铁器，当青铜器被铁器广泛替代时，标志着人类进入铁器时代。到19世纪左右，人类发明了转炉和平炉炼钢，世界钢产量飞速增长，人类进入钢铁时代。此后不断出现新的钢种，铝、镁、锆、钛和很多稀有金属及合金相继出现并得到广泛应用。20世纪初，由于物理和化学等科学理论在材料技术中的应用，出现了材料科学。在此基础上，人类进入了人工合成材料的新阶段。20世纪后半叶，新材料研制日新月异，出现了"高分子时代""半导体时代""先进陶瓷时代""复合材料时代"等说法，材料产业进入高速发展新阶段。随着科学技术的发展，尤其是材料测试分析技术的不断提高，如电子显微技术、微区成分分析技术等应用，材料内部结构与性能间的关系不断被揭示，人们对材料的认识也从宏观领域进入微观领域。在认识各种材料共性基本规律基础上，人们正在探索按指定性能来设计新材料的途径，从此进入新材料时代。

材料设计古已有之，据我国春秋时期《周礼·考工记》记载："金有六齐（ji，四声）：六分其金而锡居一（金与锡质量比6∶1），谓之钟鼎之齐（钟鼎材料）；五分其金而锡居一（金与锡质量比5∶1），谓之斧斤之齐（斧子类工具）；四分其金而锡居一（金与锡质量比4∶1），谓之戈戟之齐（矛、戈、戟等武器材料）；三分其金而锡居一（金与锡质量比3∶1），谓之大刃之齐（巨斧，多为刑具）；五分其金而锡居二（金与锡质量比5∶2），谓之削杀矢之齐（短刀、剑、箭头）；金锡半（金与锡质量比5∶5），谓之鉴燧之齐（用于取火的凹面镜）。"这段描述就是根据性能与用途设计器具材料的最早记录（计量学在材料设计上的运用）。

材料工程是以材料科学为基础，运用物理学、化学、力学等知识，通过改变材料组成、结构、性能来设计与制造新材料的学科。作为一门综合性学科，其发展历程与现代科学技术的进步紧密相连。从历史沿革来看，材料工程萌芽可追溯到古代人类对材料的初步认识与应用，而其系统化、科学化的发展则是在20世纪中叶随着材料科学这一概念的形成而逐渐确立的。

材料工程的发展得益于与其他学科的交叉融合，其理论基础根植于物理学、化学和数学。近年来，凝聚态物理学的研究对象集中于各类功能材料，化学合成新技术与纳米材料的研发互为促进，催生大量新的成果，现代生物学与材料科学的交叉诞生了生物材料分支。

化学工程是一门将化学理论与工程应用相结合的学科，将化学反应进行工业化生产，实现原料转化与产品制备。材料工程与化学工程作为相互交叉的学科，在实践中存在密切联系与合作，相互促进。材料工程着重于材料设计、制备与性能改进，而化学工程则主要关注原料转化和化学反应的工业化规模，两个学科结合为新材料研发与应用提供坚实基础。

新材料制备过程虽具有多样性，但其所涉及的基本理论却有着惊人的共性，即动量传递（流体力学）、能量传递（传热学）、质量传递（传质学），化工过程也可分解为若干相对独立的化学反应单元过程。虽然材料制备过程及涉及化学反应五花八门，但各组成单元过程也遵循上述三种规律。

第 1 章 流体力学

本章提要

本章主要介绍流体性质、流体运动特性，推导流体流动连续性方程、伯努利方程，并对惯性系中流体压强分布及不可压缩理想流体、不可压缩黏性流体、可压缩流体流动情况进行求解；在此基础上，简述几种以流体压力差、动力学（动量守恒和能量守恒）、振荡原理为基础设计的流量计。

1.1 概述

流体是与固体相对应的一种物体形态，是液体与气体的总称。大气和水是最常见的两种流体。人们在认识、改造自然过程中，随着实践经验不断积累和技术水平日渐提高，逐渐形成、发展了流体力学。流体力学在工业、农业、交通运输、天文学、地球学、生物学、医学等方面得到广泛应用，其在国计民生中起着非常重要的作用。

1.1.1 流体概念

我们日常生活中随处可见的空气和水都是流体，但什么是流体呢？

目前，普遍接受的概念源自 1951 年 Victor L. Streeter 的 *Fluid Mechanics*，即流体是在切应力作用下能够连续变形的物体。由这个定义可推论：静止状态流体不存在切应力。

随着科学技术不断发展，出现了超临界流体概念，即温度、压强高于其临界状态的流体。超临界流体由于液体与气体分界面消失，其物性兼具液体与气体的性质，如黏度、扩散系数接近气体，而密度、溶剂化能力接近液体。当水温和压强升高到临界点（$t = 374.3$℃，$p = 22.05\text{MPa}$）以上时，流体就处于一种既不同于气态也不同于液态与固态的超临界态，其密度是室温液态水（$1\text{g} \cdot \text{cm}^{-3}$）的 $0.03 \sim 0.4$ 倍。超临界流体具有广泛应用，如超临界流体萃取、超临界水氧化技术、超临界流体干燥、超临界流体染色、超临界流体色谱及超临界流体化学反应等，其中以超临界流体萃取应用最为广泛。

1.1.2 流体力学发展

1738 年伯努利（D. Bernoulli）著书《流体动力学》，1880 年前后发展了"空气动力学"。直到 1935 年，人们概括了两方面知识，建立统一体系，即"流体力学"，它是研究运动或静止流体受力及力对流体运动状态改变的科学。

人类最早对流体力学的认识是从治水、灌溉、航行等方面开始的。四千多年前大禹治水事例说明，我们古代已有大规模治河工程。春秋时期《墨子》记载："墨子为木鸢，三年而成，蜚一日而败。"这可能是历史上最早涉及流体力学的著作。另外，我们熟知的"曹冲称象"亦是对流体的利用。这些说明我国古代人民对流体力学认识和应用积累丰富的实践经验。

欧美诸国历史上记载最早从事流体力学研究的科学家是古希腊哲学家、数学家、物理学家阿基米德（Archimedes），他被认为是流体静力学的奠基人。他著的《论浮体》是有关流体力学的最早文献，为以后研究流体力学提供很大帮助。文艺复兴时期著名艺术家、物理学家列奥纳多·达·芬奇（Leonardo da Vinci）设计建造小型水渠，系统地研究物体沉浮、孔口出流、物体运动阻力以及管道、明渠中水流等问题。

从 17 世纪牛顿（I. Newton）编写的《自然哲学的数学原理》中提出"牛顿黏性定律"开始，到 18 世纪伯努利（D. Bernoulli）编写的《流体动力学》中建立流体位势能、压强势能、动能之间的能量转化关系——伯努利方程，以及欧拉（L. Euler）发表的《流体运动的一般原理》中提出流体连续性介质模型、建立连续性微分方程和理想流体运动微分方程，流体力学已逐渐成为一个完整、成熟的知识体系。

19 世纪法国物理学家、工程师纳维（M. Navier）和英国力学家、数学家斯托克斯（G. G. Stokes）建立描述流体运动的纳维-斯托克斯方程（N-S 方程）。随后，英国力学家、物理学家、工程师雷诺（O. Reynolds）用实验证实黏性流体层流与紊流两种流态，并确立黏性流体流动规律的相似准数（即雷诺数）。德国物理学家、生理学家亥姆霍兹（H. von Helmholtz）和爱尔兰数学家、物理学家、工程师开尔文（L. Kelvin）提出"开尔文-亥姆霍兹定理"。这些理论和实验研究，促进了流体力学发展。

20 世纪德国哥廷根学派创立人、物理学家普朗特（L. Prandtl）建立边界层理论，解释阻力产生机制，尔后，又针对航空技术，提出混合长度理论、有限翼展机翼理论，对现代航空工业发展做出重要贡献，被誉为近代力学奠基人之一。

钱学森先生的导师——冯·卡门（T. von Kármán）提出"卡门涡街"理论，在紊流边界层理论、超声速空气动力学、火箭及喷气技术等方面做出不少贡献。

我国科学家杰出代表钱学森于 1939 年通过对可压缩边界层研究，创立著名的"卡门-钱学森"公式，随即这个公式被应用到亚声速飞机设计中。另外，钱学森在空气动力学、航空工程、喷气推进、工程控制论等领域也做出许多开创性贡献。

20 世纪中叶以来，工业生产和尖端技术发展需要，促使流体力学和其他学科相互渗透，形成许多边缘学科，致使这一古老学科发展成多分支、全新学科体系，焕发出旺盛生机与活力。这一全新学科体系包括黏性流体力学、流变学、气体动力学、水动力学、渗流力学、非牛顿流体力学、多相流体力学、磁流体力学、化学流体力学、生物流体力学、地球流体力学、计算流体力学等。

钱学森（1911年12月11日—2009年10月31日），享誉海内外的国家杰出贡献科学家和中国航天事业奠基人，中国科学院、中国工程院资深院士，两弹一星功勋奖章获得者。1934年，毕业于上海国立交通大学机械工程系。1935年9月，进入美国麻省理工学院航空系学习。1936年9月，转入美国加州理工学院航空系，在世界著名力学大师冯·卡门教授指导下，从事航空工程理论和应用力学研究，先后获航空工程硕士学位和航空、数学博士学位。1938年7月至1955年8月，他在美国从事空气动力学、固体力学、火箭、导弹等领域研究，并与导师共同完成高速空气动力学研究课题，建立"卡门-钱学森"公式，在二十八岁时成为世界知名气动力学家。

1.1.3　流体力学研究方法

流体力学研究方法一般分为实验模拟法、理论分析法、数值计算法三种。

（1）实验模拟法

实验模拟法在流体力学中占有重要地位，二百年来，流体力学发展史中每一项重大进展都离不开实验。

实验模拟法指在相似理论（把研究对象尺度放大或缩小以便能安排实验）指导下建立模拟实验装置，用流体测量技术测量流动参数，处理分析数据以获得反映流动规律的特定关系，发现新现象、检验理论结果。

这种方法主要步骤：a. 对给定问题选择适当无量纲参数并确定其大小范围。b. 准备实验条件，包括模型设计制造与仪器设备选择等。c. 指定实验方案并进行实验。d. 整理分析实验结果，并与其他方法所得结果进行比较。

这种方法适用于有些流动现象难以靠理论计算解决和不可能做原型实验（成本太高或规模太大）的情况，上海虹口足球场风载实验如图1.1所示，船模拖拽实验如图1.2所示，根据模型实验所得数据，可以像换算单位制那样简单求出原型数据。实验模拟法也可对还没出现的事物、没发生的现象（如待设计工程、机械等）进行观察，使之得到改进。其唯一缺点是所得结果普适性较差，不同情况需做不同实验。

图1.1　上海虹口足球场风载实验（同济大学）

图1.2　船模拖拽实验（上海交通大学）

（2）理论分析法

理论分析法是根据流体运动普遍规律如质量守恒、动量守恒、能量守恒等，利用数学分析手段研究流体运动、解释已知现象、预测可能发生的结果。

这种方法主要步骤：a. 针对实际流体力学问题，分析影响因素并抓主要因素对问题进行简化，建立反映问题本质的"力学模型"（最常用基本模型有连续性介质、牛顿流体、不可压缩流体、理想流体、平面流动等）。b. 针对流体运动特点，用数学语言将质量守恒、动量守恒、能量守恒等定律表达出来，从而得到连续性方程、动量方程、能量方程以及有关流体性质的实验公式，建立流体力学基本方程组。c. 利用初始条件和边界条件求解方程组，揭示由解而得到的物理量变化规律，并将其与实验结果进行比较，以确定解的准确程度及力学模型适用范围。

在流体力学中，用简化流体物理性质的方法建立特定理论模型，用减少自变量和未知函数等方法来简化数学问题，在一定范围是成功的，并解决了许多实际问题。掌握合理简化方法，正确解释简化后得出的规律或结论，全面并充分认识简化模型适用范围，正确估计它带来与实际的偏离，正是流体力学理论、实验工作的精华。

（3）数值计算法

流体力学基本方程组非常复杂，在考虑黏性作用时更是如此，如果不靠计算机运算，就只能对比较简单或简化的欧拉方程或 N-S 方程进行计算。20 世纪 30~40 年代，对于复杂而又特别重要的流体力学问题，曾组织过几个月甚至几年人力时间做数值计算，例如圆锥做超声速飞行时周围无黏流场就从 1943 年一直算到 1947 年。

计算机技术不断进步，使许多原来无法用理论分析求解的复杂流体力学问题有了求得数值解的可能，这又促进流体力学计算方法发展，形成"计算流体力学"。

这种方法主要步骤：a. 对一般流体运动方程及相应初始或边界条件进行必要简化。b. 选用适当数值方法，对简化问题或边界问题进行离散化。c. 编制程序、选取算例进行具体计算，将所得结果绘制成图表并与实验结果进行比较。

解决流体力学问题时，实验模拟、理论分析和数值计算几种方法是相辅相成的。实验在理论指导下，才能从分散、表面上无联系的现象与实验数据中得出规律性结论。反之，理论分析和数值计算也要依靠实验模拟给出物理图案或数据，以建立流体力学模型及依靠实验来检验这些模型的完善程度。此外，实际流动（例如湍流）往往异常复杂，理论分析与数值计算会遇到数学、计算方面的困难，得不到具体结果，只能通过实验模拟进行研究。

1.2 流体性质

流体区别于固体的主要特征在于其具有流动性，即在运动时内部分子之间发生相对运动特性。

1.2.1 流体连续性

（1）连续性介质模型

流体由大量彼此间有一定间隙的单个分子组成，而且每个分子都处在无序的运动状态中。因此，从微观角度看，表征流体性质的物理量在空间与时间上是随机的、不连续的，致使问题变得复杂。但在工程技术领域，人们感兴趣的不是流体中单个分子微观特性，而是流体宏观运动特性，即大量分子统计平均特性。工程上遇到的大多数流体力学问题所涉及物体特征长度远大于流体分子运动平均自由程，故可认为流体是由连续分布的流体质点组成，这就是连续性介质模型。所谓流体质点指包含大量分子且能保持宏观力学特性的微小体积单元。在微观上，流体质点中任何分子运动都不可能逃出其边界；在宏观上，流体质点仅是几何上一个点，但又有区别，即有质量。为研究流体物理量的连续变化特性，引入流体微元（即由大量流体质点构成并在微小剪应力作用下能旋转与变形的流体微团）。引入连续性介质模型后，表征流体属性的物理量构成连续变化特性，可用连续性函数来描述与研究流体流动规律。

特别注意：连续性介质模型在绝大多数工程情况下是适用的，但对稀薄气体、激波流动问题，这种模型可能不适用。例如，当研究导弹与卫星在高空稀薄气体中飞行时，气体分子平均自由程很大，与物体特征长度相比为同阶量，此时就不能将稀薄气体看作连续性介质。

（2）流体运动描述

流体力学中描述流体流动的方法有两种，即拉格朗日法与欧拉法。

拉格朗日描述也称流体描述（着眼于流体质点），设法描述每个流体质点自始至终的运动过程，即流体质点轨迹。而欧拉描述也称空间描述（着眼于空间点），设法描述空间每一点上流体质点随时间的运动情况，即流体物理量在空间的分布。需指出的是，拉格朗日法描述的是有限质点轨迹；而欧拉法描述的是所有质点瞬时参数，即以充满运动质点空间——流场为研究对象，研究各时刻质点在流场中变化规律。迹线指流体质点运动轨迹，即流体质点在空间运动时所描绘的曲线，与拉格朗日描述相对应。流体流动所占据空间称为流场，流场可用流线来表示。流线指同一瞬间不同流体质点速度方向连线，流线切线表示该点速度方向，与欧拉描述相对应。只有当空间各点流体流速不随时间变化时，流线与迹线才重合。

莱昂哈德·欧拉（1707年4月15日—1783年9月18日），瑞士数学家、物理学家。13岁时入读巴塞尔大学，15岁大学毕业，16岁获硕士学位。18世纪数学界最杰出人物之一，不但为数学做出贡献，更把数学推至物理领域。他是数学史上最多产的数学家，平均每年写出八百多页论文，还有大量力学、分析学、几何学等课本，其中《无穷小分析引论》《微分学原理》《积分学原理》等成为数学经典著作。更让人敬佩的是，在生命最后7年双目完全失明情况下，还以惊人速度产出生平一半著作。他对数学研究如此之广泛，以致许多数学分支中也常见以他名字命名的重要常数、公式和定理。他还涉及建筑学、弹道学、航海学等领域。

在工程技术领域，人们感兴趣的是宏观上流体流动规律，因此采用欧拉法对流体流动加以描述较为方便，尤其是空间各点状态不随时间变化的时候。下面着重介绍欧拉描述数学形式。设空间坐标为直角坐标，以 R 表示 τ 时刻流体质点某一物理量，其欧拉描述数学形式为

$$R = R[x(\tau), y(\tau), z(\tau), \tau] \tag{1.1}$$

若 τ 时刻流体质点位置用矢径 $\boldsymbol{r}$ 表示，其欧拉描述为

$$\boldsymbol{r} = \boldsymbol{r}[x(\tau), y(\tau), z(\tau), \tau] \tag{1.2}$$

流体质点速度 $\boldsymbol{u}$ 为

$$\boldsymbol{u} = \frac{\mathrm{d}\boldsymbol{r}}{\mathrm{d}\tau} = \boldsymbol{u}[x(\tau), y(\tau), z(\tau), \tau] \tag{1.3}$$

该速度 $\boldsymbol{u}$ 在直角坐标系中可表示为

$$u_x = u_x(x, y, z, \tau) \tag{1.4a}$$

$$u_y = u_y(x, y, z, \tau) \tag{1.4b}$$

$$u_z = u_z(x, y, z, \tau) \tag{1.4c}$$

式中，$u_x = \dfrac{\mathrm{d}x}{\mathrm{d}\tau}$、$u_y = \dfrac{\mathrm{d}y}{\mathrm{d}\tau}$、$u_z = \dfrac{\mathrm{d}z}{\mathrm{d}\tau}$ 分别为该速度 $\boldsymbol{u}$ 在三个坐标轴的分量。

流体质点加速度 $\boldsymbol{a}$ 为

$$\begin{aligned}\boldsymbol{a}(x,y,z,\tau) = \frac{\mathrm{d}\boldsymbol{u}}{\mathrm{d}\tau} &= \frac{\partial \boldsymbol{u}}{\partial \tau} + \frac{\partial \boldsymbol{u}}{\partial x} \times \frac{\mathrm{d}x}{\mathrm{d}\tau} + \frac{\partial \boldsymbol{u}}{\partial y} \times \frac{\mathrm{d}y}{\mathrm{d}\tau} + \frac{\partial \boldsymbol{u}}{\partial z} \times \frac{\mathrm{d}z}{\mathrm{d}\tau} \\ &= \frac{\partial \boldsymbol{u}}{\partial \tau} + u_x \frac{\partial \boldsymbol{u}}{\partial x} + u_y \frac{\partial \boldsymbol{u}}{\partial y} + u_z \frac{\partial \boldsymbol{u}}{\partial z}\end{aligned} \tag{1.5}$$

该加速度 $\boldsymbol{a}$ 在直角坐标系中可表示为

$$a_x = \frac{\mathrm{d}u_x}{\mathrm{d}\tau} = \frac{\partial u_x}{\partial \tau} + u_x \frac{\partial u_x}{\partial x} + u_y \frac{\partial u_x}{\partial y} + u_z \frac{\partial u_x}{\partial z} \tag{1.6a}$$

$$a_y = \frac{\mathrm{d}u_y}{\mathrm{d}\tau} = \frac{\partial u_y}{\partial \tau} + u_x \frac{\partial u_y}{\partial x} + u_y \frac{\partial u_y}{\partial y} + u_z \frac{\partial u_y}{\partial z} \tag{1.6b}$$

$$a_z = \frac{\mathrm{d}u_z}{\mathrm{d}\tau} = \frac{\partial u_z}{\partial \tau} + u_x \frac{\partial u_z}{\partial x} + u_y \frac{\partial u_z}{\partial y} + u_z \frac{\partial u_z}{\partial z} \tag{1.6c}$$

若流体在运动空间各点状态不随时间变化，则该流动称为定态（稳态、定常）流动。对定态流动而言，速度、压强、密度等有关物理量 $R(x, y, z, \tau)$ 仅随位置变化而不随时间变化，即有

$$\frac{\partial R(x, y, z, \tau)}{\partial \tau} = 0 \tag{1.7}$$

若流体在运动空间各点状态随时间变化，则为非定态（稳态、定常）流动，即有

$$\frac{\partial R(x, y, z, \tau)}{\partial \tau} \neq 0 \tag{1.8}$$

连续生产过程中流体流动多属于稳态流动，所以本章重点讨论稳态流动问题。此外，流

体流动也可按流速及有关物理量依据空间维数，将其分为一维、二维、三维流动。

1.2.2 流体流动惯性

惯性是物体具有保持原有运动状态的性质，凡改变物体运动状态，必须克服惯性作用。质量是表示惯性大小的物理量，流体质量越大则惯性越大，流体运动状态越难改变。

流体密度是单位体积流体的质量。对于质量为 m、体积为 V 的均质流体，则其密度 ρ 为

$$\rho = \frac{m}{V} \tag{1.9}$$

对于非均质流体，由连续性介质模型可得

$$\rho(x,y,z,\tau) = \lim_{\Delta V \to 0} \frac{\Delta m}{\Delta V} = \frac{\mathrm{d}m}{\mathrm{d}V} \tag{1.10}$$

密度是空间与时间的函数，其 SI 单位为 $kg \cdot m^{-3}$。不同流体密度各不相同，一些常见流体密度见本书附录 A。

1.2.3 流体可压缩性和热膨胀性

（1）定义

流体在外部压强作用下，其体积或密度可以改变的性质，称为流体可压缩性；而流体在温度改变时其体积或密度可以改变的性质，称为流体热膨胀性。

对单一组分流体，其密度 ρ 随压强 p、温度 T 的改变量为

$$\mathrm{d}\rho = \left(\frac{\partial \rho}{\partial p}\right)_T \mathrm{d}p + \left(\frac{\partial \rho}{\partial T}\right)_p \mathrm{d}T = \rho \gamma_T \mathrm{d}p - \rho \beta \mathrm{d}T \tag{1.11}$$

式中 $\gamma_T = \frac{1}{\rho}\left(\frac{\partial \rho}{\partial p}\right)_T$ ——等温压缩系数，其可用于衡量流体可压缩性；

$\beta = -\frac{1}{\rho}\left(\frac{\partial \rho}{\partial T}\right)_p$ ——热膨胀系数，其可用于衡量流体热膨胀性。

等温压缩系数 γ_T 的倒数，称为体积弹性模量 E，表示流体体积相对变化所需压强增量，即

$$E = \frac{1}{\gamma_T} = \rho \frac{\mathrm{d}p}{\mathrm{d}\rho} \tag{1.12}$$

在 SI 制中，体积弹性模量单位是帕（Pa）。

实际工程问题中，是否考虑流体压缩性需视具体情况而定。

（2）流体状态方程

一般来说，流体力学中液体分子间距较小，体积随压强变化很小，可看作不可压缩流体。

为处理问题方便，常将压缩性很小的流体近似看作不可压缩流体，此时流体密度可视为常数。因液体体积随温度变化而有些许变化，故不同温度下液体密度会有些许变化，因此从有关资料中查取液体密度时要注意与之相对应温度。

对于气体，其密度受压强和温度影响较大，可视为可压缩性流体。当压强不太高、温度不太低时，一般可按理想气体处理。

对于质量 m 的理想气体，其压强 p、温度 T 和体积 V 之间满足如下关系：

$$pV = \frac{m}{M}RT = nRT \tag{1.13}$$

式中　n——气体物质的量，mol；

　　　M——气体分子摩尔质量；

　　　R——摩尔气体常数，$R = 8.314\text{J} \cdot \text{mol}^{-1} \cdot \text{K}^{-1}$。

对于单组分气体，有

$$\rho = \frac{pM}{RT} \tag{1.14}$$

对于高温压缩气体，由于必须考虑分子间作用及分子占有体积的影响，其状态方程通常采用范德瓦耳斯方程表示

$$\left(p + \frac{\chi}{V^2}\right)(V - \eta) = RT \tag{1.15}$$

式中　$\dfrac{\chi}{V^2}$——气体分子间吸引力；

　　　χ、η——范德瓦耳斯常数（不同气体取不同值）。

1.2.4　流体黏性

（1）牛顿黏性定律

当两个互相接触固体发生相对运动或有相对运动趋势时，就会在接触面产生摩擦力。类似地，流体流动时任意相邻两层流体间因速度不同而产生相互抵抗作用力，称为流体黏性力（即内摩擦力）。流体具有抵抗剪切变形的性质称为流体黏性，是流体固有属性之一。不论流体处于静止还是流动，都具有黏性。

1687 年，牛顿在所著《自然哲学的数学原理》中论述流体黏性：将相距为 Δy 两平行平板浸没在黏性流体中（由于两板面积足够大，故平板四周边界影响可忽略），固定下板后，在上板施加平行于平板的恒定外力使上板以恒定速度 u 向右运动，则两板间各层流体速度沿垂直于板面方向逐层线性降低（如图 1.3 所示）。

实验证明：对于多数流体，任意两毗邻流体层间黏性作用力 F 与速度差 Δu 及作用面积 S 成正比，与流体层间距 Δy 成反比，则有

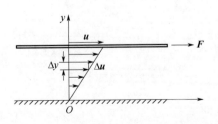

图 1.3　平行平板间黏性流体速度变化

$$F = \mu \frac{\Delta u}{\Delta y} S \tag{1.16}$$

式中 μ——比例系数,称为流体动力黏度系数(简称黏度),Pa·s。

多数情况下 u 与 y 间关系并非线性,此时可用速度梯度 du/dy 代替 $\Delta u/\Delta y$,即有

$$F = \mu \frac{du}{dy} S \tag{1.17}$$

单位面积黏性力称为黏性剪切应力,以 τ 表示。则式(1.17)可写成

$$\tau = \mu \frac{du}{dy} \tag{1.18}$$

这就是著名牛顿黏性定律。凡遵循牛顿黏性定律的流体称为牛顿型流体,否则为非牛顿型流体。所有气体与大多数低分子量液体均属牛顿型流体,如水、空气等;而某些高分子溶液、油漆、血液等则属于非牛顿型流体。生产过程中碰到的多数流体属于牛顿型流体,因此本书重点讨论牛顿型流体。

艾萨克·牛顿(1643年1月4日—1727年3月31日),爵士、英国皇家学会会长、著名物理学家、百科全书式"全才"。1687年发表的《自然哲学的数学原理》论文对万有引力和三大运动定律进行描述,奠定此后三个世纪里物理世界的科学观点,并成为现代工程学基础。通过论证开普勒行星运动定律与引力理论间一致性,展示地面物体与天体运动都遵循相同自然定律,为太阳中心说提供强有力的理论支持,推动科学革命。力学方面,阐明动量和角动量守恒原理,提出牛顿运动定律;光学方面,发明反射望远镜,发展出颜色理论,还系统地表述冷却定律;数学方面,牛顿与戈特弗里德·威廉·莱布尼茨分享发展微积分学荣誉,也证明广义二项式定理;经济学方面,提出金本位制度。

(2)流体黏度

动力黏度系数是流体的重要物理性质之一,它是流体组成与状态(温度、压强)的函数。流体具有黏性的物理本质在于流体分子间吸引力和分子不规则热运动的动量交换。液体与气体产生黏性的主要原因不同:液体主要由分子间吸引力引起,而气体则主要由分子间不规则热运动引起。一方面,温度升高时,分子间距增大,分子间吸引力降低,致使流体黏性降低;另一方面,分子不规则热运动更为剧烈,动量交换增加又使流体黏性增大。对于液体黏性而言,分子间吸引力起决定性作用,温度升高致使分子间吸引力减弱,黏性降低。气体则不然,气体分子间距比液体分子间距大,因此分子间吸引力并非主要因素,而动量交换则起决定性作用,故温度升高加快分子热运动,促使气体黏性增大。相比较而言,压强对黏度影响较小。

流体黏性可用动力黏度系数 μ 与密度 ρ 的比值来表示,这个比值称为运动黏度系数 ν,

即

$$\nu = \frac{\mu}{\rho} \tag{1.19}$$

其 SI 单位为 $m^2 \cdot s^{-1}$。一些常见纯液体、气体的动力黏度系数与运动黏度系数可从本书附录 A 中查得。

流体黏度可由实验测定，亦可由一些理论与经验公式计算。生产过程中常遇到各种流体混合物，在计算其黏度时不能简单地按组分叠加处理，在缺乏实验数据情况下，应参阅有关资料选用适当经验公式估算。例如，对于常压气体混合物黏度，可采用下式计算：

$$\mu_M = \frac{\sum n_i \mu_i M_i^{1/2}}{\sum n_i M_i^{1/2}} \tag{1.20}$$

式中　　μ_M——混合物黏度，$Pa \cdot s$；
　　　　n_i——混合物中 i 组分摩尔分数；
　　　　μ_i——同温度下混合物中 i 组分黏度，$Pa \cdot s$；
　　　　M_i——混合物中 i 组分摩尔质量，$g \cdot mol^{-1}$。

对分子不缔合的液体混合物，黏度可用下式计算：

$$\lg \mu_M = \sum n_i \lg \mu_i \tag{1.21}$$

（3）黏性流体与理想流体

自然界中存在的流体都具有一定黏性，称为实际流体或黏性流体。黏性给流体流动数学描述和处理带来很大困难，为方便求出流体运动规律，当流体（如水、空气等）黏性较小或各层流体运动相对速度不大以致产生黏性剪切应力较其他作用力（如惯性力等）可忽略不计时，可近似将流体当作理想流体或无黏性流体处理。理想流体事实上不存在，但这种抽象模型却有着重大理论与实际意义。许多黏性流体的力学问题往往以理想流体流动规律为基础，根据需要再考虑黏性的影响，对理想流体分析结果加以修正，然后应用于实际流体。但当黏性对流体流动起主导作用时，实际流体就不能按理想流体处理。

例［1.1］

长度 $l = 1m$、直径 $d = 200mm$ 的水平放置圆柱体，置于内径 $D = 206mm$ 的圆管中以 $u = 1m \cdot s^{-1}$ 速度移动，已知间隙油液密度 $\rho = 920 kg \cdot m^{-3}$，运动黏度系数 $\nu = 5.6 \times 10^{-4} m^2 \cdot s^{-1}$，求所需拉力 F 为多少？

【假设】由于圆柱体外壁与圆管内壁间隙很小，速度可视为线性变化。

【题解】由运动黏度系数 ν 可得动力黏度系数 μ

$$\mu = \rho\nu = 920 \times 5.6 \times 10^{-4} = 0.5152 \, (Pa \cdot s)$$

因速度线性变化，可用增量来替代微分，故牛顿黏性定律有

$$F = \mu \frac{du}{dy} S = 0.5152 \times 3.14 \times 0.2 \times 1 \times \frac{1 \times 10^3}{(206-200)/2} = 107.8 \, (N)$$

1.3 流体静力学

静止是流体的一种特殊存在形态，流动是流体更为普遍的存在形态。流体静力学主要研究流体在重力场中处于静止状态时各物理量变化规律，即讨论流体静止状态下平衡规律及其在材料工程技术领域应用。

1.3.1 作用在流体上的力

无论是静止还是流动的流体均承受一定作用力。作用在流体上的力，就其物理性质而言可分为惯性力、黏性力、弹性力、重力、引力、压力和摩擦力等。为便于分析流体平衡与运动规律，按力作用方式将其分为质量力与表面力。

（1）质量力

质量力指作用在某体积内流体质点上的力，其大小与受作用的流体质量或体积成正比，故又称体积力。流体力学中常遇到的质量力有重力与惯性力。重力是地球对流体质点的引力，惯性力则是当流体做加速或减速运动时由于惯性使然而受到的作用力。

若在密度为 ρ 的流体体积 V 内任取体元 ΔV，该体元质量 $\Delta m = \rho \Delta V$，当作用在其上的质量力为 $\Delta \boldsymbol{F}$ 时（如图 1.4 所示），单位质量流体所受质量力（称为单位质量力）为

$$f(x,y,z,\tau) = \lim_{\Delta m \to 0} \frac{\Delta \boldsymbol{F}}{\Delta m} = \frac{d\boldsymbol{F}}{dm} = \frac{1}{\rho} \times \frac{d\boldsymbol{F}}{dV} \tag{1.22}$$

（2）表面力

表面力（也称应力）指在分离体表面存在分离体以外物体对分离体内流体的作用力，其大小与受作用流体表面积成正比。因此，压力、摩擦力均是表面力。

若在封闭曲面 S 内任取面元 ΔS，该面元外法线方向为 e_n，ΔS 外侧流体通过 ΔS 面作用于内侧流体的力 $\Delta \boldsymbol{P}$ 沿垂直与平行于 ΔS 面分解，分别用 $\Delta \boldsymbol{P}_n$ 与 $\Delta \boldsymbol{P}_\tau$ 表示（图 1.5），则相应法向应力 p 和切向应力 τ 分别为

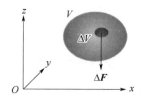
图 1.4 作用在流体上的质量力

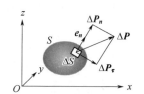
图 1.5 作用在流体上的表面力

$$p(x,y,z,\tau) = \lim_{\Delta S \to 0} \frac{\Delta \boldsymbol{P}_n}{\Delta S} = \frac{d\boldsymbol{P}_n}{dS} \tag{1.23}$$

$$\tau(x,y,z,\tau) = \lim_{\Delta S \to 0} \frac{\Delta \boldsymbol{P}_\tau}{\Delta S} = \frac{d\boldsymbol{P}_\tau}{dS} \tag{1.24}$$

若流体为理想流体，由于流体层间无相对运动，故无剪切作用，切向应力 τ 为零。又当

流体静止时，流体法向应力 p 在数值上等于流体静压强 p。

1.3.2 流体静力学方程与静止流体内压强分布

（1）流体静力学方程

描述静止流体在重力和压力作用下平衡规律的数学表达式称为流体静力学方程。在密度为 ρ 的静止流体中任取微元六面体（图 1.6），其边长分别为 dx、dy、dz，设流体微元中心点在 $A(x,y,z)$，该点压强为 $p(x,y,z)$，则作用在微元六面体上的力有质量力与表面力。

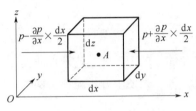

图 1.6 静止流体微元六面体受力分析

质量力：单位质量力 f 在 x、y、z 坐标轴分量分别为 f_x、f_y、f_z，则作用在微元六面体上质量力 F 在 x、y、z 坐标轴分量分别为

$$F_x = \rho f_x dxdydz \tag{1.25a}$$

$$F_y = \rho f_y dxdydz \tag{1.25b}$$

$$F_z = \rho f_z dxdydz \tag{1.25c}$$

表面力：静止流体中微元六面体每个面不存在剪切应力 τ，只有法向应力 p。六个受压面压强取泰勒级数展开式前两项，可得

x 方向 $\qquad p - \dfrac{\partial p}{\partial x} \times \dfrac{dx}{2}$、$p + \dfrac{\partial p}{\partial x} \times \dfrac{dx}{2}$ $\qquad$ (1.26a)

y 方向 $\qquad p - \dfrac{\partial p}{\partial y} \times \dfrac{dy}{2}$、$p + \dfrac{\partial p}{\partial y} \times \dfrac{dy}{2}$ $\qquad$ (1.26b)

z 方向 $\qquad p - \dfrac{\partial p}{\partial z} \times \dfrac{dz}{2}$、$p + \dfrac{\partial p}{\partial z} \times \dfrac{dz}{2}$ $\qquad$ (1.26c)

式中，$\partial p/\partial x$、$\partial p/\partial y$、$\partial p/\partial z$ 分别表示压强沿 x、y、z 坐标轴的变化率。

由于该流体处于静止状态，根据力的平衡，作用于其上质量力与表面力的合力必然为零，则在 x 方向上有

$$\left(p - \dfrac{\partial p}{\partial x} \times \dfrac{dx}{2}\right)dydz - \left(p + \dfrac{\partial p}{\partial x} \times \dfrac{dx}{2}\right)dydz + \rho f_x dxdydz = 0 \tag{1.27}$$

式（1.27）除以流体微元质量 $\rho dxdydz$，单位质量流体在 x 方向上力的平衡为

$$f_x - \dfrac{1}{\rho} \times \dfrac{\partial p}{\partial x} = 0 \tag{1.28a}$$

同理可得

$$f_y - \dfrac{1}{\rho} \times \dfrac{\partial p}{\partial y} = 0 \tag{1.28b}$$

$$f_z - \dfrac{1}{\rho} \times \dfrac{\partial p}{\partial z} = 0 \tag{1.28c}$$

式（1.28）称为静止流体平衡微分方程。此方程首先由欧拉于 1775 年推导出，故也称为欧拉平衡微分方程。

将上面三式分别乘以 dx、dy、dz，相加可得

$$\frac{\partial p}{\partial x}dx + \frac{\partial p}{\partial y}dy + \frac{\partial p}{\partial z}dz = \rho(f_x dx + f_y dy + f_z dz) \tag{1.29}$$

因为压强是空间位置函数，即 $p(x,y,z)$，则有

$$dp = \frac{\partial p}{\partial x}dx + \frac{\partial p}{\partial y}dy + \frac{\partial p}{\partial z}dz = \rho(f_x dx + f_y dy + f_z dz) \tag{1.30}$$

工程中常遇到重力作用下流体平衡问题，即流体处于静止时，其所受质量力只有重力，取 z 负方向为重力方向，则有

$$f_x = f_y = 0,\quad f_z = -g$$

将此两式代入式（1.30），可得

$$dp + \rho g dz = 0 \tag{1.31}$$

当流体不可压缩（即 ρ 为常数）时，将式（1.31）积分，可得

$$p + \rho g z = C \tag{1.32}$$

式中，C 为积分常数（由边界条件决定）。该式称为流体静力学方程。

（2）静止流体内压强分布

在静止状态流体内任取 1、2 两点（图 1.7），可列出静力学方程

$$p_1 + \rho g z_1 = p_2 + \rho g z_2 \tag{1.33}$$

式中　z_1、z_2——1、2 两点距基准面的距离，m；

　　　p_1、p_2——1、2 两点流体压强，Pa。

工程上常用自由液面（$z=0$，$p=p_0$）下深度表示某一点垂直位置，称为淹没深度 h（图 1.7）。根据式（1.33），可得

$$p = p_0 + \rho g h \tag{1.34}$$

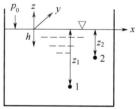

图 1.7　静止流体压强分布

该式也称为流体静力学方程，仅适用于重力场中静止、连续、同种不可压缩流体。若流体处于离心力场，静压强分布将遵循不同规律。

基于流体静力学方程，可知均质静止流体中压强分布特征：a. 在垂直方向，压强与淹没深度 h 呈线性关系；b. 在水平方向，淹没深度 h 的同一液面上各点静压强相等，即等压面在同一液面上。如图 1.8 所示，基于流体静力学方程适用条件可知，只有 3-3 平面才是等压面，而 1-1、2-2 平面虽处同一水平面，但都不满足连续、同种流体条件。需指出，若同一容器内有两种以上密度不同且不互溶液体，其水平分界面也是等压面。

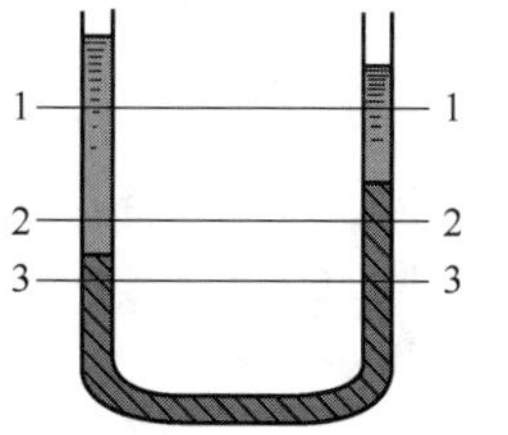

图 1.8　等压面与非等压面

进一步指出，根据式（1.34）求得压强是以绝对真空为基准的

压强（称为绝对压强），是流体受到的实际压强。常以大气压为基准来表示压强，这称为表压强（简称表压，可由压强表上直接读取），其值是绝对压强与大气压之差，即

$$p_\text{表} = p - p_0 = \rho g h \tag{1.35}$$

> **例[1.2]**
>
> 2020年11月10日上午，我国自主研发的"奋斗者"号全海深载人潜水器（图1.9）在马里亚纳海沟（设海水平均密度 $\rho = 1025 \text{kg} \cdot \text{m}^{-3}$）坐底，深度达到10909米，求"奋斗者"号全海深载人潜水器在马里亚纳海底所受表压。
>
>
>
> 图1.9 "奋斗者"号全海深载人潜水器
>
> 【题解】根据流体静力学方程，可得
>
> $$p_\text{表} = \rho g h = 1025 \times 9.8 \times 10909 \approx 1.1 \times 10^8 \text{ (Pa)}$$
>
> "奋斗者"号全海深载人潜水器在马里亚纳海底所受压强约是大气压的1113倍，相当于在指甲盖上放一辆汽车。首先，我国自主研制的新型钛合金材料加上全球先进的焊接技术制造出世界最大的载人舱球壳，成功克服这一困难。其次，我国自主研发万米级固体浮力材料，用于潜水器外层为上浮提供足够浮力。再次，完全国产化声学系统克服海水温度不同导致提取有效信号的困难，为潜水器水下定位导航和巡航作业提供保障。部件国产化率达到96.5%的"奋斗者"号创造10909米我国载人潜水器深潜新纪录，仅以微弱劣势落后美国深潜纪录（10929米）。

1.3.3 流体静力学方程应用

流体静力学原理广泛应用于工业领域，如用于测量流体压强、流体流动过程压强差、容器中液位及液封高度。

（1）压强与压强差测量

> **例[1.3]**
>
> U型压差计又称液柱压差计，是测量流体压强或压强差的装置。U型压差计（指示液密度为 ρ_m）两端开口连通装有待测流体（密度为 ρ）的测量管，若待测流体在测量管内做定态流动时管内指示液的位置如图1.10所示，求1、2两点间压强差。
>
> 【题解】根据流体静力学方程及3-3等压面，有
>
> $$p_1 + \rho g(h + H) = p_2 + \rho g H + \rho_\text{m} g h$$
>
>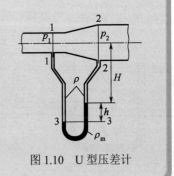
>
> 图1.10 U型压差计

整理上式，可得

$$p_1 - p_2 = (\rho_m - \rho)gh$$

【讨论】若被测流体为气体，由于气体密度比指示液密度小很多，气体密度可忽略，则有

$$p_1 - p_2 = \rho_m gh$$

若U型压差计一端与被测流体连接，另一端与大气相通，此时测得压强是被测流体表压强。

例[1.4]

采用U型微差压差计测量两处空气压差（图1.11），压差计读数 $H = 320\text{mm}$。由于两侧臂上小室不够大，小室内产生两液面（两液密度分别为 $\rho = 910\text{kg} \cdot \text{m}^{-3}$ 和 $\rho_m = 1000\text{kg} \cdot \text{m}^{-3}$）高度差 $h = 4\text{mm}$，试求两处压差。若计算时忽略两小室液面高度差，会造成多大误差？

【题解】根据流体静力学方程及1-1等压面，有

$$p_1 + \rho gH = p_2 + \rho gh + \rho_m gH$$

整理上式，可得

$$\begin{aligned}p_1 - p_2 &= (\rho_m - \rho)gH + \rho gh \\ &= (1000-910)\times 9.8 \times 0.32 + 910 \times 9.8 \times 0.004 = 317.9 \text{ (Pa)}\end{aligned}$$

若忽略两液面高度差，则有

$$p_1 - p_2 = (\rho_m - \rho)gH = 282.2 \text{ (Pa)}$$

$$误差 = \frac{317.9 - 282.2}{317.9} \times 100\% = 11.2\%$$

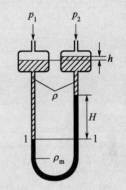

图1.11 U型微差压差计

（2）液位测量

生产中常要测量、控制各种设备和容器内液体液位。原始液位指示器是利用流体静力学连通器原理，即在容器底部及液面下方器壁处各开一小孔，两孔间用玻璃管相连，玻璃管内所示液面高度即为容器内液面高度。这种液位指示器构造非常简单，方便液位就近观测，如家用开水器的液位指示就是基于此原理而设计的。但这种玻璃液位指示器易破损，也不便于远处观测和测量埋在地下的容器液位。

例[1.5]

为测量腐蚀性液体储液罐中存量，采用如图1.12所示装置。测量时通入压缩空气，控制调节阀使空气缓慢地鼓泡通过观察室，若测得U型压差计读数 $H = 100\text{mm}$，试求储罐中液面离管口距离 h（腐蚀性液体密度为 $\rho = 980\text{kg} \cdot \text{m}^{-3}$，U型压差计中水银密度为 $\rho_m = 13600\text{kg} \cdot \text{m}^{-3}$）。

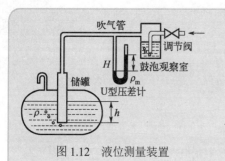

图1.12 液位测量装置

【分析】由于管内空气缓慢鼓泡，可近似 $u=0$；空气 ρ 很小，可忽略空气柱影响。

【题解】根据流体静力学，有

$$\rho g h = \rho_m g H$$

整理上式，得

$$h = \frac{\rho_m}{\rho} H = \frac{13600}{980} \times 0.1 = 1.39 \, (\text{m})$$

（3）液封高度测量

设备液封也是生产中遇到的问题。设备操作条件不同，采用的液封目的不同：有的液封是为防止气体溢出，达到环保安全目的；有的液封则是维持系统操作正常，不让外界气体进入系统。

例[1.6]

某厂为控制乙炔发生炉内压强不超过13.3kPa（表压），在炉外装有安全液封装置（图1.13），当炉内压强超过规定值时，气体便从液封管排出，试求此液封管应插入槽内水面下深度 h。

【分析】发生炉内压强未超过规定值时，炉内气体流动非常缓慢，可忽略不计。

【题解】以液封管口作为基准面，根据流体静力学，有

$$p_0 + 13.3 \times 10^3 = p_0 + \rho g h$$

整理上式，可得

$$h = \frac{13.3 \times 10^3}{\rho g} = \frac{13.3 \times 10^3}{1000 \times 9.8} = 1.36 \, (\text{m})$$

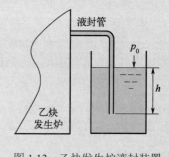

图1.13 乙炔发生炉液封装置

1.4 不可压缩流体流动基本方程

生产过程中涉及流体大多是不可压缩黏性流体，流动过程压强变化规律以及低位流到高位或从低压流到高压过程需要输送设备对液体提供能量，这些都是流体在输运过程中常遇到的问题。要解决这些问题，必须找出不可压缩流体流动规律。

1.4.1 连续性方程

（1）连续性微分方程

如图1.14所示，在密度为 ρ 的流场中任取微元六面体，其边长分别为 dx、dy、dz，设流

体微元中心点 $A(x, y, z)$，该点流速为 $u(x, y, z)$。微小时段 $\mathrm{d}\tau$ 内流速变化极其微小，可忽略。同时，微小六面体各个面的流速分布可认为是均匀的。所以，$\mathrm{d}\tau$ 时间内 x 方向流入、流出的流体质量为

$$\left[\rho u_x - \frac{\partial(\rho u_x)}{\partial x} \times \frac{\mathrm{d}x}{2}\right]\mathrm{d}y\mathrm{d}z\mathrm{d}\tau \quad (1.36\mathrm{a})$$

$$\left[\rho u_x + \frac{\partial(\rho u_x)}{\partial x} \times \frac{\mathrm{d}x}{2}\right]\mathrm{d}y\mathrm{d}z\mathrm{d}\tau \quad (1.36\mathrm{b})$$

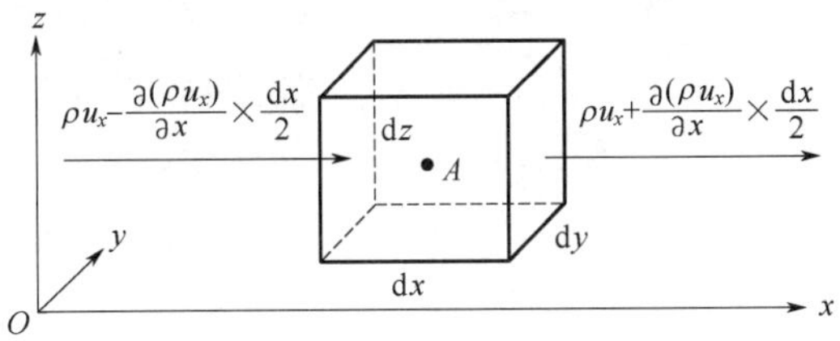

两者之差即为 x 方向净流入量

图 1.14 连续性微分方程推导

$$-\frac{\partial(\rho u_x)}{\partial x}\mathrm{d}x\mathrm{d}y\mathrm{d}z\mathrm{d}\tau \quad (1.37\mathrm{a})$$

同理，可得 y、z 方向净流入量分别为

y 方向
$$-\frac{\partial(\rho u_y)}{\partial y}\mathrm{d}x\mathrm{d}y\mathrm{d}z\mathrm{d}\tau \quad (1.37\mathrm{b})$$

z 方向
$$-\frac{\partial(\rho u_z)}{\partial z}\mathrm{d}x\mathrm{d}y\mathrm{d}z\mathrm{d}\tau \quad (1.37\mathrm{c})$$

依据质量守恒定律，x、y、z 方向净流入量之和必定与 $\mathrm{d}\tau$ 时间内微小六面体质量变化量相等，显然其是由六面体内连续性介质密度变化造成的，即有

$$\left(\frac{\partial\rho}{\partial\tau}\mathrm{d}\tau\right)\mathrm{d}x\mathrm{d}y\mathrm{d}z \quad (1.38)$$

由此可得

$$-\left[\frac{\partial(\rho u_x)}{\partial x} + \frac{\partial(\rho u_y)}{\partial y} + \frac{\partial(\rho u_z)}{\partial z}\right]\mathrm{d}x\mathrm{d}y\mathrm{d}z\mathrm{d}\tau = \frac{\partial\rho}{\partial\tau}\mathrm{d}x\mathrm{d}y\mathrm{d}z\mathrm{d}\tau \quad (1.39)$$

两边除以 $\mathrm{d}x\mathrm{d}y\mathrm{d}z\mathrm{d}\tau$ 并移项，可得

$$\frac{\partial(\rho u_x)}{\partial x} + \frac{\partial(\rho u_y)}{\partial y} + \frac{\partial(\rho u_z)}{\partial z} + \frac{\partial\rho}{\partial\tau} = 0 \quad (1.40)$$

式（1.40）称为连续性微分方程一般形式，是质量守恒原理的流体力学表达式。

对于不可压缩黏性流体（ρ 为常数），式（1.40）可简化为

$$\frac{\partial u_x}{\partial x} + \frac{\partial u_y}{\partial y} + \frac{\partial u_z}{\partial z} = 0 \quad (1.41)$$

式（1.41）为不可压缩黏性流体欧拉连续性微分方程，适用于稳态流与非稳态流。

（2）总流连续性方程

工程中大多数流体是在某些限定空间内沿某一方向流动，它们的连续性方程有较简单形式。

在流场中任取封闭曲线，通过曲线上每一点连续地作流线，这些流线所构成管状封闭曲面称为流管，如图 1.15 所示。

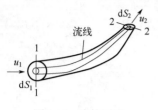

图 1.15 流管图示

流管具有如下性质：a. 因流线不能相交，流体不能穿过流管表面，只能在管内或管外流动。b. 流管表面速度方向永远是与表面相切的，因此流体在流管中流动就如同在固体管路中流动一样。c. 在稳态流动时，流管形状不随时间而变，这是由于流线形状不随时间变化；而在非稳态流动时，流管形状则随时间变化。

将式（1.41）对流管空间积分，根据散度定理有

$$\iiint_V \left(\frac{\partial u_x}{\partial x} + \frac{\partial u_y}{\partial y} + \frac{\partial u_z}{\partial z} \right) dV = \oiint_S \boldsymbol{u} d\boldsymbol{S} = 0 \tag{1.42}$$

式中　$\boldsymbol{S}$ ——体积 V 的封闭表面，其方向由里指向外；
u_x、u_y、u_z —— $\boldsymbol{u}$ 的 x、y、z 三个分量。

因流管侧表面速度为 0，于是式（1.42）化简为

$$-\iint_{S_1} u_1 dS + \iint_{S_2} u_2 dS = 0 \tag{1.43}$$

上式第一项 u_1 方向与 dS 外法线方向相反，故取负号。由此得到

$$\iint_{S_1} u_1 dS = \iint_{S_2} u_2 dS \tag{1.44}$$

$$Q_{V_1} = \bar{u}_1 S_1 = \bar{u}_2 S_2 = Q_{V_2} \tag{1.45}$$

式中　$\bar{u}_1$、$\bar{u}_2$ ——流管横截面平均流速，m·s^{-1}；
Q_{V_1}、Q_{V_2} ——流体单位时间内流过流管截面的体积（称为体积流量），m^3·s^{-1}。

式（1.44）和式（1.45）称为总流连续性方程。显然，不可压缩流体平均速度与流管截面积成反比，即截面增加导致流速降低，而截面变小则流速增加。

流量也可以用质量流量 Q_m 表示，即流体单位时间内流过流管横截面的质量，单位为 kg·s^{-1}。质量流量 Q_m 与体积流量 Q_V 之间关系为 $Q_m = \rho Q_V$。

1.4.2　伯努利方程

（1）流体沿流线流动伯努利方程

与推导静止流体的欧拉平衡微分方程类似，在运动流体中任取微小六面体。由于是理想流体（$\mu = 0$），微元表面不受剪切力作用，微元受力与静止流体相同，但运动流体因各力不平衡而具有加速度，即单位质量流体所受作用力在数值上等于加速度。因此，直接在式（1.28）右边补上加速度项，可得

$$f_x - \frac{1}{\rho} \times \frac{\partial p}{\partial x} = \frac{du_x}{d\tau} \tag{1.46a}$$

$$f_y - \frac{1}{\rho} \times \frac{\partial p}{\partial y} = \frac{du_y}{d\tau} \tag{1.46b}$$

$$f_z - \frac{1}{\rho} \times \frac{\partial p}{\partial z} = \frac{du_z}{d\tau} \tag{1.46c}$$

式（1.46）为欧拉运动微分方程。

将式（1.46）中各式分别乘以 dx、dy、dz，可得

$$f_x dx - \frac{1}{\rho} \times \frac{\partial p}{\partial x} dx = \frac{du_x}{d\tau} dx = \frac{1}{2} du_x^2 \tag{1.47a}$$

$$f_y dy - \frac{1}{\rho} \times \frac{\partial p}{\partial y} dy = \frac{du_y}{d\tau} dy = \frac{1}{2} du_y^2 \tag{1.47b}$$

$$f_z dz - \frac{1}{\rho} \times \frac{\partial p}{\partial z} dz = \frac{du_z}{d\tau} dz = \frac{1}{2} du_z^2 \tag{1.47c}$$

对于稳态流动（$\partial p/\partial \tau = 0$），即有

$$dp = \frac{\partial p}{\partial x} dx + \frac{\partial p}{\partial y} dy + \frac{\partial p}{\partial z} dz \tag{1.48}$$

且由全导数定义

$$d(u_x^2 + u_y^2 + u_z^2) = du^2 \tag{1.49}$$

将式（1.47）三式相加，可得

$$(f_x dx + f_y dy + f_z dz) - \frac{dp}{\rho} = d\left(\frac{u^2}{2}\right) \tag{1.50}$$

若流体只在重力场中流动，取 z 轴向上为正，则有 $f_x = f_y = 0$ 和 $f_z = -g$，式（1.50）变为

$$g dz + \frac{dp}{\rho} + d\left(\frac{u^2}{2}\right) = 0 \tag{1.51}$$

对不可压缩黏性流体（即 ρ 为常数），式（1.51）积分可得

$$gz + \frac{p}{\rho} + \frac{u^2}{2} = C \tag{1.52}$$

式中，C 为积分常数（由边界条件决定）。式（1.52）称为伯努利方程，其仅适用于不可压缩理想流体在重力场中做稳态流动情况。

上式三项分别为单位质量流体所具有位置势能、压强势能、动能。将式（1.52）两边同除以 g，可得另一种以单位质量流体为基准的表达形式

$$z + \frac{p}{\rho g} + \frac{u^2}{2g} = C \tag{1.53}$$

式中 z——单位质量流体所具有位置势能，也是流体距离基准面的高度，故也称几何压头或位置水头；

$\dfrac{p}{\rho g}$——单位质量流体所具有压强势能，也可以流体柱高度表示压强，故也称静压头或压强水头；

$\dfrac{u^2}{2g}$——单位质量流体所具有动能，也称动压头或速度水头。

若流体沿流线从 1 处流到 2 处，伯努利方程可写成

$$z_1 + \frac{p_1}{\rho g} + \frac{u_1^2}{2g} = z_2 + \frac{p_2}{\rho g} + \frac{u_2^2}{2g} \tag{1.54}$$

丹尼尔·伯努利（1700年2月8日—1782年3月17日），瑞士物理学家、数学家、医学家。1715 年获学士学位，1716 年获艺术硕士学位，1721 年获医学博士学位，1725 年至 1733 年到圣彼得堡科学院工作，被任命生理学院士和数学院士。1727 年开始与欧拉一起工作，1738 年出版著作《流体动力学》。1750 年被选为英国皇家学会会员。他的学术著作非常丰富，全部数学和力学著作、论文超过 80 种。研究工作几乎对当时数学和物理学前沿问题都有涉及，特别是数学到力学应用。伯努利家族 3 代人中产生 8 位科学家，后裔有不少于 120 位被人们系统地追溯过，他们在数学、科学、技术、工程乃至法律、管理、文学、艺术等方面享有名望，有的甚至声名显赫。

图 1.16 给出伯努利方程的能量意义，可清晰看出，理想流体在流动过程中三种能量转换，其三个压头之和为常数。对已架好管路，各流通断面几何高度与管径已定，则各断面位置势能是不可改变的，各断面动能也受管径约束，只有压强势能可根据具体情况而定。因此，从某种意义上说，伯努利方程就是流体在管道内流动过程中压强变化规律的体现。

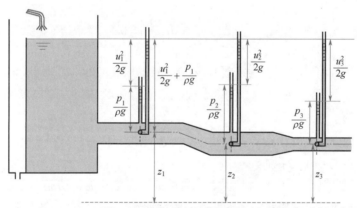

图 1.16　伯努利方程的能量意义

若流体是静止的，则流速为零，伯努利方程中动能项为零，伯努利方程演变为静力学方程。可见，伯努利方程不仅表示流体流动规律，也表示流体静止时能量形式。

上述伯努利方程是从无黏性流体运动方程导出的，不含机械能损耗项。实际流体流动中，流体黏性阻力做负功，使机械能沿流向不断衰减，则式（1.54）应变为

$$gz_1 + \frac{p_1}{\rho} + \frac{u_1^2}{2} = gz_2 + \frac{p_2}{\rho} + \frac{u_2^2}{2} + h_{l1\text{-}2} \tag{1.55}$$

式中　$h_{l1\text{-}2}$——流体沿流线 1、2 间单位质量流体的能量损失。

徐寿（1818年2月26日—1884年9月26日），字生元，号雪邨，生于江苏无锡，卒于上海，被誉为中国近代化学的先驱和奠基人。早习举业，后以无裨实用而改学制造工艺和西方近代自然科学。1862年，与华蘅芳等创建安庆内军械所。1863年，研制成中国第一台蒸汽机。1865年，与次子徐建寅等建立金陵军械所并制成中国第一艘江轮"黄鹄"号。1866年，调入上海江南制造局，致力于研制各式样机器兵船、枪炮、弹药、硫酸等。1868年，在江南制造局倡建翻译馆，在馆译书17年，与英国教士傅兰雅等合译西方科技著作20多部，发表专论10篇，内容涉及化学、物理、数学、医学、矿学、汽机、兵学、工艺、律吕等，促进了中国社会近代化运动。首创化学元素汉译名原则和创译36个元素汉译名，沿用至今，为中国近代化学发展打下基础。1874年，与傅兰雅等在上海创建中国第一所专门培养科技人才的格致书院。他还用现代科学矫正了一项古老的声学定律，著有《考证律吕说》，发表于1880年《格致汇编》第7卷。1881年3月10日，此文以"声学在中国"为题，在英国著名《自然》杂志刊出，开创中国学者在西方杂志上发表论文的先例。

（2）流体沿流管流动伯努利方程

由于实际流体黏性作用，管截面各处速度是不均匀的。根据式（1.44），用平均流速计算流量与用实际速度计算流量是相同的，但按照平均流速计算的动能与实际动能不等，为此引入动能修正系数。

单位时间内通过管截面 S 的流体真实动能为

$$\iint_S \frac{1}{2} \mathrm{d}Q_m u^2 = \frac{1}{2} \iint_S \rho u^3 \mathrm{d}S \tag{1.56}$$

而单位时间内通过同一截面 S 的流体动能若用平均速度 $\bar{u}$ 表示，则可写成

$$\frac{1}{2} Q_m \bar{u}^2 = \frac{1}{2} \rho \bar{u}^3 S \tag{1.57}$$

定义两者之比为动能修正系数 C，有

$$C = \frac{\frac{1}{2} \iint_S \rho u^3 \mathrm{d}S}{\frac{1}{2} \rho \bar{u}^3 S} = \frac{\iint_S \rho u^3 \mathrm{d}S}{\rho \bar{u}^3 S} \tag{1.58}$$

C 是一个依赖于截面速度分布且大于1的数（除理想流体外），即以平均流速表示的动能小于该截面的真实动能。C 值大小反映流通截面上速度分布的不均匀性，C 值越大，即速度分布越不均匀，例如圆管内层流时 $C=2$，管内湍流时 $C \approx 1$。由于动能项相比于其他项要小很多，故实际应用中 C 常取1。

故流体沿流管流动伯努利方程为

$$gz_1 + \frac{p_1}{\rho} + \frac{C_1 \bar{u}_1^2}{2} = gz_2 + \frac{p_2}{\rho} + \frac{C_2 \bar{u}_2^2}{2} + h_{l1\text{-}2} \tag{1.59}$$

式中 C_1、C_2——管道1、2截面的动能修正系数。

(3) 伯努利方程应用

化油器是向汽缸里供给燃料与空气混合物的装置,其原理为:当汽缸活塞作吸气冲程时,空气被吸入管内,在流经狭窄部分时流速大、压强小,汽油就从安装在狭窄部位的喷嘴流出而喷成雾状,形成油气混合物进入汽缸。

伯努利方程在解决流体力学问题上起决定性作用,它与连续性方程联立可全面解决一维流动流速与压强计算,其求解步骤可分三步。一是划分断面。两断面应划分在流体连续流动的垂直方向且未知量应在截面上或两截面之间。二是选择基准面。基准面选择原则上可任意,但为计算便利,常将基准面选取在两个截面中相对位置较低的截面。特别地,当流体沿水平管道流动时,应使基准面与管道中心线重合。三是写出方程。根据具体情况列出各类能量项之间关系式,如果方程中出现两个流量项,则应与连续性方程联立,最后求解出流速与压强。

需指出,若断面取在管流出口处,流体便不受固体边壁约束,流动由压流转变为整个断面都处于大气的射流。根据射流周边直接与大气相接的边界条件,断面上各点压强可假定为均匀分布,且等于外界大气压强。

例[1.7]

风机吸入口直径 $D=200\text{mm}$,用压力计测得水柱高度 $h=40\text{mm}$(图1.17),当空气密度 $\rho_0=1.2\text{kg}\cdot\text{m}^{-3}$,不计气体流动过程能量损失,试求风机风量 Q_V。

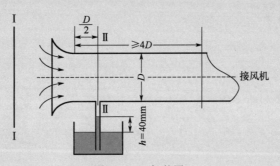

图1.17 风机装置

【分析】运用伯努利方程计算时,为简化可将基准面选择在管道中心处。

【假设】风机吸入口外空气流速相比于风机口流速可忽略不计;因空气密度远小于水密度,故水柱液面上方空气柱产生压强也可忽略不计。

【题解】选取如图所示 Ⅰ、Ⅱ 截面,列出 Ⅰ-Ⅱ 两截面伯努利方程

$$gz_1 + \frac{p_1}{\rho} + \frac{u_1^2}{2} = gz_2 + \frac{p_2}{\rho} + \frac{u_2^2}{2} + h_{l1\text{-}2}$$

选取管道中心为基准面,即有 $z_1=z_2$;风机吸入口外空气视为静止,即 $u_1=0$;另外,

不计能量损失，有 $h_{l1-2}=0$，则上式可简化

$$p_1 = p_2 + \frac{\rho_0 u_2^2}{2}$$

因 p_1 为大气压，且由静力学方程 $p_1 = p_2 + \rho g h$，联立上式可得

$$p_2 + \frac{\rho_0 u_2^2}{2} = p_2 + \rho g h$$

$$u_2 = \sqrt{\frac{2\rho g h}{\rho_0}} = \sqrt{\frac{2 \times 1000 \times 9.8 \times 0.04}{1.2}} = 25.56 \, (\text{m} \cdot \text{s}^{-1})$$

$$Q_V = u_2 S = 25.56 \times \frac{\pi}{4} \times 0.2^2 = 0.80 \, (\text{m}^3 \cdot \text{s}^{-1})$$

例 [1.8]

文丘里流量计测量原理为通过测量 S_1、S_2 两截面压强差，再利用伯努利方程可计算稳态流动管内流量，按图1.18所示条件，试求管内流量 Q_V 表达式。

【分析】利用压差计可获得1、2截面处压强，因1、2处管径不同而导致流速不同，故需结合静力学方程、连续性方程、伯努利方程才能求解。

【假设】不可压缩流体稳态流动，管内流动为湍流（即有 $C_1 = C_2 \approx 1$），忽略能量损失。

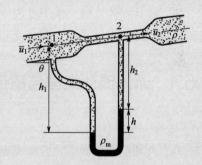

图1.18 文丘里流量计

【题解】根据上述假设，列出1、2截面处流体伯努利方程

$$gz_1 + \frac{p_1}{\rho} + \frac{\bar{u}_1^2}{2} = gz_2 + \frac{p_2}{\rho} + \frac{\bar{u}_2^2}{2}$$

根据题意，整理可得

$$\frac{\bar{u}_2^2 - \bar{u}_1^2}{2} = \left(gh_1 + \frac{p_1}{\rho}\right) - \left(gh_2 + gh + \frac{p_2}{\rho}\right)$$

利用U型压强计等压面关系，可得

$$p_1 + \rho g h_1 = p_2 + \rho g h_2 + \rho_m g h$$

联立上述两式，整理得

$$\frac{\bar{u}_2^2 - \bar{u}_1^2}{2} = \frac{(\rho_m - \rho)gh}{\rho} = \left(\frac{\rho_m}{\rho} - 1\right)gh$$

将连续性方程 $\bar{u}_1 S_1 = \bar{u}_2 S_2$ 与上式联立，可得

$$\overline{u}_1 = \sqrt{\frac{2gh[(\rho_m/\rho)-1]}{(S_1/S_2)^2 - 1}}$$

则文丘里流量计管内流量为

$$Q_V = \overline{u}_1 S_1 = S_1 \sqrt{\frac{2gh[(\rho_m/\rho)-1]}{(S_1/S_2)^2 - 1}}$$

【注意】当 ρ、ρ_m 确定后，Q_V 与 h 间关系仅取决于管截面积比，且与管倾斜角 θ 无关。文丘里管中收缩、扩张段内流动不符合缓变流条件，伯努利方程计算截面不能选择在这两段内。

1.5 流体流动阻力

实际流体在流动时，由于克服阻碍其运动的内摩擦力，必然要消耗部分机械能。本节将对流体流动时其内部质点运动状况和流动现象进行分析，为能量损失计算奠定基础。

1.5.1 流体流动类型与雷诺数

（1）流体流动类型

为直接观测流体流动时内部质点运动情况及各种因素对流动状况的影响，1883 年英国科学家雷诺（O. Reynolds）搭建如图 1.19 所示实验装置，首次观测到两种截然不同流动状态及过渡形态。由实验观测到，当水平玻璃管内流速较小时，有色液体在管中心成一直线平稳地流过整根玻璃管，与旁侧水并无宏观混合［图 1.20（a）］，表明管内有色液体质点沿管道轴向做直线运动，这种流态称为层流。若将流速提高到一定值，有色液体细线开始出现波浪形［图 1.20（b）］，表明有色液体质点与水已有宏观混合趋势。若再增大流速，细线完全消失，有色液体流出细管后随即散开，与水完全混合，致使整根水平管内颜色均匀［图 1.20（c）］，表明有色液体质点除沿管道轴向运动之外，各质点还做不规则的杂乱运动，且彼此互相碰撞、混合，这种流态称为湍流或紊流。

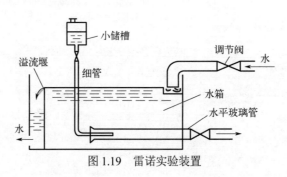

图 1.19 雷诺实验装置

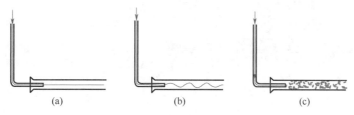

图 1.20　有色液体在管内流动状态
（a）层流；（b）过渡流；（c）湍流

（2）雷诺数

大量实验结果表明，流体流态主要由流体黏度 μ、密度 ρ、流速 u 及管径 d 四个因素共同决定，且这些因素可组合成一个无量纲数群 $u\rho d/\mu$（或 ud/ν），这个数群称为雷诺数 Re。雷诺数表征流体所受惯性力与黏性力之比。黏性力倾向于使流体扰动衰减，而惯性力倾向于使流体扰动增加。雷诺数越大，流体越容易处于湍流状态。由层流过渡到湍流所对应的雷诺数称为临界雷诺数 Re_c，它并不是一个确定值，而与来流中所含扰动大小、管壁粗糙程度有关，但存在一个下限 $Re_{c,min}$。当 $Re < Re_{c,min}$ 时，不管外加多大扰动，流动总是保持层流状态而不会过渡到湍流。流体在圆管中流动时，$Re_{c,min} \approx 2000$。

层流与湍流的区别并不仅仅是对管流而言，其普遍存在于黏性流体中。当流体绕过物体流动，或物体在流体中运动时，也会出现绕流现象（层流时，绕流物体后面无旋涡；而湍流时，绕流物体后面有旋涡）；同时流体对物体产生阻力（简称扰流阻力）。因此，在分析阻力时，也需先判别流体流动状态。当流体绕过球形物体流动，若 $Re < 1$ 则为层流绕流，若 $Re > 1$ 则为湍流绕流。

奥斯鲍恩·雷诺（1842年8月23日—1912年2月21日），英国力学家、物理学家。早年在工厂做技术工作，1867年毕业于剑桥大学王后学院，1868年出任曼彻斯特欧文斯学院工程学教授，1877年当选为皇家学会会员。1888年获皇家奖章。在流体力学方面最主要贡献是发现流动相似律，引入表征流体惯性力与黏性力之比的一个无量纲数，即雷诺数。在物理学与工程学方面，解释辐射计的作用；研究固体、液体凝聚作用和热传导，致使锅炉、凝结器得到根本改造，研究涡轮泵，使其应用得到迅速发展。

例 [1.9]

有管径 $d = 25$mm 的室内上水管，若管中流速 $u = 1$m·s^{-1}、水温 $t = 20$℃，①试判别管中水流流态；②管内保持层流状态的最大流速为多少？

【分析】管中流体流态可依据雷诺数大小进行判别。

【题解】① 20℃时水的密度 $\rho = 998.2$kg·m^{-3}、动力黏度系数 $\mu = 1.005 \times 10^{-3}$Pa·s，则管内雷诺数为

$$Re = \frac{u\rho d}{\mu} = \frac{1 \times 998.2 \times 0.025}{1.005 \times 10^{-3}} = 24831 > 2000$$

故可判别管中水流为湍流。

② 管内保持层流状态的临界雷诺数为 Re_c,此时对应流速为最大流速 u_c

$$Re_c = \frac{u_c \rho d}{\mu}$$

则

$$u_c = \frac{Re_c \mu}{\rho d} = \frac{2000 \times 1.005 \times 10^{-3}}{998.2 \times 0.025} = 0.08 \ (\mathrm{m \cdot s^{-1}})$$

1.5.2 圆管内流体流动

工程中经常涉及圆管内流体流动,现对圆管内流体层流与湍流时速度分布做介绍。

(1) 圆管内层流时速度分布

设流体在半径为 R 的水平直管内层流流动,以管轴为中心任取半径为 r、长度为 l 的流体柱(图 1.21),则流体柱受到一个与流动方向一致的推动力,同时也受到一个与流动方向相反的摩擦阻力。

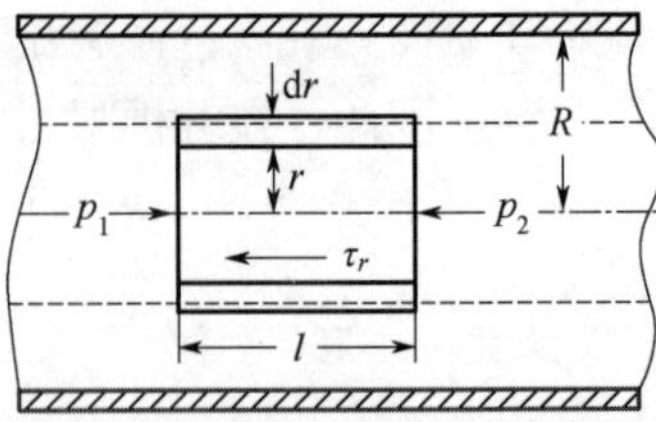

图 1.21 层流时速度分布推导图示

作用在流体柱上推动力为

$$(p_1 - p_2)\pi r^2 \tag{1.60}$$

距管中心 r 处的流速为 u_r,$(r+dr)$ 处流速为 $(u_r + du_r)$,则流速沿半径方向变化率为 du_r/dr,层流时黏性剪切应力 τ_r 服从牛顿黏性定律,即有

$$\tau_r = -\mu \frac{du_r}{dr} \tag{1.61}$$

作用在流体柱的摩擦阻力可表示为

$$\tau_r S = -\mu \frac{du_r}{dr} 2\pi r l = -2\pi r l \mu \frac{du_r}{dr} \tag{1.62}$$

稳态流动时作用于流体柱的两力达到平衡,即有

$$(p_1 - p_2)\pi r^2 = -2\pi r l \mu \frac{du_r}{dr} \Rightarrow du_r = -\frac{p_1 - p_2}{2l\mu} r dr \tag{1.63}$$

在管壁 $(r = R)$ 处 $u_r = 0$,对上式积分可得

$$\int_0^{u_r} du_r = -\frac{p_1 - p_2}{2l\mu} \int_R^r r dr \tag{1.64}$$

积分并整理得

$$u_r = \frac{p_1 - p_2}{4l\mu}(R^2 - r^2) \tag{1.65}$$

式（1.65）为圆管内流体层流流动时速度分布表达式，虽然是从水平管推导得出的，但对等径斜管也同样适用。由式（1.65）可知，u_r 与 r 之间关系满足抛物线形式，如图 1.22 所示。当 $r=0$ 时，管轴处流速最大

$$u_{\max} = \frac{p_1 - p_2}{4\mu l} R^2 \qquad (1.66)$$

工程上计算流速通常指整个管截面的平均流速，即

$$\bar{u} = \frac{Q_V}{S} \qquad (1.67)$$

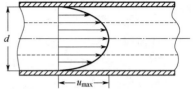

图 1.22 圆管内层流速度分布

由图 1.21 可知，厚度为 $\mathrm{d}r$ 的环形截面积 $\mathrm{d}S = 2\pi r\mathrm{d}r$，由于 $\mathrm{d}r$ 很小，流体在 $\mathrm{d}r$ 层内流速可近似为 u_r，则通过环形截面的体积流量为

$$\mathrm{d}Q_V = u_r \mathrm{d}S = 2\pi r u_r \mathrm{d}r \qquad (1.68)$$

由边界条件（$r=0$ 处 $Q_V = 0$，$r=R$ 处 $Q_V = Q_V$）可知，整个管截面体积流量为

$$Q_V = \int_0^R 2\pi u_r r \mathrm{d}r \qquad (1.69)$$

所以

$$\bar{u} = \frac{1}{\pi R^2} \int_0^R 2\pi u_r r \mathrm{d}r = \frac{2}{R^2} \int_0^R u_r r \mathrm{d}r \qquad (1.70)$$

将式（1.65）代入上式，积分并整理得

$$\bar{u} = \frac{p_1 - p_2}{2\mu l R^2} \int_0^R (R^2 - r^2) r \mathrm{d}r = \frac{p_1 - p_2}{8\mu l} R^2 \qquad (1.71)$$

与管轴处流速比较，可知层流时圆管截面的平均流速与管轴处流速关系为 $\bar{u} = 0.5 u_{\max}$。

（2）圆管内湍流时速度分布

管道截面某一流体质点沿轴向运动同时还有径向运动，而径向速度大小与方向是不断变化的，从而引起轴向速度大小与方向也随之变化，即湍流时流体质点不规则运动构成质点在主运动外还有附加脉动，这使得运动方程直接求解极为困难。然而，时均值概念引入可简化复杂的湍流运动，从而给研究带来便利。

尽管湍流中流体质点是脉动的，但管截面任一点速度始终围绕某一"平均值"上下波动。如图 1.23 所示，在某一段时间范围 $\Delta\tau$ 内，湍流场空间某一点流体质点 i 各瞬时速度 u_i 的平均值，称为时均速度 $\bar{u}_i$，即

$$\bar{u}_i = \frac{1}{\tau} \int_0^\tau u_i \mathrm{d}\tau \qquad (1.72)$$

时均速度与管道截面的平均速度是两个不同概念，不能将时间与空间函数混淆。由图 1.23 可知，脉动速度 u_i' 表示同一时刻管道截面任一点 i 瞬时速度 u_i 与时均速度 $\bar{u}_i$ 的差值。

稳态系统中流体做湍流时，管道截面任一点时均速度不随时间变化。

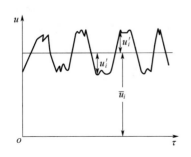

图 1.23 流体质点速度随时间脉动

因湍流时流体质点运动情况比较复杂，其圆管内速度分布规律目前还不能从理论上推导出，只能借助于实验数据总结而成的经验公式近似表达。经实验测定，圆管内流体湍流时近轴处流体质点强烈分离与混合导致各点速度彼此扯平，速度分布比较均匀；近壁处流体流速骤然下降。圆管内流体湍流时，速度分布不再满足严格的抛物线关系，而呈近似 U 型变化关系，如图 1.24 所示。Re 值越大，曲线顶部越平坦，近壁处曲线较陡。通常，近壁处流速可用指数形式的经验公式表示

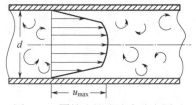

图 1.24　圆管内湍流速度分布图示

$$u = u_{\max}\left(1 - \frac{r}{R}\right)^{1/n} \tag{1.73}$$

式中，n 与 Re 大小有关，Re 越大则 n 越大，当 Re 为 $10^5 \sim 3.2 \times 10^6$ 时 $n = 1/7$。

1.5.3　流体流动边界层

当流体在大雷诺数条件下运动时，可把流体黏性看成集中作用在流体表面薄层（即边界层内）。这一理论由德国物理学家普朗特（L. Prandtl）于 1904 年提出，它为不可压缩黏性流体动力学发展创造了条件。

路德维希·普朗特（1875 年 2 月 4 日—1953 年 8 月 15 日），德国物理学家，近代力学奠基人之一。他从小养成观察自然、仔细体味习惯，初学机械工程，1899 年获弹性力学博士，后去工厂工作。1900 年在高校任教时进行水槽实验，观察到边界层及其分离现象，并求出边界层方程。1904 年后被聘为格丁根大学教授，建立应用力学系、创立空气动力实验所与流体力学研究所，自此开始从事空气动力学研究与教学。他在边界层理论、风洞实验技术、机翼理论、紊流理论等方面都做出重要贡献，被称作空气动力学之父、现代流体力学之父。

（1）边界层形成与发展

黏性流体以均匀速度 u_0 流经平板壁面时，由于流体具有黏性且能完全湿润壁面，紧贴壁面的流体附着在壁面"不滑动"。该静止流体层与相邻流体间存在黏性剪切应力，使得外侧流体层速度减慢而在垂直流动方向上产生速度梯度。壁面附近速度梯度较大的流体薄层称为流动边界层。工程上一般规定边界层边缘流速 $u_x = 0.99u_0$，将该条件下边界层边缘与壁面间垂直距离定义为边界层厚度 δ，这种规定对解决实际问题所引起误差可忽略不计。流动边界层之外，速度梯度接近零，该区域称为主流区。

边界层在平板壁面形成与发展过程如图 1.25 所示：流体以速度 u_0 流进平板后，壁面黏性剪切应力将逐渐向流体内部传递，边界层逐渐加厚；随着边界层厚度增加，必然导致壁面黏

性剪切应力对边界层外缘影响减弱，致使边界层外缘速度梯度减小；此时惯性力影响相对增加，促使层流边界层外缘逐渐变得不稳定，外界任何微小扰动都会引起旋涡、脉动，即层流向湍流过渡；尔后，边界层进一步加厚并最终发展成旺盛湍流。

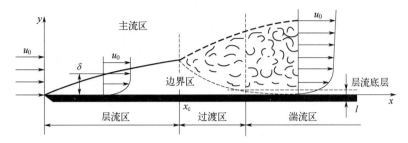

图1.25　流体掠过平壁时边界层的形成与发展

流体在平壁上流动时，其雷诺数为

$$Re_x = \frac{u_0 \rho x}{\mu} \tag{1.74}$$

式中　u_0——主流区流体流速，$m \cdot s^{-1}$；

x——流体流入平壁的距离，m。

相应地，由层流开始向湍流过渡的距离称为临界距离 x_c，其由临界雷诺数（$Re_c = u_0 \rho x_c / \mu$）确定。对于光滑平壁，$Re_c$ 界于 $2\times10^5 \sim 3\times10^6$ 之间，Re 低于 2×10^5 为层流，Re 高于 3×10^6 为湍流。

边界层内速度分布状况因流态不同而存在差异：层流边界层速度分布呈抛物线形式，而湍流边界层速度分布呈幂函数形式。

当流体在平壁上做层流运动，层流边界层厚度 δ 与雷诺数 Re_x 间关系为

$$\delta = 4.64 \frac{x}{\sqrt{Re_x}} \tag{1.75}$$

当流体在平壁上做湍流运动，湍流边界层厚度 δ_t 与雷诺数 Re_x 间关系为

$$\delta_t = 0.376 \frac{x}{Re_x^{1/5}} \tag{1.76}$$

对于湍流边界层，紧靠壁面处黏性剪切应力仍占据绝对优势，致使紧靠壁面薄层仍保持层流、具有最大速度梯度，这个薄层称为层流底层，其厚度 δ_c 为

$$\delta_c = \delta_t \frac{194}{Re_x^{0.7}} \tag{1.77}$$

流体在圆管内流动时边界层的形成与发展如图1.26所示：与流体掠过平壁时流动边界层发展不同，流体以匀速流入管口后，管壁处流速由于黏性剪切应力作用而降低，在近壁处形成很薄的环状边界层，随着黏性剪切应力向轴传播，边界层逐渐加厚，管截面速度分布形状也随之变化。经过一段距离 l 后，管壁处边界层在轴处汇合，边界层停止发展，至此流态定型，其边界层厚度为圆管半径。这时流态可由管截面平均流速计算得到的 Re 判断：当 $Re \leqslant 2000$ 时为层流，$Re \geqslant 4000$ 时为湍流，两者之间为过渡流。

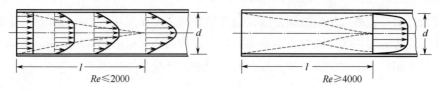

图 1.26　流体在圆管内流动时边界层的形成与发展

流体在直径为 d 的圆管中湍流时，层流底层厚度 δ_c 为

$$\delta_c = d\frac{63.5}{Re^{7/8}} \tag{1.78}$$

例 [1.10]

1 个标准大气压、20℃条件下，空气以 $u = 10\text{m}\cdot\text{s}^{-1}$ 速度分别掠过平板前缘 100mm、5000mm 处，试求该两处边界层厚度。

【分析】依据雷诺数大小先判别流体流态，根据不同流态边界层与雷诺数间关系求出边界层厚度。

【题解】1 个标准大气压、20℃条件下空气运动黏度系数 $\nu = 15.1\times 10^{-6}\text{ m}^2\cdot\text{s}^{-1}$，则 $d = 100\text{mm}$ 处雷诺数为

$$Re_x = \frac{ud}{\nu} = \frac{10\times 0.1}{15.1\times 10^{-6}} = 66225 < 2\times 10^5$$

故空气在平板前缘 $d = 100\text{mm}$ 处流态为层流，其层流边界层厚度 δ 为

$$\delta = 4.64\frac{x}{\sqrt{Re_x}} = 4.64\times\frac{0.1}{\sqrt{66225}} = 0.0018\,(\text{m})$$

$d = 5000\text{mm}$ 处雷诺数为

$$Re_x = \frac{ud}{\nu} = \frac{10\times 5}{15.1\times 10^{-6}} = 3.3\times 10^6 > 3\times 10^6$$

故空气在平板前缘 $d = 5000\text{mm}$ 处流态为湍流，其湍流边界层厚度 δ_t 为

$$\delta_t = 0.376\frac{x}{Re_x^{1/5}} = 0.376\times\frac{5}{(3.3\times 10^6)^{1/5}} = 0.0934\,(\text{m})$$

湍流层流底层厚度 δ_c 为

$$\delta_c = \delta_t\frac{194}{Re_x^{0.7}} = 0.0934\times\frac{194}{(3.3\times 10^6)^{0.7}} = 0.0005\,(\text{m})$$

（2）边界层分离

工程中物体边界往往是曲面（流线型或非流线型）的，当流体绕流曲面物体时，物面上边界层在某个位置开始脱离物面，并在脱离处产生旋涡，造成流体能量损失，这种现象称为边界层分离。

如图 1.27 所示，若不可压缩黏性流体以均匀速度 u_0 流至圆柱体前缘 A 点，由于受到壁面阻滞作用，流速降为零（A 点称为驻点），动能全部转化为静压能，因而该点处压强最大。流体在高压作用下，由 A 点绕圆柱体表面向两侧流去，形成边界层。此过程中流速增加而压强降低，流体在顺压梯度作用下向前流动，部分静压能转为动能，另一部分用于克服流动阻力。流至 B 点，流速最大而压强降为最低。B 点之后，流体处于减速增压状态，在逆压梯度作用下部分动能转为静压能，另一部分用于克服流动阻力。流至 C 点，在逆压梯度与摩擦阻力双重作用下，其本身动能消耗殆尽而停止流动，形成新驻点。C 点速度为零，静压能最大，后续流体在高压作用下被迫离开壁面，故 C 点是边界层分离点。离壁面稍远的流体质点因

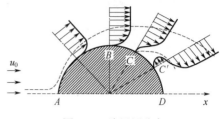

图 1.27 边界层分离

具有较大速度，故可流过较长距离至 C' 点（此时流速为零）。若将流体中速度为零的点连成线 CC'，CC' 线与边界层上缘间区域即为脱离物体的边界层。

CC' 线以下区域，流体在逆压梯度作用下倒流，在柱体后部产生大量旋涡，其中流体质点因强烈碰撞、混合而消耗能量，表现为流体阻力损失增大。这部分能量消耗是由固体表面形状造成边界层分离而引起的，故称形体阻力。

随着雷诺数增加边界层首先出现分离，且分离点不断前移；当雷诺数大到一定程度时，会形成两列几乎稳定、非对称、交替脱落、旋转方向相反的旋涡，其随主流向下游运动，这种现象称为"卡门涡街"。

西奥多·冯·卡门（1881 年 5 月 11 日—1963 年 5 月 6 日），美籍匈牙利裔力学家，近代力学奠基人之一。1902 年，在布达佩斯皇家工学院获硕士学位。1903—1906 年，在理工大学任职期间到德国格丁根大学读博士学位，师从现代流体力学开拓者之一的路德维希·普朗特教授，但未获得学位便去巴黎大学，开创数学与基础科学在航空航天、其他技术领域的应用，被誉为"航空航天时代科学奇才"。他所在加利福尼亚理工学院实验室后来成为美国国家航空航天喷气实验室，我国著名科学家钱伟长、钱学森、郭永怀都是他的亲传弟子。

"卡门涡街"效应广泛存在于大自然中，在特定条件下空气、液体等流体绕过固定物体时，都会形成"卡门涡街"。我们在小河中看到木桩后方形成两排旋涡就是典型的"卡门涡街"。1940 年，美国华盛顿州花费 640 万美元在塔科玛峡谷建造一座主跨度 853.4 米悬索桥。建成 4 个月后，于同年 11 月 7 日碰到 19 米/秒强风，在"卡门涡街"效应下，强风对桥面形成交替侧向作用力，并与大桥自身频率形成共振，致使塔科玛悬索桥轰然倒塌。类似地，2020 年 5 月 5 日下午，广东虎门大桥主航道桥（悬索桥 888 米）在遭受 6 级风（10.8～13.8 米/秒）时也发生异常晃动。

塔科玛大桥倒塌虽然可惜，但也促使工程师们对桥梁风振重视与研究，使得后来建造的

桥梁更加安全可靠。港珠澳大桥是我国境内一座连接香港、广东珠海、澳门的桥隧工程，采用了"桥、岛、隧三位一体"建筑形式，全路段（全长55千米，其中主桥29.6千米）呈S形曲线，桥墩轴线方向与水流流向大致取平，既能缓解司机驾驶疲劳，又能减少桥墩阻水率，还能提升建筑美观度。港珠澳大桥历经5年规划、9年建设，工程项目总投资突破1269亿元，是目前世界最长跨海大桥、最长钢铁大桥、最长海底隧道、最长沉管隧道，堪称交通工程界的"珠穆朗玛峰"，被海外媒体誉为"新世界七大奇迹"之一。

1.5.4 圆管内流体流动阻力

流动阻力产生根源在于流体具有黏性，使流体流动时存在黏性剪切应力。固定管壁或其他形状固体壁面促使流动流体内部发生相对运动，为流动阻力产生提供条件。所以流动阻力大小取决于流体本身物理性质、流动状况及管道形状等因素。

工程计算中根据流体接触边壁沿流动过程是否变化，将流体流动阻力分为沿程阻力与局部阻力两种。在接触面积与表面粗糙度保持不变情况下，流动方向上单位长度流动阻力基本不变，这类阻力称为沿程阻力，其主要源于流体黏性剪切应力。流体流动遇到局部障碍时导致流动方向与速度突变而引起阻力，这类阻力称为局部阻力，其主要源于旋涡产生、速度方向与大小变化。

（1）流体在圆管内沿程阻力

密度为 ρ 的不可压缩黏性流体以速度 u 在一段水平直管内做稳态流动（图1.28），列1-2两截面伯努利方程

$$gz_1 + \frac{p_1}{\rho} + \frac{u_1^2}{2} = gz_2 + \frac{p_2}{\rho} + \frac{u_2^2}{2} + h_\lambda \tag{1.79}$$

式中 h_λ ——能量损失。

因 $z_1 = z_2$、$u_1 = u_2 = u$，上式可简化为

$$p_1 - p_2 = \rho h_\lambda \tag{1.80}$$

垂直作用于1、2截面的压力 F_1、F_2 分别为

$$F_1 = \frac{\pi}{4} d^2 p_1 \tag{1.81a}$$

$$F_2 = \frac{\pi}{4} d^2 p_2 \tag{1.81b}$$

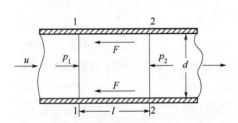

图1.28 圆管内沿程阻力推导

作用于整个流体柱的净压力（与流体流动方向一致）为

$$F_1 - F_2 = (p_1 - p_2)\frac{\pi}{4} d^2 \tag{1.82}$$

平行作用于流体柱表面黏性剪切力 F（与流动方向相反）为

$$F = \tau_r S = \tau_r \pi d l \tag{1.83}$$

因流体在管内做匀速运动，作用在流体柱上推动力与阻力大小相等，即有

$$(p_1 - p_2)\frac{\pi}{4}d^2 = \tau_r \pi dl \Rightarrow p_1 - p_2 = \frac{4l}{d}\tau_r \tag{1.84}$$

将式（1.80）代入上式，并整理得

$$h_\lambda = \frac{4l\tau_r}{\rho d} \tag{1.85}$$

式（1.85）为流体在直圆管内流动时能量损失与黏性剪切应力的关系式。τ_r 所遵循规律因流体流动类型而异，故用 τ_r 直接计算 h_λ 存在较大困难。通常把能量损失 h_λ 表示为动能 $\bar{u}^2/2$ 的倍数，于是将式（1.85）改写为

$$h_\lambda = \frac{4\tau_r}{\rho} \times \frac{2}{\bar{u}^2} \times \frac{l}{d} \times \frac{\bar{u}^2}{2} \tag{1.86}$$

令 $\lambda = \dfrac{8\tau_r}{\rho \bar{u}^2}$，则有

$$h_\lambda = \lambda \frac{l}{d} \times \frac{\bar{u}^2}{2} \tag{1.87}$$

式中　λ——沿程阻力系数，无量纲；

　　　d——圆管直径，若非圆形管道则取当量直径 d_e，m；

　　　l——管道长度，m；

　　　$\bar{u}$——断面平均流速，m·s^{-1}。

式（1.87）称为范宁公式，是稳态流动沿程阻力损失的计算通式，对层流与湍流均适用，也适用于非水平等径管。需指出，因 τ_r 所遵循规律与流体流动类型有关，所以 λ 值也随流动类型而变。

流体在圆管内做层流运动时，将式（1.71）、$R = d/2$ 代入式（1.80），并与式（1.87）联立，可得

$$\lambda = \frac{64\mu}{d\rho\bar{u}} = \frac{64}{Re} \tag{1.88}$$

式（1.88）为圆管内流体层流时 λ 与 Re 的关系式。

湍流流动情况下，由于流体质点运动情况非常复杂，沿程阻力系数到目前为止还不能完全依靠理论推导计算式，但可通过实验研究，获得经验关联式。

若流体在光滑管内流动，且当 $4000 < Re < 10^5$ 时，其 λ 值的计算公式为

$$\lambda = \frac{0.3164}{Re^{0.25}} \tag{1.89}$$

此式称为柏拉修斯公式，其流动阻力与速度的 1.75 次方成正比。

当 $Re > 4000$ 时，其 λ 值的计算公式为

$$\frac{1}{\sqrt{\lambda}} = 2.0 \lg(Re\sqrt{\lambda}) - 0.8 \tag{1.90}$$

当 $4000 < Re < 3 \times 10^6$ 时，其 λ 值的计算公式为

$$\frac{1}{\sqrt{\lambda}} = 1.74 - 2.03 \lg\left(\frac{2e}{d}\right) \tag{1.91}$$

式中　e——管壁粗糙度,即壁面凸出部分的平均高度。

湍流区光滑管与粗糙管的 λ 值可用柯尔布鲁克公式计算

$$\frac{1}{\sqrt{\lambda}} = 1.74 - 2.03 \lg\left(\frac{2e}{d} + \frac{18.7}{Re\sqrt{\lambda}}\right) \tag{1.92}$$

当 Re 很大时,括号中第二项可忽略,式(1.92)简化为式(1.91)。

(2) 流体在圆管内局部阻力

当流体流经管件、阀门及流道扩大、缩小等局部位置时,流速方向或大小变化引起边界层分离,致使大量旋涡产生,以致机械能损失。与直管沿程阻力分布不同,这种阻力集中于管件所在局部位置,故称局部阻力损失。局部阻力计算方法有两种:阻力系数法和当量长度法。

阻力系数法将局部阻力所引起能量损失 h_ζ 表示为动能 $\bar{u}^2/2$ 的倍数,即

$$h_\zeta = \zeta \frac{\bar{u}^2}{2} \tag{1.93}$$

式中　ζ——局部阻力系数,无量纲;
　　　$\bar{u}$——断面平均流速,m·s^{-1}。

当量长度法将通过某管件局部阻力损失看作与流经一段长度为 l_e 的等直径直管阻力相当,此折算的直管长度 l_e 称为当量长度。于是流体流经管件、阀门等局部位置所引起能量损失可仿照式(1.87),写成以下形式

$$h_\zeta = \lambda \frac{l_e}{d} \times \frac{\bar{u}^2}{2} \tag{1.94}$$

由于局部阻力形成机理复杂,边界层概念有助于理解局部阻力,但不能提供 ζ 与 l_e 的理论计算式,可查阅有关阻力计算相关资料。

(3) 管路系统中总能量损失

工程中管路系统由直管、管件、阀门等构成。因此,伯努利方程中 h_l 应为所研究管路系统的总能量损失,即沿程阻力与局部阻力之和,即 $h_l = h_\lambda + h_\zeta$。

流体流经等直径管路时,如果所有局部阻力都以当量长度 l_e 表示,则总阻力 h_l 为

$$h_l = \lambda \frac{l + l_e}{d} \times \frac{\bar{u}^2}{2} \tag{1.95}$$

如果所有局部阻力都以阻力系数 ζ 表示,则总阻力 h_l 为

$$h_l = \left(\lambda \frac{l}{d} + \sum \zeta\right) \frac{\bar{u}^2}{2} \tag{1.96}$$

同一管件只能用一种方法计算,不能用两种方法重复计算。当管路由若干直径不同管段组成时,由于各段流速不同,应分段计算阻力,再求其总和。在管路较长情况下,变径、管件、阀门等局部阻力与直管阻力相比小得多,这些局部阻力往往可忽略不计。若管路很短,

变径、拐弯地方又多，则这些局部阻力不能忽略。

实际流体伯努利方程［式（1.59）］乘以 ρ，并整理得

$$\rho h_1 = \rho g z_1 + p_1 + \rho \frac{C_1 \bar{u}_1^2}{2} - \left(\rho g z_2 + p_2 + \rho \frac{C_2 \bar{u}_2^2}{2} \right) \tag{1.97}$$

式中　C_1、C_2——管道1、2截面的动能修正系数。

常用 $\Delta p_1 = \rho h_1$ 表示因流动阻力引起的压降［$J \cdot m^{-3}$（$= Pa$）］。需强调的是，Δp_1 与伯努利方程中两截面压差是两个截然不同的概念。有外功 W_e 加入时，实际流体伯努利方程为

$$g z_1 + \frac{p_1}{\rho} + \frac{C_1 \bar{u}_1^2}{2} + W_e = g z_2 + \frac{p_2}{\rho} + \frac{C_2 \bar{u}_2^2}{2} + h_1 \tag{1.98}$$

上式乘以 ρ，并整理可得

$$\Delta p = p_2 - p_1 = \rho g z_1 - \rho g z_2 + \rho \frac{C_1 \bar{u}_1^2}{2} - \rho \frac{C_2 \bar{u}_2^2}{2} + \rho W_e - \rho h_1 \tag{1.99}$$

上式说明，因流动阻力而引起压降 Δp_1 并不等于两截面压差 Δp。压降 Δp_1 表示单位体积流体在流动过程中由于流动阻力所消耗的能量。Δp_1 仅是一个符号，此处 Δ 并不代表数学中变化量，而两截面压差 Δp 中 Δ 表示变化量。通常情况下，Δp_1 与 Δp 在数值上不等，只有当流体在一段无外功 W_e 输入、等直径水平管内流动时，Δp_1 与 Δp 在数值上才相等。

例［1.11］

20℃水以平均流速 $\bar{u} = 2 \text{ m} \cdot \text{s}^{-1}$ 流过某一内径 $d = 60\text{mm}$、长 $l = 100\text{m}$ 的直铸铁管（沿程阻力系数 $\lambda = 0.031$），试求单位质量流体沿程阻力损失与压降。

【题解】查附录A可知，20℃水密度 $\rho = 998.2 \text{kg} \cdot \text{m}^{-3}$，根据式（1.87）可得

$$h_\lambda = \lambda \frac{l}{d} \times \frac{\bar{u}^2}{2} = 0.031 \times \frac{100}{0.06} \times \frac{2^2}{2} = 103.3 (\text{J} \cdot \text{kg}^{-1})$$

$$\Delta p_1 = \rho h_1 = 998.2 \times 103.3 = 1.031 \times 10^5 (\text{Pa})$$

1.5.5　减小流动阻力措施

根据式（1.96），减小管道内流体流动阻力措施有：a. 管路尽可能短且选用光滑管以尽量降低沿程阻力损失。b. 减少不必要管件、阀门，适当增加管径、降低流速，以及采用渐变管道截面以尽量降低局部阻力损失。c. 设置导流叶片以降低弯曲通道中局部阻力损失。

流体做湍流运动时由于流体质点脉动而产生除黏性剪切应力之外的附加应力，通常称为雷诺应力，包括法向雷诺应力与切向雷诺应力。雷诺切应力是壁面摩擦阻力的重要来源，有理论认为可通过狭缝吹吸控制、各向异性柔性覆层产生正（负）雷诺应力方式来削减湍流流场中雷诺应力分布，从而实现减阻。

流体机械领域中，阻力降低对机械整体运动性能提升具有重要意义。对于中低速机械运动而言，主要通过以下技术控制边界层来实现减阻。a. 仿生表面微结构减阻技术，即通过借鉴生物界非光滑表面形态，把非光滑单元体分布在关键部位，通过对边界层控制以减少湍流强度，从而减小湍流动能损失以达到一定减阻效果。b. 吹吸气流动控制减阻技术，即通过吹气方式给边界层中阻滞流体提供动能，防止边界层过早分离，再通过吸气把边界层中将要分离的部分流体从边界层中吸除，在缝口后面区域形成一个能克服逆压梯度作用的新边界层。c. 等离子体减阻技术，即通过激励器表面电离产生离子与电子，电子在离子驱动下运动并与中性气体分子碰撞而传递能量以诱导近壁处气流加速产生离子风，从而改变流场结构以实现流动控制。d. 涡流发生器减阻技术，即将涡流发生器以某一角度安装在机体表面小平板或小展弦上，由于涡流发生器展弦小，翼尖涡强度较大，高能量翼尖涡与下游低能量边界层气体混合，把能量传递给边界层，使其获得附加能量以继续贴附在机体表面，从而抑制边界层分离。

此外，高速飞行器还有激波减阻技术。激波减阻技术有逆向喷流减阻与局部能量点源减阻。逆向喷流减阻是飞行器头部等离子体发生器向来流方向喷射等离子体，等离子体与弓形脱体激波相互作用，减弱激波或将激波推离飞行器，从而减少飞行器波阻。局部能量点源减阻是通过扩散释放能量点源改变飞行器流场结构及物面压力分布，使来流总压损失较大而使飞行器侧面静压可能超过临界点压力，从而在飞行器前方形成一个分离区以使飞行器波阻降低。

由于层流对减阻的巨大作用，航空界很早就尝试将层流应用于飞机设计中。早期最有名的采用层流翼型的飞机是第二次世界大战时美国 P-51"野马"战斗机。光滑层流流动可以减小阻力，但在制造过程中需要严格控制公差以避免产生台阶或者缝隙从而对气流产生扰动。

1.6 可压缩气体流动

前文将液体与气体均视为不可压缩流体，即运动中流体密度为常数，从而使问题简化。一般情况，液体与低速运动气体可近似看作不可压缩流体，其不会造成很大误差。

高速运动气体因密度随速度、压强变化而显著变化，运动规律与不可压缩流体大不相同，故必须考虑气体压缩性，同时要考虑气体热力学过程。

可压缩气体流动一般可近似地按一元流动处理，即所有动力学与热力学参数除随时间变化外，仅沿流动方向有显著变化。对于稳定流动，运动参数只是流动方向坐标函数。

1.6.1 理想气体一元稳定流动伯努利方程

根据伯努利方程微分式

$$g\mathrm{d}z + \frac{\mathrm{d}p}{\rho} + \mathrm{d}\left(\frac{u^2}{2}\right) = 0 \tag{1.100}$$

可压缩气体在静压头 p 与流速 u 变化较大情况下，gdz 项可忽略不计，上式可表示为

$$\frac{\mathrm{d}p}{\rho} + \mathrm{d}\left(\frac{u^2}{2}\right) = 0 \tag{1.101}$$

可压缩气流密度 ρ 不是常数，而是压强 p、温度 T 的函数，根据气体热力学方程与状态方程可确定密度 ρ 与压强 p、温度 T 之间的函数关系，然后对式（1.101）进行积分。

（1）定容过程

定容过程指单位质量气体所占容积（即密度的倒数）保持不变的热力学过程。因此，定容过程实际上是密度不变的不可压缩气体。对式（1.101）积分，可得定容过程伯努利方程

$$\frac{p}{\rho} + \frac{u^2}{2} = C \tag{1.102}$$

上式就是不可压缩流体、不计质量力的伯努利方程，表明沿程各断面单位质量气体的压力能与动能之和不变。

（2）等温过程

等温过程指温度保持不变的热力学过程。温度保持不变，即 $T = C_1$，则有 $p/\rho = RT/M = C_2$，将其代入式（1.101）积分，可得等温过程伯努利方程

$$\frac{p}{\rho}\ln p + \frac{u^2}{2} = C \tag{1.103}$$

（3）绝热过程

绝热过程指与外界没有热交换的热力学过程。理想气体、无摩擦绝热过程是等熵过程。将等熵方程 $p/\rho^\gamma = C_1$ 代入式（1.101）积分，可得绝热过程伯努利方程

$$\int \frac{\mathrm{d}p}{\rho} + \int \mathrm{d}\left(\frac{u^2}{2}\right) = \int C_1 \gamma \rho^{\gamma-2} \mathrm{d}\rho + \frac{u^2}{2} = \frac{\gamma}{\gamma-1} \times \frac{p}{\rho} + \frac{u^2}{2} = C \tag{1.104}$$

式中　γ——气体比定压热容 C_p 与比定容热容 C_V 之比（$\gamma = C_p/C_V$），称为绝热指数。

1.6.2　可压缩气体流速

（1）声速

声音来源于物体振动。当物体在可压缩介质中振动便引起介质压强与密度微弱变化，这种微弱扰动在介质中依次传播下去，就是声音传播过程。因而，声速指微小扰动波在可压缩介质中的传播速度。依据流体连续性方程与动量方程可导出声速 c 的计算公式

$$c = \sqrt{\frac{\mathrm{d}p}{\mathrm{d}\rho}} \tag{1.105}$$

由于微小扰动波传播速度很快，气体与外界来不及热交换，且各项参数变化微弱，可认为微小扰动波的传播过程是一个既绝热又无能量损失的等熵过程。将等熵方程 $p/\rho^\gamma = C_1$ 进

行微分处理,并代入理想气体状态方程,可得

$$\frac{\mathrm{d}p}{\mathrm{d}\rho} = c\gamma\rho^{\gamma-1} = \gamma\frac{p}{\rho} = \frac{\gamma RT}{M} \quad (1.106)$$

将式(1.106)代入式(1.105),得到气体中声速公式

$$c = \sqrt{\frac{\gamma p}{\rho}} = \sqrt{\frac{\gamma RT}{M}} \quad (1.107)$$

由式(1.105)~式(1.107)可知:a. 密度对压强的变化率 $\mathrm{d}\rho/\mathrm{d}p$ 反映流体压缩性,$\mathrm{d}\rho/\mathrm{d}p$ 越大,则声速 $c = \sqrt{\mathrm{d}p/\mathrm{d}\rho}$ 越小,流体越容易压缩。反之,$c = \sqrt{\mathrm{d}p/\mathrm{d}\rho}$ 越大,流体越不易压缩。b. 声速与气体热力学温度 T 有关,气体动力学中温度是空间坐标函数,所有声速也是空间坐标函数。

(2)马赫数

马赫(E. Mach)将当地气流速度 u 与当地声速 c 相比,即得马赫数 Ma。

$$Ma = \frac{u}{c} \quad (1.108)$$

马赫数是一个很重要的无量纲数,其反映惯性力与弹性力的相对比值。

恩斯特·马赫(1838年2月18日—1916年2月19日),奥地利-捷克物理学家、哲学家。1838年出生于捷克,14岁之前自学在家,17岁到维也纳大学学习数学、物理、哲学,并在1860年获得物理学博士学位。1864年在格拉茨大学成为一名数学教授,1866年又被提名为物理学教授。在此期间马赫又开始热衷生理学。1867年马赫成为布拉格大学的一名实验物理学教授。马赫一生主要致力于实验物理学、哲学研究。发表过100多篇关于力学、声学、光学的研究论文与报告。他研究物体在气体中高速运动时,发现了激波。

马赫一般用作飞机、火箭等航空航天飞行器的计量单位。由于声音在空气中传播速度随不同条件而不同,因此马赫也只是一个相对单位,即"1马赫"具体速度并不固定。在低温下声音传播速度低些,1马赫对应具体速度也就低一些。因此,在高空比低空更容易达到较高马赫数。

当 $Ma < 0.3$ 时,流体所受压力不足以压缩流体,仅造成流体流动。此状况下流场可视为不可压缩流场,流体密度不会随压强变化而改变,故称亚声速流动。一般水流及大气中空气流动,譬如湍急河流、台风和汽车运动等,皆属于不可压缩流场。当流体流速接近声速或大于声速时,流体密度会随压强变化而改变,此时流场称为可压缩流场。当 $Ma > 1$ 时,称为超声速流动,此状况在航空动力学中经常遇到。

当飞行器速度接近声速时,飞行器将会逐渐追上自己发出的声波,波叠合累积而成激波,从而对飞行器加速产生障碍的物理现象,通常称为声障。激波出现还将导致飞行器升力骤降、

头重尾轻，甚至机翼、机身发生激烈振动。因此，如何突破声障成为力学家、航空工程师面临的一个难题。

郭永怀与钱学森一起，在《可压缩流体二维无旋亚声速和超声速混合型流动和上临界马赫数》一文中提出"上临界马赫数"概念，回答机翼上何时出现激波这个重要理论问题。尽管人们当时凭直觉已经意识到激波出现是气动特性改变的主要原因，但起初只注意到下临界马赫数，即流场中第一次出现声速的飞行马赫数。郭永怀继续解说明，即使飞行速度超过下临界马赫数，理论上连续解依然可能存在；只有当飞行速度超过上临界马赫数时才会出现激波。这时等熵流动条件遭到破坏，流动出现分离与旋涡，流体部分机械能转变为热能，这些因素都会严重改变流场与气动特征。所以，真正有实际意义的是上临界马赫数，而不是下临界马赫数。突破声障，使飞机尤其是战斗机进行超声速飞行甚至巡航成为可能。郭永怀还进一步用稳定性理论说明实际临界马赫数会介于上下临界马赫数间的原因，这也是对高性能气动外形设计的先驱工作。

郭永怀（1909年4月4日—1968年12月5日），著名力学家、应用数学家、空气动力学家，中国科学院学部委员（即中国科学院院士），近代力学事业奠基人之一。1935年毕业于北京大学物理系。1945年获美国加利福尼亚理工学院博士学位。长期从事航空工程研究，发现上临界马赫数，发展奇异摄动理论中变形坐标法，即国际上公认PLK方法，倡导中国高速空气动力学、电磁流体力学和爆炸力学等新兴学科研究。2018年7月，国际小行星中心正式向国际社会发布公告，编号为212796号小行星被永久命名为"郭永怀星"。

（3）流速与断面关系

根据连续性方程[式（1.45）]，稳定流经两断面质量流量相等，故有

$$\rho u S = C \qquad (1.109)$$

对式（1.109）取对数并微分，可得连续性方程微分表达式

$$\frac{\mathrm{d}\rho}{\rho} + \frac{\mathrm{d}u}{u} + \frac{\mathrm{d}S}{S} = 0 \qquad (1.110)$$

联立式（1.105）、式（1.108）、式（1.110），可得

$$\frac{\mathrm{d}p}{\rho} \times \frac{Ma^2}{u^2} + \frac{\mathrm{d}u}{u} + \frac{\mathrm{d}S}{S} = 0 \qquad (1.111)$$

根据式（1.101），可得

$$\frac{\mathrm{d}p}{\rho} = -u\mathrm{d}u \qquad (1.112)$$

代入式（1.111），并整理得

$$\frac{dS}{S} = (Ma^2 - 1)\frac{du}{u} \tag{1.113}$$

对上式分析可得出如下结论：①当 $Ma<1$（$u<c$）时，$Ma^2-1<0$，dS 与 du 符号相反，表明气体做亚声速流动时流速与断面成反比，即流速随断面增大而降低，与不可压缩流体运动规律一致。②当 $Ma>1$（$u>c$）时，$Ma^2-1>0$，dS 与 du 符号相同，表明气体做超声速流动时，流速与断面成正比，即流速随断面增大而增大，与不可压缩流体运动规律相反。究其原因是由超声速气流密度变化大于速度变化，或者说是由气体膨胀非常显著这一物理实质所决定的。③当 $Ma=1$（$u=c$）时，$Ma^2-1=0$，则 $dS=0$，此时断面 S 为最小断面（称为临界断面 S_e）。在临界断面 S_e 处，气流速度等于当地声速。

亚声速气流经收缩管嘴，不可能得到超声速气流，最多只能在收缩管出口断面处得到声速。

为了获得超声速气流，可使亚声速气流经收缩管嘴，并使其在最小断面处达到声速，然后进入扩展管进一步膨胀，便可获得超声速气流。实现超声速气流的装置称为拉法尔管，如图 1.29 所示。

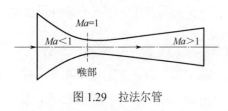

图 1.29 拉法尔管

超声速气流粉碎技术作为一种新型材料深加工技术，具有无污染、耐热敏性、精度高等特点，在物料细化、食品加工、中药加工等方面具有重要应用，例如超声速气流粉碎技术加工的粉体由于粒径小、分布窄、缺陷少、比表面积大、表面活性高等特性而具有独特的电、磁、光学性能，广泛应用于高科技陶瓷、微电子及信息材料等领域。

（4）等熵滞止参数

设某流体流速经无摩擦的绝热过程（即等熵过程）在某断面降至零时，则该断面气流状态称为滞止状态，相应运动参数称为滞止参数。例如，气体从大体积容器中流出，容器内气体运动参数，或气流绕过物体驻点处运动参数均可认为是滞止参数。滞止参数通常用下标"0"标识，以 p_0、ρ_0、T_0、c_0 分别表示滞止压强、滞止密度、滞止温度、滞止声速。

按滞止参数定义，由绝热过程伯努利方程[式（1.104）]，便可得某断面运动参数与滞止参数之间关系

$$\frac{\gamma}{\gamma-1} \times \frac{p_0}{\rho_0} = \frac{\gamma}{\gamma-1} \times \frac{p}{\rho} + \frac{u^2}{2} \tag{1.114}$$

$$\frac{\gamma}{\gamma-1} \times \frac{RT_0}{M} = \frac{\gamma}{\gamma-1} \times \frac{RT}{M} + \frac{u^2}{2} \tag{1.115}$$

结合式（1.107），则有

$$\frac{c_0^2}{\gamma-1} = \frac{c^2}{\gamma-1} + \frac{u^2}{2} \tag{1.116}$$

为便于分析计算，将滞止参数与运动参数相比，从而表示为马赫数的函数。由式（1.115）可得

$$\frac{T_0}{T} = 1 + \frac{\gamma-1}{2} \times \frac{u^2 M}{\gamma RT} = 1 + \frac{\gamma-1}{2} \times \frac{u^2}{c^2} = 1 + \frac{\gamma-1}{2} Ma^2 \tag{1.117}$$

根据等熵方程及气体状态方程，可得

$$\frac{p_0}{p} = \left(\frac{T_0}{T}\right)^{\frac{\gamma}{\gamma-1}} = \left(1 + \frac{\gamma-1}{2} Ma^2\right)^{\frac{\gamma}{\gamma-1}} \tag{1.118}$$

$$\frac{\rho_0}{\rho} = \left(\frac{T_0}{T}\right)^{\frac{1}{\gamma-1}} = \left(1 + \frac{\gamma-1}{2} Ma^2\right)^{\frac{1}{\gamma-1}} \tag{1.119}$$

$$\frac{c_0}{c} = \left(\frac{T_0}{T}\right)^{\frac{1}{2}} = \left(1 + \frac{\gamma-1}{2} Ma^2\right)^{\frac{1}{2}} \tag{1.120}$$

若已知滞止参数及某断面处 Ma，根据以上三式可求出该断面处压强、温度、密度。

1.6.3　管道内气体流动

气体在管道中流动时，因受黏性剪切应力作用而产生阻力损失。若用 $\mathrm{d}h_1$ 表示单位质量气体能量损失，则式（1.101）可表示为

$$\frac{\mathrm{d}p}{\rho} + \mathrm{d}\left(\frac{u^2}{2}\right) + \mathrm{d}h_1 = 0 \tag{1.121}$$

直径 d、长 $\mathrm{d}l$ 的等径管段内阻力损失 $\mathrm{d}h_1$ 为

$$\mathrm{d}h_1 = \lambda \frac{\mathrm{d}l}{d} \times \frac{u^2}{2} \tag{1.122}$$

将式（1.122）代入式（1.121），可得

$$\frac{\mathrm{d}p}{\rho} + u\mathrm{d}u + \frac{\lambda u^2}{2d} \mathrm{d}l = 0 \tag{1.123}$$

式（1.123）为气体在圆管中运动的伯努利方程微分形式。

（1）圆管中气体等温流动

工程实践中有许多气体流动可当作等温流动来处理。例如，煤气、高压蒸汽在管道中流动，因输气管路很长，气体与外界可能进行充分热交换。当管道中气体做等温运动时，因温度 T 为常数、雷诺数 Re 为常数，故 λ 也是常数。

气体状态方程为

$$p = \frac{\rho RT}{M} \tag{1.124}$$

连续性方程为

$$Q_m = \rho u S \tag{1.125}$$

将上述气体状态方程与连续性方程代入式（1.123），消去 ρ 与 u，可得

$$\frac{MS^2}{RTQ_m^2}p\mathrm{d}p - \frac{\mathrm{d}p}{p} + \frac{\lambda}{2d}\mathrm{d}l = 0 \tag{1.126}$$

沿流线方向取 1、2 断面并对 l 积分，相应地取压强由 p_1 到 p_2 对 p 积分，得

$$\frac{MS^2}{RTQ_m^2}(p_1^2 - p_2^2) + 2\ln\frac{p_2}{p_1} = \frac{\lambda}{d}l \tag{1.127}$$

式（1.127）中对数项很小，一般忽略不计，于是有

$$\frac{MS^2}{RTQ_m^2}(p_1^2 - p_2^2) = \frac{\lambda}{d}l \tag{1.128}$$

则可得

$$Q_m = \frac{\pi}{4}\sqrt{\frac{Md^5}{\lambda lRT}(p_1^2 - p_2^2)} \tag{1.129}$$

式中　　λ ——管道内气流沿程阻力系数，无量纲；

　　　　l ——管道长度，m；

　　　　R ——摩尔气体常数，$R = 8.314\,\mathrm{J\cdot mol^{-1}\cdot K^{-1}}$；

　　　　T ——气体热力学温度，K；

　　　　M ——气体摩尔质量，$\mathrm{kg\cdot mol^{-1}}$；

　　　　d ——管道直径，m；

　　p_1、p_2 ——管道内 1、2 断面气体压强，Pa；

　　　　Q_m ——气体质量流量，$\mathrm{kg\cdot s^{-1}}$。

式（1.129）是管中气体等温流动的基本方程，用它可解决以下两类管路计算：a. 管道中路线布置已定（即 l、λ 已知），起始、终止断面压强 p_1、p_2 及管道内流动气体温度 T 已知，可根据用户要求流量 Q_m 求出管径 d。b. 管道已铺设好（即管长 l、管径 d、管材阻力系数 λ 已定），在起始、终止断面压强 p_1、p_2 及管道内流动气体温度 T 已知条件下，要求核校管道流量 Q_m 能否满足用户需求。

将式（1.123）与式（1.126）联立，可得

$$-\frac{\mathrm{d}p}{p} = \frac{\mathrm{d}u}{u} = \frac{\gamma Ma^2}{1-\gamma Ma^2} \times \frac{\lambda \mathrm{d}l}{2d} \tag{1.130}$$

从式（1.130）可看出，$1-\gamma Ma^2$ 不能等于零。$1-\gamma Ma^2 > 0$ 时，一定有 $\mathrm{d}u > 0$，可见流速 u 沿流动方向增大，但流速 u 不能无限增大，所有管路出口断面处马赫数 Ma 不可能超过 $\sqrt{1/\gamma}$，只能是 $Ma \leqslant \sqrt{1/\gamma}$。而 $Ma = \sqrt{1/\gamma}$ 时求得管长就是等温管路最大管长，如果实际管路超过最大管长，将使进口断面流速受阻滞。

例 [1.12]

已知某煤气管道直径 $d = 20\,\mathrm{cm}$、入口气压 $p_1 = 10$ 个标准大气压、出口气压 $p_2 = 5$ 个标准大气压、管长 $l = 3000\,\mathrm{m}$、$\rho = 0.75\,\mathrm{kg\cdot m^{-3}}$、$T = 300\,\mathrm{K}$、$\lambda = 0.012$，试求通过该管道

流量 Q_m。

【题解】因输气管路很长，气体与外界可能进行充分热交换，气流基本上与外界具有相同温度，故可按等温流动处理。

已知煤气摩尔质量 $M = 28 \times 10^{-3} \text{ kg} \cdot \text{mol}^{-1}$，将已知数据代入式（1.129），可得

$$Q_m = \frac{\pi}{4}\sqrt{\frac{Md^5}{\lambda l RT}(p_1^2 - p_2^2)} = \frac{\pi}{4}\sqrt{\frac{28 \times 10^{-3} \times 0.2^5 \times (10.1^2 - 5.05^2) \times 10^{10}}{0.012 \times 3000 \times 8.314 \times 300}} = 6.86 \text{ (kg} \cdot \text{s}^{-1})$$

（2）圆管中气体绝热流动

当管路有摩擦流动时，尽管可用绝热材料包裹较短管路，且流速较高、压差较小，使气体流动近似为绝热运动，但摩擦作用使流动成为非等熵绝热过程。此时，流动中黏性系数 μ 随温度变化，那么 Re 也变化，从而沿程阻力系数 λ 沿流程不同。实际流程问题处理中，λ 近似为定值，同时用等熵过程近似代替非等熵绝热流动过程。

将连续性方程 $Q_m = \rho u S$ 与等熵方程 $p/\rho^\gamma = C_1$ 代入伯努利方程［式（1.123）］，消去 ρ 与 u，可得

$$\frac{S^2}{Q_m^2} C_1^{-\frac{1}{\gamma}} p^{\frac{1}{\gamma}} dp - \frac{1}{\gamma} \times \frac{dp}{p} + \frac{\lambda}{2d} dl = 0 \tag{1.131}$$

沿管路积分，可得

$$\frac{S^2}{Q_m^2} \times \frac{\gamma}{\gamma+1} \rho_1 p_1^{-\frac{1}{\gamma}} \left(p_1^{\frac{\gamma+1}{\gamma}} - p_2^{\frac{\gamma+1}{\gamma}} \right) = \frac{1}{\gamma} \times \ln\frac{p_2}{p_1} + \frac{\lambda l}{2d} \tag{1.132}$$

式（1.132）中对数项很小，一般忽略不计，于是有

$$\frac{S^2}{Q_m^2} \times \frac{\gamma}{\gamma+1} \times \frac{\rho_1}{p_1^{1/\gamma}} \left(p_1^{\frac{\gamma+1}{\gamma}} - p_2^{\frac{\gamma+1}{\gamma}} \right) = \frac{\lambda l}{2d} \tag{1.133}$$

根据式（1.133），可得质量流量 Q_m 为

$$Q_m = \sqrt{\frac{2dS^2}{\lambda l} \times \frac{\gamma}{\gamma+1} \times \frac{\rho_1}{p_1^{1/\gamma}} \left(p_1^{\frac{\gamma+1}{\gamma}} - p_2^{\frac{\gamma+1}{\gamma}} \right)} \tag{1.134}$$

式（1.134）为管中气体绝热流动基本方程。

根据连续性微分方程［式（1.110）］，可得等径管连续性微分方程式

$$\frac{d\rho}{\rho} = -\frac{du}{u} \tag{1.135}$$

式（1.123）除以 u^2，再联立式（1.105）、式（1.108）、式（1.135），可得

$$\frac{du}{u} = \frac{Ma^2}{1 - Ma^2} \times \frac{\lambda dl}{2d} \tag{1.136}$$

因等熵过程，即有

$$\frac{\mathrm{d}p}{p} = \gamma \frac{\mathrm{d}\rho}{\rho} \tag{1.137}$$

将上式联立式（1.135）、式（1.136），可得

$$-\frac{\mathrm{d}p}{p} = \frac{\gamma Ma^2}{1-Ma^2} \times \frac{\lambda \mathrm{d}l}{2d} \tag{1.138}$$

另外，根据绝热等熵方程 $p/\rho^\gamma = C_1$ 与气体状态方程，可得

$$p^{1-\gamma} T^\gamma = C \tag{1.139}$$

对上式进行微分，得

$$\gamma T^{\gamma-1} \mathrm{d}T = p^{1-\gamma} T^\gamma (\gamma - 1) p^{\gamma-2} \mathrm{d}p \tag{1.140}$$

整理得

$$\frac{\mathrm{d}T}{T} = \frac{\gamma-1}{\gamma} \times \frac{\mathrm{d}p}{p} \tag{1.141}$$

将气体状态方程代入式（1.141），得

$$\mathrm{d}T = \frac{\gamma-1}{\gamma} \times \frac{T}{p} \mathrm{d}p = \frac{\gamma-1}{\gamma} \times \frac{M}{R} \times \frac{\mathrm{d}p}{\rho} \tag{1.142}$$

式（1.123）除以 u^2 后，再联立式（1.139）、式（1.141），整理可得

$$(Ma^2 - 1) \frac{\mathrm{d}T}{T} = (\gamma-1) Ma^2 \times \frac{\lambda \mathrm{d}l}{2d} \tag{1.143}$$

从上式可知：a. 当气流做亚声速流动（$Ma < 1$）时，摩擦阻力使亚声速气流流速沿流动方向增加，压强降低。当气流做超声速流动（$Ma > 1$）时，摩擦阻力使超声速气流流速降低，压强增大。b. 管中亚声速绝热气流温度 T、密度 ρ、压强 p 均沿气流方向降低，而管中超声速绝热气流温度 T、密度 ρ、压强 p 均沿气流方向增加。c. 绝热运动等截面气体管道中，不可能出现 $Ma = 1$ 的临界断面。因为在 $Ma < 1$ 条件下，压强克服摩擦阻力使气流速度增加，但不能无限增加。与等温管路一样，可用 $Ma = 1$ 求得管长来表示绝热管路最长管长。

1.7 流量计量

流量计量在日常生活、生产中无处不在，大到国际贸易双方经济利益（如油品准确计量）、最尖端科学领域与技术前沿，小到千家万户老百姓家居生活（如各家各户水表、燃气表、热能表的准确计量）。流量计是工业生产的眼睛，在国民经济中占据重要地位与作用，可用于气体、液体、蒸汽等介质流量测量。国际、国内为反映测量水平高低及评价测量结果质量，制定《流体流量测量 不确定度评定程序》（GB/T 27759—2011/ISO 5168：2005）。

流体动力学参数，如流速、动量、压强等，直接与流量有关，因此这些参数引起各种物

理效应均可作为流量测量的物理根底。目前，已流通的流量计种类繁杂，其测量原理、结构、方法以及适用范围等各不相同，所以其分类也不尽相同。国际、国内在流量计用于石油、天然气测量方面进行大量实验研究，并制定相应标准，例如《液态烃动态测量　体积计量流量计检定系统　第 4 部分：体积管操作人员指南》(GB/T 17286.4—2006/ISO 7278—4:1999)、《液态烃体积测量　容积式流量计计量系统》(GB/T 17288—2009)、《液态烃体积测量　涡轮流量计计量系统》(GB/T 17289—2009) 等。本节以测量流速、体积流量、质量流量为分类法，介绍几种以流体压强差、动力学（动量守恒和能量守恒）为基础设计的流量计。

1.7.1　速度式流量计

速度法是指依据管道截面均匀流速来核算流量的方法，与流速有关的各种物理现象都可用来衡量流量。速度法流量计中，节流式流量计历史悠久、技术最为成熟，是现代工业生产与科学实验中使用最广泛的一种流量计。此外，速度法流量计还有转子流量计、涡轮流量计、涡街流量计等。

（1）测速管

测速管又称皮托（H. Pitot）管，由两根弯成直角的同心套管组成，内管前端开口迎着被测流体，外管前端壁面四周开有若干小孔，两管前端环隙封闭，内外管分别与压差计两臂相连，结构如图 1.30（a）所示。该测速管是依据能量守恒定律设计的。

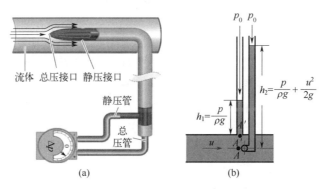

图 1.30　皮托管测速图示（a）及工作原理图（b）

亨利·皮托（1695 年 5 月 3 日—1771 年 12 月 27 日），法国数学家、水利工程师，发明测量流速的皮托管。1724 年进入科学院工作，研究河流水流问题，发现当时许多有关此问题的理论是错误的，例如水流速度随深度增加而增加。他设计了一种开口对着水流的管子，测量流速既方便又相当精确，这种管子此后一直得到广泛应用。在任朗格多克总工程师期间，对运河、桥梁及排水工程做了各种维修和建造工作，其中主要成就是为蒙彼利埃市建造下水道，包括一段 1000 米长的罗马式石拱建筑。

测速管工作原理如图 1.30（b）所示：当流体平行流过测速管时，内管管口位置 A 点的总

能量为单位体积流体动能 $\rho u^2/2$ 与静压能 (p_0+p) 之和,即

$$p_A = p_0 + \rho g h_2 = p_0 + p + \frac{\rho u^2}{2} \quad (1.144)$$

而外管前端壁面四周孔口与流体流动方向垂直,因此 A' 点的能量为单位体积流体静压能 (p_0+p),即

$$p_{A'} = p_0 + \rho g h_1 = p_0 + p \quad (1.145)$$

根据 p_A、$p_{A'}$ 读数就可得出待测 A 点流速 u 为

$$u = \sqrt{\frac{2(p_A - p_{A'})}{\rho}} \quad (1.146)$$

测速管测量准确度与其制造精度有关,考虑实际流体的能量损失,式(1.146)右侧需引入修正系数 C,即

$$u = C\sqrt{\frac{2(p_A - p_{A'})}{\rho}} \quad (1.147)$$

通常 $C = 0.98 \sim 1.00$,为提高测量准确度,C 值应在仪表标定时确定。

测速管测量的流速是管道截面某点速度,称为点速度。因此,可利用测速管测量管道截面的速度分布。欲获得管截面平均流速 $\bar{u}$,需测量径向若干点速度 u,然而利用数值法或图解法积分求得 $\bar{u}$。对于内径为 d 的圆管,可只测出管中心点速度 $u_{\max}$,然后根据 $u_{\max}$ 与 $\bar{u}$ 间关系求出 u。

使用测速管测速时,为保证测量精度,应做到以下几点:a. 测速管应与管道轴向平行。b. 测量点应选择在稳定段,即远离管件或离进、出口约 50 倍管径距离。c. 测速管外径不大于管道内径的 1/50 以减小测速管对流体流动干扰。

测速管具有结构简单、使用方便、能量损失较小等优点,通常适用于测量通风管道、工业管道、窑炉烟道内气流速度及管道内水流速度。需注意的是,流体中含有固体杂质时,会堵塞测压孔。

(2)孔板流量计

管道中插入一片带有圆孔的金属薄板,其垂直于圆轴且孔心位于轴线上,孔口呈喇叭状指向流动方向且侧边与管轴成 45°,孔板前后测压点与压差计相连,这种装置称为孔板流量计(图 1.31)。该装置是以能量守恒定律与流动连续性定律为基础设计的。

当流体流过薄板孔口时,流动截面收缩至小孔截面,由于惯性作用其流动截面会继续收缩一段距离,然后逐渐扩张至整个管截面。流动截面最小处(图 1.31 的 2 截面处)称为缩脉,流体在缩脉处流速最大,而静压强最低。因此,当流体以一定流量流经孔板时,流动方向上产生一定压强差。也就是说,可以通过测量孔板前后两截面压强差来测量流体流量。

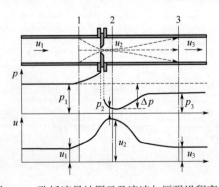

图 1.31 孔板流量计图示及流速与压强沿程变化

欲测量孔板前后压强差,可安装一个液位差压计。标准孔板厚度≤$0.05d$(d为管道直径),测压孔直径≤$0.08d$(一般为6~12mm),故不能把上、下游测压口直接装在孔板上,常将测压口装在紧靠孔板前后位置。

孔板前后测压口流速与压强的定量关系可通过伯努利方程推导:设不可压缩流体在水平管内流动,分别取孔板上、下游测压口所处截面为 1、2 截面,忽略两截面间能量损失,列 1-2 两截面伯努利方程:

$$z_1 + \frac{p_1}{\rho g} + \frac{u_1^2}{2g} = z_2 + \frac{p_2}{\rho g} + \frac{u_2^2}{2g} \tag{1.148}$$

对于水平管,有$z_1 = z_2$,则上式可简化为

$$\sqrt{u_2^2 - u_1^2} = \sqrt{\frac{2(p_1 - p_2)}{\rho}} \tag{1.149}$$

由于缩脉位置及其截面积难以确定,工程上常以孔口处速度u_0替代u_2。另外,实际流体流过孔口时,因缩脉位置随流动状况变化而变化以及两截面间存在能量损失,常引入修正系数C,故有

$$\sqrt{u_0^2 - u_1^2} = C\sqrt{\frac{2(p_1 - p_2)}{\rho}} \tag{1.150}$$

将不可压缩流体连续性方程$u_1 S_1 = u_0 S_0$(S_0为孔口截面积)与式(1.150)联立,整理可得

$$u_0 = \frac{C}{\sqrt{1-(S_0/S_1)^2}}\sqrt{\frac{2(p_1 - p_2)}{\rho}} \tag{1.151}$$

令$C_0 = \dfrac{C}{\sqrt{1-(S_0/S_1)^2}}$,则有

$$u_0 = C_0 \sqrt{\frac{2(p_1 - p_2)}{\rho}} \tag{1.152}$$

式中,C_0为孔流系数,其与面积比(S_0/S_1)、Re、测压方式、孔口形状、加工光洁度以及孔板厚度与管壁粗糙度等有关。若测压方式、结构尺寸、标准孔板及S_0/S_1已定,当Re超过某一限值Re_c时,C_0为定值。合理的孔板流量计,其C_0应在 0.6~0.7 之间。由于C_0与S_0/S_1、Re有关,因此不论是设计型计算(确定孔板孔径d_0)还是操作型计算(确定流量或流速),均需采用试差法。

孔板流量计上、下游安装位置都要有一段内径不变直管作为稳定段,其上游直管长度应≥$50d$,否则测量精确度与重现性受到严重影响。孔板流量计制造简单、安装与更换方便,其主要缺点是流体能量损失大,S_0/S_1越小,能量损失越大。这一能量损失是由流体与孔板间摩擦阻力,尤其是缩脉后流道突然扩大形成大量漩涡造成的。另外,孔板边缘易腐蚀和磨损,所以流量计应定期校正。孔板流量计可测量气体、蒸汽、液体及天然气流量,广泛应用于石油、化工、冶金、电力、供热、供水等领域的过程控制与测量。

（3）文丘里流量计

为解决孔板流量计能量损失大的缺点，可采用渐缩、渐扩的短管替代孔板，所构成流量计称为文丘里流量计，其结构如图1.18所示。1797年意大利物理学家文丘里（G. B. Venturi）通过变径管道实验，发现最小截面处速度大、压强小（文丘里效应），提出利用这一效应来测量管道流体流量，其流量表达式详见【例1.8】。

乔凡尼·巴蒂斯塔·文丘里（1746—1822年），意大利物理学家。28岁成为意大利摩德纳大学地理和哲学教授，他在物理、数学、科学、外交上都有很高造诣，曾担任国家工程师，负责桥梁、水渠、水坝建设和制定相关法规，还曾作为摩德纳公爵代表出使法国。

文丘里流量计具有结构简单、适用范围广、易于实时监控等优点，广泛应用于石油、化工、钢铁、电力、水利、造纸、制药、食品和化纤等行业领域计量。

（4）涡轮流量计

涡轮流量计是利用动量矩守恒原理而设计的，流体流经传感器壳体，由于叶轮叶片与流向有一定角度，流体冲力使叶片具有转动力矩以克服摩擦力矩、流体阻力而旋转，在力矩平衡后转速稳定，在一定条件下转速与流速成正比；由于叶片有导磁性，它处于信号检测器（由永久磁钢与线圈组成）磁场中，旋转叶片切割磁力线，周期性改变线圈磁通量，从而使线圈两端感应出电信号，此信号经放大器放大而形成一定幅度、连续矩形脉冲波，传至显示仪表以显示出流体瞬时流量与累计量。在一定流量范围内，脉冲频率与流经传感器流体瞬时流量成正比。

涡轮流量计具有结构简单、体积小、重量轻、精度高、重复性好、耐高压、测量范围宽、压力损失小及维修方便等优点，广泛用于测量石油、有机液、无机液、液化气、天然气等低黏度流体，但涡轮流量计易受黏度变化影响，不适用于流量变化频繁场合。

（5）涡街流量计

涡街流量计是根据"卡门涡街"原理研制的流体振荡式流量测量仪表，流体在管中经涡街流量变送器时，在三角柱旋涡发生体后上下交替产生正比于流速的两列旋涡，流过旋涡发生体的平均流速与涡旋释放频率、发生体特征宽度有关。根据这种关系，获得旋涡频率就可计算出流体流过旋涡发生体的平均流速。

涡街流量计具有结构简单、坚固耐用、性能稳定、功耗低、量程宽、用途广、使用寿命长、便于安装调试等特点，广泛应用于石油与天然气行业、化工行业、食品与饮料行业、环保行业、制药行业、汽车制造业、机械行业、冶金行业、造纸行业等领域流量测量。

1.7.2 容积式流量计

容积式流量计（又称定排量流量计），它利用机械测量元件把流体连续不断地分割成单个已知体积部分，根据测量室逐次重复地充满和排放该体积流体的次数来测量流体总体积。

这种测量方法受流体活动状况影响较小，因此适于测量高黏度、低雷诺数流体，但不宜测量高温、高压以及脏污介质流量。容积式流量计按其测量元件分类，可分为椭圆齿轮流量计、刮板流量计、双转子流量计、旋转活塞流量计、往复活塞流量计、圆盘流量计、转筒式流量计、湿式气量计及膜式气量计等。

1.7.3　质量流量计

在科学研究、生产过程控制、质量管理、经济核算、贸易交接等活动中所涉及流量一般多为质量流量，例如化学反应过程受原料质量控制，气流加热、冷却效应也是与质量流量成比例，产品质量控制、精确成本核算及飞机与导弹燃料量控制也都需要质量精确化。因此，质量流量计是一种非常重要的流量测量仪表。

无论是速度法流量计，还是容积法流量计，都必须给出流体密度才能得到质量流量。流体密度受流体温度、压强影响，当被测流体压强、温度等参数变化很大时，若仅测量体积流量，就会因流体密度变化而带来很大测量误差。虽然可以同时测量体积流量与密度，或依据测得流体温度、压强等状况参数对流体密度进行修正，从而间接地得到质量流量。但这些测量方法中间环节多，测量准确度难以得到保证。理想方案是直接测量流体质量流量，其物理根底是测量与流体质量有关的物理量（如动量、动量矩等）以直接得到质量流量。这种方案与流体成分、状况参数无关，具有明显的优越性。

1835 年科里奥利（G. G. de Coriolis）研究轮机时发现流体在旋转管内流动时会对管壁产生一个力，这个力称为科里奥利力（科氏力）。1977 年美国高准公司创始人根据此原理研发出世界上第一台质量流量计。质量流量计依据流管科氏力效应设计，在传感器内部有两根平行流管，中部装有驱动线圈、两端装有检测线圈，变送器提供激励电压驱动流管作往复周期振动；当流体介质流经流管，就会在管壁上产生科氏力，使两根流管扭转振动，安装在流管两端的检测线圈将产生相位不同的两组信号，这两组信号相位差与流经流管的质量流量成比例关系。不同介质流经流管时，流管振动频率不同，据此可算出介质密度和质量流量；另外，安装在流管上的铂电阻还可间接测出介质温度。

科里奥利（1792 年 5 月 21 日—1843 年 9 月 19 日），法国物理学家。1808 年进拿破仑工科学校求学，毕业后留校任教。1829 年，科里奥利在第一部著作《机器效应计算》中对功定义，以后他发表公路建筑、机械学、力与运动等方面论著。1835 年他在《物体系统相对运动方程》论文中指出，如果物体在匀速转动参考系中做相对运动，就有一种不同于离心力的惯性力作用于物体，他称这种力为复合离心力。现在这种力称为科里奥利力或科氏力。1836 年当选法国科学院院士。1838 年起在巴黎综合工科学校教授数学物理，并担任业务主任。

科里奥利质量流量计不仅有很高的测量精确度，还有宽的测量范围，即包括高黏度液体、足够密度的中高压气体以及含有固形物的浆液、微量气体的液体。因此，质量流量计是一个较为准确、快速、可靠、高效、稳定、灵活的流量测量仪表，在石油加工、化工等领域得到广泛应用。质量流量计不能控制流量，它只能检测流体质量流量，通过模拟电压、电流或者串行通信输出流量值。质量流量控制器本身除了测量部分，还带有一个电磁调节阀或者压电阀，故既可检测又可控制流量。

本章小结

流体是在切应力作用下能够连续变形的物体。流体力学是研究运动或静止流体受力及力对流体运动状态改变的科学，一般情况下可采用连续介质模型进行研究。流体具有连续性、惯性、可压缩性、热膨胀性及黏性等特性。

流体力学根据惯性系中流体运动状态，分为流体静力学与流体动力学。流体静力学主要对惯性系中静止流体受力及压强分布特点进行分析。流体动力学则重点介绍惯性系中理想流体、不可压缩流体、可压缩流体的动力学规律，借助于数学工具推导连续性微分方程、运动微分方程，并利用边界条件获得适合求解某一具体传递问题的运动方程。

在材料工程技术领域，最主要流体输运形式是流体沿管道内流动，因此重点介绍圆管内不可压缩黏性流体、可压缩黏性流体的动力学规律，建立管道内流体流速、压强、密度、温度等物理量的运动方程。最后，介绍几种以流体压强差、动力学（动量守恒、能量守恒）为基础设计的流量计。

本章符号说明

符号	物理意义	计量单位
a	加速度	$m \cdot s^{-2}$
c	声速	$m \cdot s^{-1}$
C	常数、修正系数	无量纲
C_p	比定压热容	$J \cdot kg^{-1} \cdot ℃^{-1}$
C_V	比定容热容	$J \cdot kg^{-1} \cdot ℃^{-1}$
d	管道管径	m
d_e	当量直径	m
e	管壁粗糙度	m
e_n	法线方向	无量纲
E	体积弹性模量	Pa
f	单位质量力	$N \cdot kg^{-1}$
F	力	N

续表

符号	物理意义	计量单位
g	重力加速度	$m \cdot s^{-2}$
h_l	能量损失	$J \cdot kg^{-1}$
h_λ	沿程阻力损失	$J \cdot kg^{-1}$
h_ζ	局部阻力损失	$J \cdot kg^{-1}$
l	管道长度	m
l_e	当量长度	m
m	质量	kg
M	摩尔质量	$kg \cdot mol^{-1}$
Ma	马赫数	无量纲
n	物质的量	mol
n_i	混合物中 i 组分摩尔分数	无量纲
p	压强	Pa
p_0	自由液面大气压强	Pa
Δp_l	压降	Pa
Δp	压差	Pa
$\boldsymbol{p}$	法向应力	$N \cdot m^{-2}$
$\boldsymbol{P}$	压力	N
$\boldsymbol{P}_n$	法向压力	N
$\boldsymbol{P}_\tau$	切向压力	N
Q_V	体积流量	$m^3 \cdot s^{-1}$
Q_m	质量流量	$kg \cdot s^{-1}$
R	摩尔气体常数或管道半径	$J \cdot mol^{-1} \cdot K^{-1}$ 或 m
Re	雷诺数	无量纲
r	半径	m
$\boldsymbol{r}$	矢径	m
S	面积	m^2
T	热力学温度	K
$\boldsymbol{u}$	速度	$m \cdot s^{-1}$
$\bar{u}$	平均流速	$m \cdot s^{-1}$
V	体积	m^3
W_e	外功	$J \cdot kg^{-1}$
x	流体流入平壁的距离	m
x, y, z	直角坐标	无量纲
β	热膨胀系数	K^{-1}
γ	绝热指数	无量纲

续表

符号	物理意义	计量单位
γ_T	等温压缩系数	Pa^{-1}
δ	边界层厚度	m
λ	沿程阻力系数	无量纲
μ	动力黏度系数	$Pa \cdot s$
μ_i	混合物中 i 组分黏度	$Pa \cdot s$
μ_M	混合物黏度	$Pa \cdot s$
ν	运动黏度系数	$m^2 \cdot s^{-1}$
ζ	局部阻力系数	无量纲
ρ	密度	$kg \cdot m^{-3}$
τ	应力	$N \cdot m^{-2}$
τ_r	切向应力	$N \cdot m^{-2}$
τ	时间	s

下标	说明
0	滞止参数
i	组分/质点 i
M	混合物

思考题与习题

1.1 将流体看成连续性介质的条件是什么？

1.2 我们看到的美丽烟花和摄影师拍摄的美丽海浪是流线还是迹线？

1.3 什么是流体黏滞现象？动力黏度系数 μ 和运动黏度系数 ν 有何区别与联系？

1.4 黏性流体在静止时有没有黏性剪切应力与黏性？理想流体在运动时有没有黏性剪切应力与黏性？

1.5 流体静力学方程、伯努利方程的推导前提条件、公式形式及应用注意事项是什么？

1.6 若 U 型微压差计 H 读数过小，读数相对误差会较大，如何解决？

1.7 什么是连续性方程？连续性方程前提条件是什么？

1.8 伯努利方程揭示什么规律？你还能想到生活中伯努利方程应用实例吗？

1.9 两船并行航行时，为什么会发生"船吸"现象？如何避免？

1.10 层流与湍流有何区别？如何判断圆管内流体流态？

1.11 流体在圆管内流动时，其速度分布如何？

1.12 什么是边界层分离现象？产生边界层分离的条件是什么？

1.13 流动阻力如何产生？湍流时沿程阻力系数与哪些因素有关？

1.14 可压缩气体流动特点是什么？如何才能获得声速和超声速气流？

1.15 水平平板与另一固定水平平板相距 $\delta = 0.5\text{mm}$，其间充满流体，上板在单位面积力（$\tau = 2\text{N} \cdot \text{m}^{-2}$）作用下以 $u = 0.25\text{m} \cdot \text{s}^{-1}$ 速度移动，求该流体动力黏度系数。【0.004Pa·s】

1.16 为绝缘处理，将直径 $d_1 = 0.8\text{mm}$ 导线以 $u = 50\text{m} \cdot \text{s}^{-1}$ 速度从充满绝缘涂料（涂料动力黏度系数 $\mu = 0.02\text{Pa} \cdot \text{s}$）的模具（模具直径 $d_2 = 0.9\text{mm}$，长度 $l = 20\text{mm}$）中拉出，试求所需拉力。【1.00N】

1.17 如附图所示，盛有水（密度为 ρ）的容器侧壁和底部分别连接盛有水银（密度为 ρ_m）的开口 U 型管，且有 $h_4 > h_1 > h_5 > h_3 > h_2$，试比较同一水平面上 1、2、3、4、5 各点压强大小，并说明理由。【略】

1.18 如附图所示，盛有水（密度为 $\rho = 1.0 \times 10^3 \text{kg} \cdot \text{m}^{-3}$）的容器侧壁与底部分别连接盛有水银（密度为 $\rho_m = 13.6 \times 10^3 \text{kg} \cdot \text{m}^{-3}$）和水的封闭 U 型管，在封闭端完全处于真空情况下，若水银柱液面高度差 $h_1 = 50\text{mm}$，求盛水容器液面绝对压强 p_1 与水柱液面高度差 h_2。【6664Pa，0.68m】

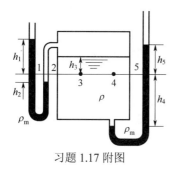

习题 1.17 附图

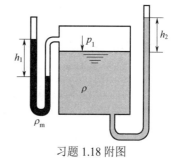

习题 1.18 附图

1.19 如附图所示，某流化床反应器装有两个指示液为水银的 U 型压差计，为防止水银蒸气向空气扩散，在右侧 U 型管与大气连通的玻璃管内注入一段水柱，测得 $h_1 = 50\text{mm}$、$h_2 = 50\text{mm}$、$h_3 = 400\text{mm}$，试求 A、B 两处表压强。【7154Pa，60466Pa】

1.20 如附图所示，微压计两杯内和 U 型管内分别装有水（密度为 ρ）和水银（密度为 ρ_m）两种不同液体，大杯直径 $D = 100\text{mm}$，U 型管直径 $d = 10\text{mm}$，测得 $h = 30\text{mm}$，计算两杯内压强差。【3707.34Pa】

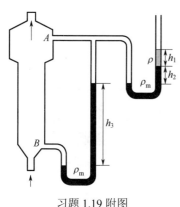

习题 1.19 附图

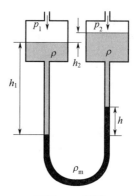

习题 1.20 附图

1.21 如附图所示，蒸汽锅炉串联 U 型压差计，其指示液为水银（密度为 ρ_m），两 U 型管间的连接管充满水（密度为ρ）。测得各水银面及锅炉中水面与基准面垂直距离分别为$h_1 = 3.0\text{m}$、$h_2 = 0.6\text{m}$、$h_3 = 2.5\text{m}$、$h_4 = 1.0\text{m}$、$h_5 = 3.5\text{m}$，试求锅炉上方蒸汽压强。【$5.78 \times 10^5 \text{Pa}$】

1.22 如附图所示存储器装置，欲知地下油品储槽存油量（密度为$\rho = 890 \text{kg} \cdot \text{m}^{-3}$），调节阀控制氮气流量，使之在观察瓶中缓慢鼓泡，测得水银柱高度$h = 120\text{mm}$，通气管出口距槽底部$h_1 = 170\text{mm}$，试求底面积$S = 8\text{m}^2$的储油槽储油量。【14240kg】

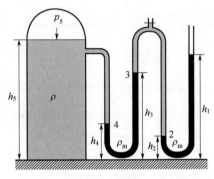

习题 1.21 附图

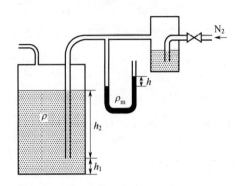

习题 1.22 附图

1.23 如附图所示逐渐收缩水平管道（$S_1 = 0.1\text{m}^2$、$S_2 = 0.08\text{m}^2$），若密度为$1.2 \text{kg} \cdot \text{m}^{-3}$的气体在管中流动，测得1、2截面表压分别为138Pa、92Pa，忽略阻力损失情况下，计算气体通过管道的体积流量。【$1.17 \text{m}^3 \cdot \text{s}^{-1}$】

1.24 如附图所示，管道末端装有喷嘴（管道与喷嘴直径分别为$D = 100\text{mm}$和$d = 30\text{mm}$），若不计水流阻力情况下流量为$Q_V = 0.02 \text{m}^3 \cdot \text{s}^{-1}$，求截面1处压力。【498477Pa】

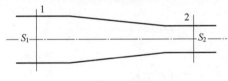

习题 1.23 附图

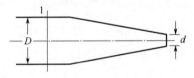

习题 1.24 附图

1.25 如附图所示，水箱侧壁水管直径$d = 50\text{mm}$，末端阀门关闭时，压力表读数为$p_0 = 21\text{kN} \cdot \text{m}^{-2}$，阀门打开后读数降至$p_1 = 5.5\text{kN} \cdot \text{m}^{-2}$，若不计能量损失，求水流质量流量$Q_m$。【$10.93 \text{kg} \cdot \text{s}^{-1}$】

1.26 如附图所示，用U型水银压差计测量水管轴向处流速，若$h = 60\text{mm}$，求该点流速u。【$3.85 \text{m} \cdot \text{s}^{-1}$】

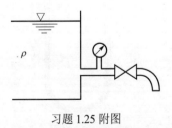

习题 1.25 附图

习题 1.26 附图

1.27 如附图所示，水箱侧壁连接变径管路并在管路另一端连接喷嘴，其中1、2截面及

喷嘴直径分别为 $d_1 = 125$mm、$d_2 = 100$mm、$d_3 = 75$mm，U 型水银压差计高度差 $h = 100$mm，若不考虑能量损失，计算 H 值和 P 点（$d_P = d_2 = 100$mm）压强。【6.75m，45220.11Pa】

1.28 如附图所示，水从水箱侧壁连接 U 型管（$d_1 = 100$mm、$h_1 = 4$m、$h_2 = 6$、$h_3 = 1$m）管嘴（$d_2 = 50$mm）流出，若不计能量损失，求 A、B、C、D 各点压强。【37356.80Pa，-1843.20Pa，-21443.20Pa，0Pa】

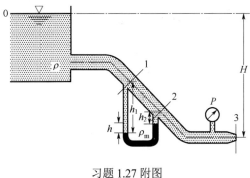

习题 1.27 附图　　　　　　　　　　习题 1.28 附图

1.29 如附图所示，水沿变径管以 $u_1 = 2$m·s^{-1} 流经粗管（$d_1 = 0.1$m），若粗、细管侧相距 $H = 4$m 的压力计读数相同，且不考虑阻力损失，求细管直径 d_2。【0.016m】

1.30 如附图所示，水沿管径 $d = 50$mm 的倾斜管流动，若 1、2 截面相距 $l = 15$m、高度差 $H = 3$m，流过流量 $Q_V = 6$L·s^{-1}，水银压差计高度差 $h = 250$mm，试求管道沿程阻力系数。【0.022】

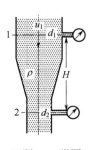　　　　　　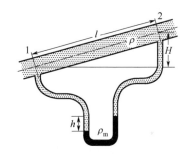

习题 1.29 附图　　　　　　　　　　习题 1.30 附图

1.31 如附图所示，水箱侧壁连接管径 $d = 100$mm、长度 $l = 50$m 的管路，若管道出口流速 $u = 2$m·s^{-1}，管道沿程阻力系数 $\lambda = 0.03$，且两个局部阻力系数依次为 $\zeta_1 = 0.5$、$\zeta_2 = 0.375$，试求水位 H。【3.44m】

1.32 如附图所示，水经不同管径（小管直径 $d_A = 0.2$m，大管直径 $d_B = 0.4$m）连接而成的管路流动，若 $H = 1$m、B 点压强 $p_B = 40$kN·m^{-2}、B 点流速 $u_B = 1$m·s^{-1}，要使水从 A 处流向 B 处，则 A 点压强至少多大？【4.23×10^4Pa】

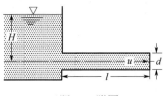　　　　　　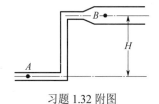

习题 1.31 附图　　　　　　　　　　习题 1.32 附图

1.33 水流经变径（细管直径 d_1、粗管直径 $d_2=2d_1$）管道，哪个截面雷诺数大？两个截面雷诺数比值 Re_1/Re_2 应为多少？【细管，2】

1.34 若管道长度不变且流量保持恒定，欲使沿程阻力损失减少一半，直径需增大百分之几？试分别讨论下列三种情况：

① 管内流动为层流时，$\lambda = \dfrac{64}{Re}$；

② 在光滑管内流动时，$\lambda = \dfrac{0.3164}{Re^{0.25}}$；

③ 在粗糙管内流动时，$\lambda = 0.11\left(\dfrac{K}{d}\right)^{0.25}$。【①18.9%；②15.7%；③14.1%】

第2章 传热学

 本章提要

本章主要介绍传导传热、对流传热、辐射传热基本原理与规律,并运用这些原理和规律分析、解决传热有关问题及剖析传热强化途径;在此基础上,简述综合传热过程及换热器传热速率方程、传热系数与平均温度差计算。

2.1 概述

从现代楼宇暖通空调到自然界风霜雨雪形成,从航天飞机壳体防护到电子器件冷却,从一年四季人们穿着变化到人类器官冷冻储存,无不与热量传递密切相关。热量总是不自觉、不可逆地从高温流向低温,即存在温度差(简称温差)就会出现热量传递。自然界、工农业生产及科学研究中普遍存在温差,因此热量传递是自然界与生产技术中最普遍现象之一。热量在温差作用下物体间或者同一物体各个部分进行传递的过程称为传热,研究热量传递规律的学科称为传热学。自然界存在三种基本传热方式:热传导、热对流、热辐射。不同场合下这三种方式可能单独存在,也可能以不同组合形式存在。

在工程技术领域,为控制热量向目标方向转移,不可避免地需要补充或移走热量,例如在蒸馏、干燥等单元操作中,需要按一定速率输入或输出热量。在这种情况下,希望以高传热速率进行传热以使物料尽快达到指定温度或回收热量。另外,高温或低温条件下运行的设备或管道,应尽可能减少它们与外界传热。显然,热量合理利用与废热回收利用对降低生产成本、保护生态环境都具有非常重要意义。

2.1.1 工程技术领域加热或冷却介质

工程技术领域物料被加热或冷却时,需要另一种流体提供或移走热量,此种流体称为加热或冷却介质。加热或冷却介质一般由系统外部提供,当然从节能角度出发首先应该考虑利用系统内部热量,例如生产过程中有高温物料需要冷却而又有低温物料需要加热时,则可优先考虑它们分别作为加热或冷却介质相互传热。

饱和水蒸气是最常见的加热介质,其优点是蒸汽冷凝时对流传热系数很大(h = 5000～15000W·m^{-2}·$℃^{-1}$),缺点是压强较高(例如200℃饱和蒸气压为1.56MPa)而需求高机械强度设备、投资成本高。此外,还有热水、矿物油、烟道气等加热介质。表2.1列出了一些常用加热介质及其使用温度范围与特点。

表 2.1 常用加热介质

加热介质	温度范围/℃	特点
饱和水蒸气	100～180	温度易调节、冷凝相变大、传热系数高
热水	40～100	利用蒸汽冷凝水或废热水余热
矿物油	180～250	价廉易得、黏度大、过高温度下易分解
联苯混合物	255～380	使用温度范围宽、黏度小
熔盐	142～530	使用温度高、比热小
烟道气	500～1000	温度高、比热小、对流传热系数小

最常使用冷却介质是水,有一次水和循环水之分。一次水指地表水或深井水,使用有限制;循环水指冷却回水送至凉水塔内与空气逆流接触,使之部分汽化带走热量而降温,然后循环使用。空气也常作为冷却介质,但其对流传热系数较冷却水低且比热小,限制了应用,通常用于有通风机的冷却塔和翅片式换热器强制冷却。若要冷却到环境温度以下,则需用冷冻盐水、液氨、液态烃等,如表2.2所示。

表 2.2 常用冷却介质

冷却介质	温度范围/℃	特点
一次水	15～20	冷却速度快,受地域限制
循环水	15～35	对流传热系数大,使用范围广
空气	<35	对流传热系数小,缺水地区宜用
冷冻盐水	0～15	成本高,用于低温冷却
液氨	约-33	压缩制冷,成本高,用于深冷
液态烃	约-103	

2.1.2 连续性介质假定

在本章讨论范围内,将假定所研究物体温度、密度、速度、压强等物理参数都是空间的连续函数。对于气体,只要被研究物体几何尺度大于分子间平均自由程(1个标准大气压、室温下空气分子平均自由程约为70nm),这种连续的假定总是成立的。由此可见,研究微米级几何尺度热量传递现象,或者高空极其稀薄气体中热量传递问题,这一假定则不成立,例如,最近十几年迅速发展的微纳器件传热问题就不能采用连续性介质假定模型。

2.1.3 传热学发展

人类文明之初人们就学会烧火取暖,故热传导和热对流两种基本传热方式早为人们所认识,热辐射则在1800年发现了红外线后才被认识。三种方式基本理论的确立则经历各自独特历程。

科学史上两个著名实验——1798年朗福德伯爵本杰明·汤普森(Sir Benjamin Thompson, Count Rumford)钻炮筒发热实验与1799年戴维(H. Davy)用冰块摩擦生热化水实验——批判"热素说"而确认热来源于物体本身内部运动,开辟了探求导热规律的途径。19世纪初,兰贝特(J. H. Lambert)、毕欧(J. B. Biot)与傅里叶(J. B. J. Fourier)都从固体一维导热实验入手开展研究。1804年,毕欧根据实验提出单位时间通过单位面积导热量正比于两侧表面温差、反比于壁厚,其比例系数取决于材料物理性质。这个公式虽粗糙些,但促进对导热规律的认识。傅里叶结合理论与实验研究,不断完善理论公式并于1822年发表论著《热的解析理论》,成功创建符合实验结果的导热理论,即傅里叶定律。他从傅里叶定律和能量守恒定理推出导热微分方程,成为求解大多数工程导热问题的出发点,并提出采用无穷级数表示理论解的方法开辟数学求解的新途径,被公认为导热理论奠基人。

18世纪,比单纯流动更为复杂的对流传热理论求解进展不大。直到1915年,努塞尔(W. Nusselt)对受迫对流与自然对流基本微分方程及边界条件进行量纲分析,获得有关无量纲数群的定则关系,从而开辟无量纲数群定则关系指导求解对流传热问题的一种基本方法,有力地促进对流传热研究发展。在微分方程理论求解上,有两方面进展发挥重要作用:其一是普朗特(L. Prandtl)于1904年提出的边界层理论,在边界层理论指导下微分方程得到合理简化,有力地推动理论求解发展。1921年波尔豪森(E. Pohlhausen)在流动边界层概念启发下发展热边界层概念,1930年他与施密特(E. Schmidt)、贝克曼(W. Beckmann)合作,成功求解近竖壁处空气自然对流传热。其二是湍流计算模型的发展。1929年普朗特比拟、1939年卡门比拟理论记录着湍流计算模型早期发展的轨迹,并随着对湍流机理认识不断深化而蓬勃发展,逐渐发展成为传热学研究中一个令人瞩目的热点,也有力地推动着理论求解向纵深发展。

热辐射早期研究中,认识黑体辐射并用人工黑体进行实验研究对建立热辐射理论具有重要作用。19世纪末,斯特藩(J. Stefan)根据实验确立黑体辐射力正比于热力学温度四次方,后来玻尔兹曼(L. Boltzmann)在理论上证实,这一规律称为斯特藩-玻尔兹曼定律。热辐射理论研究最大挑战在于确定黑体辐射的光谱能量分布。1896年,维恩(W. Wien)通过半理论半经验方法推导出一个公式,虽然其在短波段与实验比较吻合,但在长波段与实验显著不符。几年后,瑞利(L. Rayleigh)从理论上也推导出一个公式,后经金斯(J. H. Jeans)改进为瑞利-金斯公式,其在长波段与实验结果吻合较好,但在短波段与实验结果偏差明显,且辐射能量随频率增加而增至无穷大,这显然是十分荒谬的。瑞利-金斯公式在高频段(即紫外区)遇到无法克服的困难,简直是理论上的一场灾难,故称为"紫外灾难"。"紫外灾难"出现使人们强烈意识到，原以为相当完美的经典物理学理论确实存在问题，需要观念突破。1900年，普朗克（M. Plank）大胆提出与经典物理学连续性概念根本不同的新假说——能量量子假说，基于该假说而得到的普朗克公式与整个光谱频段完美吻合，正确揭示黑体辐射能量光谱分布规律，奠定热辐射理论基础。科学发展道路往往是曲折的——普朗克公式因缺乏理论依据而不为当时人们所接受，直到1905年爱因斯坦（A. Einstein）光量子研究公认后，普朗克公式才为人们所接受。物体间辐射传热方面有两个重要理论：其一是1860年基尔霍夫（G. R. Kirchhoff）提出单色、偏振辐射发射率与吸收率之间关系；其二是物体间辐射传热计算方法，由于物体间辐射传热是一个无穷发射逐渐削弱的复杂物理过程，计算方法研究有其重要意义。

20世纪70年代出现能源危机极大促进强化传热技术研究，使得传热学迅速发展。随着人们对传热学基本规律认识逐渐深入，传热学进一步向不同应用领域蓬勃发展，先后出现许多分支领域，例如生物传热学、焊接传热学等。尔后，由于计算机技术迅速发展，传热微分方程数值求解研究取得重大进展，形成新的分支学科——数值传热学或计算传热学。20世纪末，随着微纳器件迅速发展，掀起微纳尺度传热问题研究热潮。

2.1.4 传热学研究方法

传热学研究方法一般分为实验研究、理论分析、数值模拟三种。

（1）实验研究

实验研究是传热学最基本的研究方法，因为所有传热基本规律的揭示首先要通过实验测定来完成，如导热系数测定。实验方法在传热设备参数标定、过程控制、仪器开发以及新现象探究中起重要作用。

（2）理论分析

理论分析主要是运用数学分析理论求解给定条件下的能量微分方程，从而确定物体中各点速度、温度等函数，这些称为解析解或精确解。由于实际问题复杂性，目前只能得出比较简单问题的分析解。

（3）数值模拟

大多数实际流动与传热的微分方程组难以求出分析解，随着计算机技术飞速发展，将这些微分方程转化为求解区域的一组代数方程，通过计算机求解其近似解的方法应运而生。近二十年，对传热与流动过程进行数值模拟的商业软件如雨后春笋般发展起来。

由于实验研究、理论分析以及数值模拟各有其应用范围，把这三种手段巧妙地结合起来可以相互补充、相得益彰。

2.2 传导传热

物体各部分不发生相对宏观位移或不同物体直接接触时，依靠物质分子、原子及自由电子等微观粒子的热运动而进行传热现象称为热传导（简称导热）。导热在固体、液体和气体中均可发生，但其微观机理各不相同。气体导热是气体分子做无规则运动而相互碰撞的结果；

液体导热机理与气体类似,但由于其分子间距较小,分子力场对其碰撞时能量交换影响较大,情况更为复杂。固体则以自由电子迁移和晶格振动两种方式传导热量,其中金属固体主要以自由电子迁移导热,而非导电固体则主要通过晶格振动导热。

严格讲,只有固体中才能发生纯粹热传导;而流体即使处于静止状态,也会因温度梯度造成密度差而产生自然对流。因此,本节主要针对无内热源固体中热传导问题进行讨论。

2.2.1 导热基本概念与定律

(1)温度场与温度梯度

热传导永远与温度分布不均匀联系在一起,存在一定温度分布的空间称为温度场,其是空间(x、y、z)与时间τ的函数,数学表达式为

$$t = f(x,y,z,\tau) \tag{2.1}$$

式中 t——温度,℃。

根据物体内温度场是否随时间变化,可分为稳态温度场和非稳态温度场。稳态温度场指物体各点温度不随时间变化的温度场,其数学表达式为

$$t = f(x,y,z) \tag{2.2}$$

非稳态温度场指物体内温度随时间变化的温度场,其数学表达式为式(2.1)。正常运行的热力设备,其内部皆属稳态温度场;而热力设备在启动、停机或变工况运行时,其内部是非稳态温度场。

根据物体内温度场在空间坐标的变化情况,又可分为一维、二维、三维温度场。一维温度场指物体内部温度只在一个方向变化,可表示为$t = f(x,\tau)$。若同时又具有稳态性质,它就是一维稳态温度场,可表示为$t = f(x)$。同理,$t = f(x,y,\tau)$和$t = f(x,y)$分别称为二维非稳态、稳态温度场,$t = f(x,y,z,\tau)$和$t = f(x,y,z)$分别称为三维非稳态、稳态温度场。

在稳态温度场内发生的传热过程,称为稳态传热过程。对于实际传热问题,应采用温度场简化处理方法。例如,常见大平壁、长圆柱内传热研究,可忽略平壁平面方向、长圆柱轴向温度的微小差异,认为只在大平壁厚度方向、长圆柱径向有温度变化,这时可按一维传热处理。

为直观描绘物体内部温度分布情况,常用等温面或等温线形象表示。温度场中相同温度各点所组成面(或线)称为等温面(或线)(图 2.1)。稳态温度场中等温面(或线)位置与形状恒定不变,而非稳态温度场中等温面(或线)位置与形状随时间而变。由于空间任一点不可能同时有不同温度,因此温度不同等温面(或线)彼此不能相交。物体内等温面(或线)越密集,温度变化越剧烈。

等温面(或线)上没有温度变化,因此没有传热。传热只能发生在不同等温面(或线)之间,虽然等温面(或线)间温差相等,但各方向单位距离的温度变化却不同,各个方向传递

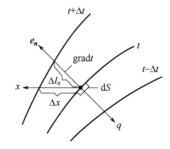

图 2.1 等温面(或线)及温度梯度
(q 为热流密度)

热量也不尽相同。例如，一维温度场两等温面（或线）x、$(x+\Delta x)$ 对应温度分别为 $t(x,\tau)$、$t(x+\Delta x,\tau)$，则等温面（或线）间温度变化率可表示为

$$\lim_{\Delta x \to 0} \frac{t(x+\Delta x,\tau)-t(x,\tau)}{\Delta x} = \frac{\partial t}{\partial x} \tag{2.3}$$

其中等温面（或线）法向温度变化率最大。为此，定义等温面（或线）法向温度变化率为温度梯度，记作 grad$t$，即

$$\mathrm{grad}\,t = \frac{\partial t}{\partial l_n} \boldsymbol{e}_n \tag{2.4}$$

式中　$\boldsymbol{e}_n$——等温面（或线）法向单位矢量。

　　　　l_n——等温面（或线）法向距离，m。

温度梯度方向为垂直于等温面（或线）并指向温度增加的方向。对于一维温度场，可用 dt/dx 表示。

（2）傅里叶定律

让·巴普蒂斯·约瑟夫·傅里叶（1768 年 3 月 21 日—1830 年 5 月 16 日），法国著名数学家、物理学家。生于法国奥塞尔一个裁缝家，9 岁父母亡故，被当地教堂收养。1780 年就读于地方军校，1795 年到巴黎综合工科大学执教，1798 年随拿破仑军队远征埃及时任文书和埃及研究院秘书，回国后于 1801 年被任命为伊泽尔省格伦诺布尔地方长官。1807 年向巴黎科学院呈交《热的传播》论文，推导出著名的热传导方程，提出任一函数都可展成三角函数的无穷级数，傅里叶级数（即三角级数）、傅里叶分析等理论均由此创始。由于对传热理论的贡献于 1817 年当选巴黎科学院院士。1822 年，成为科学院终身秘书，后又任法兰西学院终身秘书和理工科大学校务委员会主席，同年出版《热的解析理论》，其记载了傅里叶级数与傅里叶积分的诞生经过的重要历史文献，在科学史上公认是一部划时代的经典著作。

法国物理学家傅里叶在对固体导热进行大量实验研究基础上，于 1822 年指出：单位时间内传递热流量与该处温度梯度以及传热面积成正比，即

$$\mathrm{d}Q = -k \frac{\partial t}{\partial l_n} \mathrm{d}S \tag{2.5}$$

式中　Q——单位时间传递的热量，即热流量，W；

　　　　S——传热面积，m²；

　　　　k——物质导热系数，也称热导率，W·m^{-1}·℃$^{-1}$ 或 W·m^{-1}·K^{-1}。

负号表示传热方向与温度梯度方向相反，即热量朝温度降低方向传递。

傅里叶定律也可用热流密度来表示

$$q = -k \frac{\partial t}{\partial l_n} \tag{2.6}$$

式中　　q——单位时间单位面积传递热量,即热流密度,$W \cdot m^{-2}$。

(3)导热系数

导热系数是衡量物质导热能力的重要参数,是物质固有属性之一。导热系数越大,物质导热能力就越强,其值大小与材料几何形状无关,主要取决于物质组成、结构、密度、湿度、温度及压强。

各种物质导热系数通常用实验方法测定,研究人员也对各种物质导热系数测量方法进行大量研究,制定相应国家标准,例如《金属高温导热系数测量方法》(GB/T 3651—2008)、《非金属固体材料导热系数的测定　热线法》(GB/T 10297—2015)、《炭素材料导热系数测定方法》(GB/T 8722—2019)等。常见物质导热系数可从附录 A 与附录 B 查得。

一般来说,金属导热系数大于非金属导热系数,纯金属导热系数大于合金导热系数。物质三态中,固态导热系数最大,液态次之,气态最小。例如在标准大气压、0℃下,冰、水、水蒸气的导热系数分别为 $2.22W \cdot m^{-1} \cdot ℃^{-1}$、$0.54W \cdot m^{-1} \cdot ℃^{-1}$、$0.025W \cdot m^{-1} \cdot ℃^{-1}$。

各种物质导热系数随温度变化规律不尽相同。纯金属导热系数一般随温度升高而降低,这是因为金属导热主要依靠自由电子运动,且晶格振动随温度升高而加剧以阻碍自由电子运动,使得导热系数降低。金属导电也是依靠自由电子运动,故良导体同样是良导热体。若金属合金化,嵌入的元素会阻碍自由电子运动,使导热性能大大降低,所以合金导热系数比纯金属导热系数小,例如,室温下纯铜导热系数为 $398W \cdot m^{-1} \cdot ℃^{-1}$,而含30%锌的黄铜导热系数仅为 $109W \cdot m^{-1} \cdot ℃^{-1}$(图 2.2)。非金属材料导热主要依靠晶格振动产生弹性波传热(物理学中称为声子传热),晶格振动随温度升高而加剧,导热系数增加。若材料中存在晶体缺陷、裂纹,则会产生声子散射,使得导热系数降低。

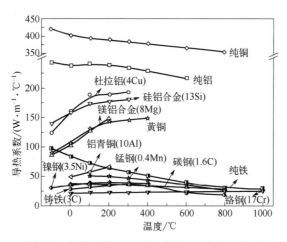

图 2.2　金属及其合金导热系数随温度变化关系

液体可分为金属液体与非金属液体,金属液体导热系数比非金属液体导热系数高。大多数液态金属导热系数随温度升高而降低,而非金属液体(除水、甘油外)导热系数随温度升高略有降低,这是温度升高时液体膨胀,有序程度受到破坏所致。在非金属液体中,水的导热系数最大。一般来说,纯液体导热系数比其溶液大。溶液导热系数在缺乏实验数据时,可

由下式估算。有机化合物溶液导热系数 k_M 为

$$k_M = 0.9 \sum w_i k_i \qquad (2.7a)$$

式中　w_i——有机化合物中 i 组分质量分数；
　　　k_i——有机化合物中 i 组分导热系数，$W \cdot m^{-1} \cdot ℃^{-1}$。

有机化合物互溶混合液导热系数 $k_{M,in}$ 为

$$k_{M,in} = \sum w_i k_i \qquad (2.7b)$$

气体导热系数随温度升高而增大，这是分子运动随温度升高而加快所致。在相当大压强范围内，气体导热系数随压强变化很小，可忽略不计。仅当气体压强高于 200MPa 或低于 2.7kPa 时，才考虑压强影响，此时气体导热系数才随压强增高而增大。常压下气体混合物导热系数 $k_{M,g}$ 可用下式估算

$$k_{M,g} = \frac{\sum n_i k_i M_i^{1/3}}{\sum n_i M_i^{1/3}} \qquad (2.8)$$

式中　n_i——气体混合物中 i 组分摩尔分数；
　　　M_i——气体混合物中 i 组分摩尔质量，$kg \cdot kmol^{-1}$。

气体导热系数很小，对导热不利，但有利于保温、绝热。习惯上把导热系数小的材料称为保温材料，又称隔热材料或绝热材料。至于小到多少才算保温材料则与各国保温材料生产与节能技术水平有关，例如 20 世纪 50 年代我国界定值为 $0.23W \cdot m^{-1} \cdot ℃^{-1}$，到 80 年代则为 $0.14W \cdot m^{-1} \cdot ℃^{-1}$。国家标准《设备及管道绝热技术通则》（GB/T 4272—2024）中规定：用于保温的材料在平均温度为 343K（70℃）时导热系数不应大于 $0.060W/(m \cdot K)$，密度不宜大于 $220kg/m^3$；用于保冷的材料在平均温度为 298K（25℃）时的导热系数不应大于 $0.050W/(m \cdot K)$，密度不宜大于 $180kg/m^3$。保温材料大多是多孔材料，孔中储有低导热系数（常温下导热系数为 $0.025W \cdot m^{-1} \cdot ℃^{-1}$）的空气，能有效起到隔热、保温作用。另外，它们传热方式不仅有固体骨架、空气导热，还有空气热对流与热辐射，工程上把这种综合传热所折合的导热系数称为表观导热系数。

保温绝热工程中，除考虑保温材料导热系数之外，还须考虑以下问题：a. 保温与防潮、防露应同时进行。b. 保温材料最佳使用范围（即指材料价格与保温效果最佳匹配范围）和最高允许温度。若超温使用，材料会软化，甚至融化，没有保温效果。c. 保温材料价格、保温辅助支架费用、维修费用、投资成本都应综合考虑。

工程计算中，多数工程材料在较宽温度区间内导热系数与温度可近似认为是线性关系（工程计算不会引起较大误差），即

$$k_t = k_0(1+bt) \qquad (2.9)$$

式中　k_0——0℃时导热系数，$W \cdot m^{-1} \cdot ℃^{-1}$；
　　　k_t——t 温度时导热系数，$W \cdot m^{-1} \cdot ℃^{-1}$；
　　　b——常数，可正、可负，一般通过实验测得。

导热过程中物体各部分温度不同，此时可依据物体两端面温度 t_1 与 t_2 的算术平均值［即 $t_m = (t_1 + t_2)/2$］来计算该物体平均导热系数 k_m，这种方法在求解稳定导热问题时是合理的。

需指出，有一些材料（例如木材、石墨等）各向结构不同，因此不同方向的导热系数也有很大差别，这些材料称为各向异性材料。对于各向异性材料，导热系数必须指明方向才有意义。

2.2.2 导热微分方程及其定解条件

为获得导热物体温度场的数学表达式，必须根据能量守恒定律与傅里叶定律来建立物体内温度场应当满足的变化关系，称为导热微分方程。导热微分方程是所有导热物体温度场都应满足的通用方程，对于各个具体问题，还必须规定相应时间与边界条件，称为定解条件。

（1）导热微分方程

在均质、各向同性导热体内任取边长为 dx、dy、dz 的微元六面体（图2.3），其比定压热容 C_p、密度 ρ 及导热系数 k 等物性参数可看成常数，列出该微元六面体的热平衡方程。

根据傅里叶定律，$d\tau$ 时段内沿 x 方向进入、离开微元体的热量分别为

$$Q_x = -k\frac{\partial t}{\partial x}dydzd\tau \tag{2.10a}$$

$$Q_{x+dx} = -k\frac{\partial}{\partial x}\left(t + \frac{\partial t}{\partial x}dx\right)dydzd\tau \tag{2.10b}$$

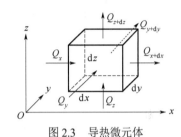

图2.3 导热微元体

则沿 x 方向进入微元体的净热量为

$$dQ_x = Q_x - Q_{x+dx} = \frac{\partial}{\partial x}\left(k\frac{\partial t}{\partial x}\right)dxdydzd\tau \tag{2.11a}$$

同理，沿 y、z 方向进入微元体的净热量分别为

$$dQ_y = \frac{\partial}{\partial y}\left(k\frac{\partial t}{\partial y}\right)dxdydzd\tau \tag{2.11b}$$

$$dQ_z = \frac{\partial}{\partial z}\left(k\frac{\partial t}{\partial z}\right)dxdydzd\tau \tag{2.11c}$$

微元体所受总热量为

$$dQ_1 = \left[\frac{\partial}{\partial x}\left(k\frac{\partial t}{\partial x}\right) + \frac{\partial}{\partial y}\left(k\frac{\partial t}{\partial y}\right) + \frac{\partial}{\partial z}\left(k\frac{\partial t}{\partial z}\right)\right]dxdydzd\tau \tag{2.12}$$

则 $d\tau$ 时段内微元体的热焓增量为

$$dQ = \frac{d(C_p\rho t)}{d\tau}dxdydzd\tau \tag{2.13}$$

若微元体内有热源强度为 q_V（即单位时间单位体积发热量，$W \cdot m^{-3}$）的热源，则 $d\tau$ 时段内微元体的发热量为

$$dQ_2 = q_V dxdydzd\tau \tag{2.14}$$

根据能量守恒定律，$d\tau$ 时段内进入微元体的净热量 dQ_1 与微元体本身发热量 dQ_2 之和应

等于微元体热焓增量 dQ，化简即有

$$\frac{\partial}{\partial x}\left(k\frac{\partial t}{\partial x}\right)+\frac{\partial}{\partial y}\left(k\frac{\partial t}{\partial y}\right)+\frac{\partial}{\partial z}\left(k\frac{\partial t}{\partial z}\right)+q_V=\frac{\partial(C_p\rho t)}{\partial \tau} \quad (2.15)$$

式（2.15）为导热微分方程一般形式，其中 k、q_V、C_p、ρ 可以是变量。多数情况下 C_p、ρ 为常数，则式（2.15）可写成

$$\frac{\partial}{\partial x}\left(k\frac{\partial t}{\partial x}\right)+\frac{\partial}{\partial y}\left(k\frac{\partial t}{\partial y}\right)+\frac{\partial}{\partial z}\left(k\frac{\partial t}{\partial z}\right)+q_V=C_p\rho\frac{\partial t}{\partial \tau} \quad (2.16)$$

当导热系数 k 为常数时，式（2.16）简化为常物性、有内热源的三维非稳态导热微分方程

$$a\left(\frac{\partial^2 t}{\partial x^2}+\frac{\partial^2 t}{\partial y^2}+\frac{\partial^2 t}{\partial z^2}\right)+\frac{q_V}{C_p\rho}=\frac{\partial t}{\partial \tau} \quad (2.17)$$

式中，$a=k/(\rho C_p)$，称为导温系数或热扩散系数，$m^2 \cdot s^{-1}$。

当导热系数 k 为常数且无内热源时，式（2.17）简化为常物性、无内热源的三维非稳态导热微分方程

$$a\left(\frac{\partial^2 t}{\partial x^2}+\frac{\partial^2 t}{\partial y^2}+\frac{\partial^2 t}{\partial z^2}\right)=\frac{\partial t}{\partial \tau} \quad (2.18)$$

当导热系数 k 为常数且温度 t 不随时间变化时，式（2.17）简化为常物性、有内热源的三维稳态导热微分方程（也称泊松方程）

$$\frac{\partial^2 t}{\partial x^2}+\frac{\partial^2 t}{\partial y^2}+\frac{\partial^2 t}{\partial z^2}+\frac{q_V}{k}=0 \quad (2.19)$$

当导热系数 k 为常数、无内热源、稳态时，式（2.17）简化为常物性、无内热源的三维稳态导热微分方程（也称拉普拉斯方程）

$$\frac{\partial^2 t}{\partial x^2}+\frac{\partial^2 t}{\partial y^2}+\frac{\partial^2 t}{\partial z^2}=0 \quad (2.20)$$

运用导热微分方程时，需注意以下几点：a. 内热源是导热体在导热过程中伴随化学反应、热核反应或有电流通过时所转化的热量；内热源产生的热量可正（内热源放出热量）、可负（内热源吸收热量）。b. 导温系数 a 是反应物体温度变化快慢的参数，是物体本身固有属性，只在非稳态加热或冷却过程中才显示其作用。从 $a=k/(\rho C_p)$ 表达式可知，它是由物体导热系数 k 和热容量 ρC_p 共同决定的，其中热容量 ρC_p 表示单位体积物体温度变化 1℃时所吸收（或放出）的热量。若物体 a 值大，则意味着单位体积物体温度变化快。由于物体单位体积温度变化所需热量小，可以把多余热量迅速传给周围物体，造成导热体内部温度快速变化，热影响区域扩大。相反，若 a 值小则物体温度变化慢，热量扩散速度小。c. 导体为圆筒壁、球壳的导热问题，可用圆柱坐标系、球坐标系下导热微分方程求解。采用类似分析方法亦可导出相应坐标系下导热微分方程，其中圆柱坐标系下导热微分方程一般形式为

$$\frac{1}{r}\times\frac{\partial}{\partial r}\left(kr\frac{\partial t}{\partial r}\right)+\frac{1}{r^2}\times\frac{\partial}{\partial \varphi}\left(k\frac{\partial t}{\partial \varphi}\right)+\frac{\partial}{\partial z}\left(k\frac{\partial t}{\partial z}\right)+q_V=\frac{\partial(C_p\rho t)}{\partial \tau} \quad (2.21)$$

式中，r、φ、z 为圆柱坐标系的三个坐标变量。

球坐标系下导热微分方程一般形式为

$$\frac{1}{r^2}\times\frac{\partial}{\partial r}\left(kr^2\frac{\partial t}{\partial r}\right)+\frac{1}{r^2\sin^2\theta}\times\frac{\partial}{\partial \varphi}\left(k\frac{\partial t}{\partial \varphi}\right)+\frac{1}{r^2\sin^2\theta}\times\frac{\partial}{\partial \theta}\left(k\sin\theta\frac{\partial t}{\partial \theta}\right)+q_V=\frac{\partial(C_p\rho t)}{\partial \tau} \quad (2.22)$$

式中，r、φ、θ 为球坐标系的三个坐标变量。

（2）定解条件

导热微分方程是描述导热现象共性的数学表达式，对于特定导热现象，在求解时必须给出描述该现象特征的具体条件，使之单值地确定解，这些具体条件称为定解条件（或称单值条件）。定解条件包括以下几个方面。

a. 几何条件：给定导热体的几何形状、尺寸及相对位置。

b. 时间条件（也称初始条件）：给定导热过程随时间变化情况，如初始时刻温度分布情况，若稳态导热则不需要给定此条件。

c. 物理条件：给定导热体物理特征，如物性参数、内热源分布状况等。

d. 边界条件：给定导热体各边界上温度分布或传热情况。

常见边界条件可归纳为以下三类。

第一类边界条件：给定任意时刻物体边界温度值。对于稳态导热，固体壁面温度 $t_w=C$；对于非稳态导热且 $\tau>0$ 时，则有

$$t_w=f_1(x,y,z,\tau) \quad (2.23)$$

第二类边界条件：给定物体表面热流密度随时间变化情况。对于稳态导热，固体壁面热流密度 $q_w=C$；对于非稳态导热且 $\tau>0$ 时，则有

$$q_w=-k\left(\frac{\partial t}{\partial l_n}\right)_w=f_2(x,y,z,\tau) \quad (2.24)$$

第三类边界条件：给定固体内部传导到表面的热量密度等于固体表面通过对流传热到周围流体的热流密度，即

$$-k\left(\frac{\partial t}{\partial l_n}\right)_w=h(t_w-t_f) \quad (2.25)$$

式中　h——对流传热系数；

t_f——流体温度。

值得注意的是，以上三类边界条件之间有一定联系。在一定条件下，第三类边界条件可转化为第一、二类边界条件。当对流传热系数 h 很大、k 较小（即 $h/k\to\infty$）时，流体与表面的传热热阻很小，使得壁面温度 t_w 接近流体温度 t_f（即 $t_w\approx t_f$），这是第一类边界条件的特征。当 h 等于 0 时，即有 $q_w=0$，这是第二类边界条件的特例。

2.2.3　一维稳态导热

最简单的一维稳态导热，是没有内热源情况的一维稳态导热。

（1）平壁一维稳态导热

本节涉及平壁指平壁宽度和长度尺寸远大于厚度的一类平壁（即大平壁），这种平壁可忽略边缘散热，认为平壁内部温度分布只在厚度方向有变化（即一维温度场），例如锅炉炉墙、冷藏设备壁面。

① 导热系数为常数时单层平壁一维稳态导热

无内热源的均质单层大平壁如图2.4所示，其厚度为δ，导热系数k为常数，若两侧壁面温度t_1、t_2恒定不变且$t_1>t_2$，根据一维稳态导热微分方程

$$\frac{d^2 t}{dx^2} = 0 \tag{2.26}$$

对式（2.26）两次积分，得通解

$$t = C_1 x + C_2 \tag{2.27}$$

将$x=0$时$t=t_1$、$x=\delta$时$t=t_2$边界条件带入式（2.27），得平壁内温度分布

$$t = t_1 - \frac{t_1 - t_2}{\delta} x \tag{2.28}$$

由式（2.28）可知，平壁内温度呈直线分布。

由傅里叶定律可求得通过平壁的热流密度为

$$q = \frac{k}{\delta}(t_1 - t_2) \tag{2.29}$$

若平壁侧面面积为S，则通过平壁的热流量为

$$Q = \frac{kS}{\delta}(t_1 - t_2) \tag{2.30}$$

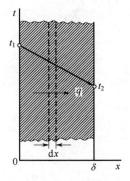

图2.4 单层平壁一维稳态导热

应指出，热量传递是自然界中一种转移过程，与自然界中其他转移过程（如电量转移、动量转移、质量转移）类似。各种转移过程共同规律可归结为

$$过程转移量 = \frac{过程动力}{过程阻力}$$

参照电学中众所周知的欧姆定律，式（2.29）和式（2.30）可表示为

$$q = \frac{t_1 - t_2}{\dfrac{\delta}{k}} = \frac{\Delta t}{R_t'} \tag{2.31}$$

$$Q = \frac{t_1 - t_2}{\dfrac{\delta}{kS}} = \frac{\Delta t}{R_t} \tag{2.32}$$

式（2.31）、式（2.32）中，温差是传热过程的推动力，即有温差就有热量传递，就像导线中有电位差就有电流一样，所以在传热学中也将温差称为温压。R_t与R_t'均为传热热阻，为避免混淆，R_t称为传热总面积热阻，单位为℃·W^{-1}；而R_t'称为单位面积热阻，单位为m^2·℃·W^{-1}。

热阻概念对分析复杂传热过程带来很大便利，可借助于熟悉的串、并联电阻公式来计算传热过程总热阻。还应指出，上述热阻概念是在对一维导热问题分析时引出的，分析多维传热问题时，热阻分析方法也同样适用。

> **例 [2.1]**
>
> 已知钢板、水垢、灰垢导热系数分别为 46.4 W·m^{-1}·℃$^{-1}$、1.16 W·m^{-1}·℃$^{-1}$、0.116 W·m^{-1}·℃$^{-1}$，试比较厚 1mm 钢板、水垢、灰垢的单位面积热阻。
>
> 【分析】因钢板、水垢、灰垢尺寸较其厚度大很多，可看成平壁一维稳态导热。
>
> 【题解】根据单位面积热阻公式，故有
>
> 钢板 $\quad R'_{t_1} = \dfrac{\delta}{k_1} = \dfrac{10^{-3}}{46.4} = 2.16 \times 10^{-5}\ (\text{m}^2 \cdot ℃ \cdot \text{W}^{-1})$
>
> 水垢 $\quad R'_{t_2} = \dfrac{\delta}{k_2} = \dfrac{10^{-3}}{1.16} = 8.62 \times 10^{-4}\ (\text{m}^2 \cdot ℃ \cdot \text{W}^{-1})$
>
> 灰垢 $\quad R'_{t_3} = \dfrac{\delta}{k_3} = \dfrac{10^{-3}}{0.116} = 8.62 \times 10^{-3}\ (\text{m}^2 \cdot ℃ \cdot \text{W}^{-1})$
>
> 【讨论】由此可见，1mm 厚水垢热阻相当于 40mm 厚钢板热阻，而 1mm 厚灰垢热阻相当于 400mm 厚钢板热阻。
>
> 【提示】换热器运行过程应尽量保持换热器表面干净。

② 导热系数不为常数时单层平壁一维稳态导热

若其他条件不变，导热系数随温度线性变化，即 $k = k_0(1 + bt)$，此时单层平壁一维稳态导热的热流密度可由傅里叶定律与边界条件积分得到

$$\int_0^\delta q\,\mathrm{d}x = -\int_{t_1}^{t_2} k_0(1+bt)\,\mathrm{d}t \tag{2.33}$$

整理得

$$q = \dfrac{k_0}{\delta}\left[1 + \dfrac{b}{2}(t_1 + t_2)\right](t_1 - t_2) = \dfrac{t_1 - t_2}{\delta/k_\mathrm{m}} \tag{2.34}$$

式中，$k_\mathrm{m} = k_0(1 + bt_\mathrm{m})$，其中 $t_\mathrm{m} = (t_1 + t_2)/2$，即 $t_1 \sim t_2$ 范围内平均导热系数。

此时，导热微分方程为

$$\dfrac{\mathrm{d}}{\mathrm{d}x}\left(k\dfrac{\mathrm{d}t}{\mathrm{d}x}\right) = 0 \tag{2.35}$$

对式（2.35）连续积分得

$$k_0\left(t + \dfrac{b}{2}t^2\right) = C_1 x + C_2 \tag{2.36}$$

代入边界条件，求得 C_1 和 C_2 分别为

$$C_1 = -\frac{k_m}{\delta}(t_1 - t_2) \tag{2.37}$$

$$C_2 = k_0\left(t_1 + \frac{b}{2}t_1^2\right) \tag{2.38}$$

将式（2.37）、式（2.38）代入式（2.36），整理得

$$\frac{b}{2}t^2 + t = \left(\frac{b}{2}t_1^2 + t_1\right) - \frac{k_m}{k_0}(t_1 - t_2)\frac{x}{\delta} \tag{2.39}$$

式（2.39）为温度 t 的二次方程，解得

$$t = \sqrt{\left(\frac{1}{b} + t_1\right)^2 - \frac{2q}{bk_0}x} - \frac{1}{b} \tag{2.40}$$

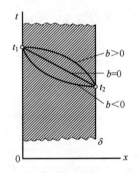

图 2.5　单层平壁温度分布曲线

由式（2.40）可知，平壁内温度分布不再是直线。若 $b>0$，则高温区导热系数比低温区大。基于稳态导热的热流密度 q 是常数，由傅里叶定律可知，高温区温度梯度比低温区小，从而温度分布曲线是凸的。反之，若 $b<0$，则温度分布曲线是凹的，如图 2.5 所示。

热流密度和热流量也可由傅里叶定律与温度场来确定。

例［2.2］

某锅炉炉墙采用密度 $\rho = 350\,\text{kg}\cdot\text{m}^{-3}$ 的水泥珍珠岩制作，壁厚 $\delta = 12\,\text{cm}$，已知内壁温度 $t_1 = 500\,℃$，外壁温度 $t_2 = 50\,℃$，则每平方米炉墙每小时热损失为多少？

【分析】因炉墙尺寸相较于壁厚大很多，且内、外壁温度恒定，故可看成大平壁一维稳态导热。

【题解】根据附录 B.3，密度 $\rho = 350\,\text{kg}\cdot\text{m}^{-3}$ 的水泥珍珠岩制品导热系数 $k = 0.065 + 0.105\times 10^{-3}t\,\text{W}\cdot\text{m}^{-1}\cdot ℃^{-1}$，则其在 $t_1 \sim t_2$ 范围内平均导热系数为

$$k_m = 0.065 + 0.105\times 10^{-3}\times\frac{1}{2}(500+50) = 0.094\,(\text{W}\cdot\text{m}^{-1}\cdot ℃^{-1})$$

则每平方米炉墙每小时热损失为

$$q = \frac{k_m}{\delta}(t_1 - t_2) = \frac{0.094}{0.12}\times(500-50) = 353\,(\text{W}\cdot\text{m}^{-2})$$

【注意】水泥珍珠岩这类制品在一定温度范围内导热系数与温度呈线性关系，导热系数计算式中 t 应是计算范围内的平均值，使用时需要注意其最高允许使用温度。

③ 多层平壁一维稳态导热

实践中根据需要常把几种不同材料平壁组成多层平壁使用，例如锅炉炉墙靠近火焰侧使用耐火砖，中间使用保温砖，最外层则用红砖加钢板。耐火砖主要功效是耐高温、降温以保

护保温砖，保温砖则起保温作用，红砖和钢板是为了保护炉墙。若各层平壁都满足大平壁基本要求，且各层间接触紧密而没有空隙，那么稳态时其热流密度和温度分布规律可运用热阻分析法推导。

下面以图2.6所示三层平壁为例，各层平壁厚度分别为δ_1、δ_2、δ_3，相应导热系数k_1、k_2、k_3均为常数。假定层与层间接触良好，即接触两表面温度相同，各表面温度分别为t_1、t_2、t_3、t_4且$t_1 > t_2 > t_3 > t_4$，则通过各层平壁一维稳态导热的热流密度必相等，即$q = q_1 = q_2 = q_3$。

应用热阻概念可得通过每层平壁的热流密度，即

$$q = \frac{t_1 - t_2}{\dfrac{\delta_1}{k_1}} = \frac{t_2 - t_3}{\dfrac{\delta_2}{k_2}} = \frac{t_3 - t_4}{\dfrac{\delta_3}{k_3}} \qquad (2.41)$$

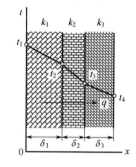

式（2.41）整理得

$$q = \frac{t_1 - t_4}{\dfrac{\delta_1}{k_1} + \dfrac{\delta_2}{k_2} + \dfrac{\delta_3}{k_3}} \qquad (2.42)$$

图2.6 多层平壁一维稳态导热

依次类推，j层平壁的热流密度为

$$q = \frac{t_1 - t_{j+1}}{\sum\limits_{i=1}^{j} \dfrac{\delta_i}{k_i}} \qquad (2.43)$$

j层壁面温度为

$$t_{j+1} = t_1 - q \sum_{i=1}^{j} \frac{\delta_i}{k_i} \qquad (2.44)$$

例［2.3］

某燃烧室炉壁由三种材料组成，由内向外依次是厚度$\delta_1 = 15$cm的耐火砖、厚度$\delta_2 = 31$cm的保温砖、厚度$\delta_3 = 24$cm的建筑砖，相应导热系数分别为$k_1 = 1.06 \text{W} \cdot \text{m}^{-1} \cdot \text{℃}^{-1}$、$k_2 = 0.15 \text{W} \cdot \text{m}^{-1} \cdot \text{℃}^{-1}$、$k_3 = 0.69 \text{W} \cdot \text{m}^{-1} \cdot \text{℃}^{-1}$，若测得内壁温度$t_1 = 1000$℃，耐火砖与保温砖界面处温度$t_2 = 946$℃，求：①单位面积炉壁每小时热损失，②保温砖与建筑砖界面处温度t_3，③建筑砖外侧温度t_4。

【分析】考虑燃烧室炉壁尺寸远大于壁厚且各层界面温度恒定，可视为平壁一维稳态导热。假定层与层之间接触良好，即接触两表面温度相同。

【题解】① 因稳态导热，故耐火砖单位面积每小时热损失为

$$q = q_1 = \frac{k_1}{\delta_1}(t_1 - t_2) = \frac{1.06}{0.15} \times (1000 - 946) = 381.6 (\text{W} \cdot \text{m}^{-2})$$

② 保温砖单位面积每小时热损失为

$$q = q_2 = \frac{k_2}{\delta_2}(t_2 - t_3) = \frac{0.15}{0.31} \times (946 - t_3) = 381.6 (\text{W} \cdot \text{m}^{-2})$$

解得 $t_3 = 157.4℃$

③ 建筑砖单位面积每小时热损失为

$$q = q_3 = \frac{k_3}{\delta_3}(t_3 - t_4) = \frac{0.69}{0.24} \times (157.4 - t_4) = 381.6 (\text{W} \cdot \text{m}^{-2})$$

解得 $t_4 = 24.7℃$

【设疑】工程实践中各层界面温度往往无法测得,且导热系数随温度线性变化,此时该如何求解?

例[2.4]

加热炉炉墙由内层黏土砖与外层硅藻土砖砌成,其厚度分别 $\delta_1 = 230\text{mm}$、$\delta_2 = 115\text{mm}$,导热系数分别 $k_1 = 0.7 + 0.58 \times 10^{-3} t \text{ W} \cdot \text{m}^{-1} \cdot ℃^{-1}$、$k_2 = 0.0395 + 0.19 \times 10^{-3} t$ $\text{W} \cdot \text{m}^{-1} \cdot ℃^{-1}$,若炉墙内、外表面温度分别为 1100℃ 和 100℃,求炉墙热流密度。

【分析】两种材料导热系数都是温度的函数,按平均温度计算其导热系数时须知层间温度,而层间温度本身待求解。此时可估计层间温度,进而与核校温度比较,依据比较结果再假设,再迭代直至收敛。

【题解】假设黏土砖和硅藻土砖界面温度 $t_{2假设}^1 = 800 ℃$,可得

$$k_{1m} = 0.7 + 0.58 \times 10^{-3} \times \frac{1100 + 800}{2} = 1.251 (\text{W} \cdot \text{m}^{-1} \cdot ℃^{-1})$$

$$k_{2m} = 0.0395 + 0.19 \times 10^{-3} \times \frac{800 + 100}{2} = 0.125 (\text{W} \cdot \text{m}^{-1} \cdot ℃^{-1})$$

单位时间内通过单位面积平板热流密度为

$$q = \frac{t_1 - t_3}{\frac{\delta_1}{k_{1m}} + \frac{\delta_2}{k_{2m}}} = \frac{1100 - 100}{\frac{0.23}{1.251} + \frac{0.115}{0.125}} = 905.92 (\text{W} \cdot \text{m}^{-2})$$

核校温度

$$t_{2核校}^1 = t_1 - q\frac{\delta_1}{k_{1m}} = 1100 - 905.92 \times \frac{0.23}{1.251} = 933.44 (℃)$$

温度偏差

$$|t_{2核校}^1 - t_{2假设}^1| = |933.44 - 800| = 133.44 (℃)$$

此偏差较大,需进行第二次迭代。取核校温度作为新假设值,设 $t_{2假设}^2 = 933.44 ℃$

$$k_{1m} = 0.7 + 0.58 \times 10^{-3} \times \frac{1100 + 933.44}{2} = 1.290 (\text{W} \cdot \text{m}^{-1} \cdot ℃^{-1})$$

$$k_{2m} = 0.0395 + 0.19 \times 10^{-3} \times \frac{933.44 + 100}{2} = 0.138 (\text{W} \cdot \text{m}^{-1} \cdot ℃^{-1})$$

单位时间内通过单位面积平板热流密度为

$$q = \frac{t_1 - t_3}{\frac{\delta_1}{k_{1m}} + \frac{\delta_2}{k_{2m}}} = \frac{1100 - 100}{\frac{0.23}{1.290} + \frac{0.115}{0.138}} = 988.51 (\text{W} \cdot \text{m}^{-2})$$

核校温度

$$t_{2核校}^2 = t_1 - q \frac{\delta_1}{k_{1m}} = 1100 - 988.51 \times \frac{0.23}{1.290} = 923.75 (℃)$$

温度偏差

$$|t_{2核校}^2 - t_{2假设}^2| = |923.75 - 933.44| = 9.69 (℃)$$

依次取 $t_{2假设}^3 = 923.75 ℃$ 进行第三次迭代，经计算 $k_{1m} = 1.287\ \text{W} \cdot \text{m}^{-1} \cdot ℃^{-1}$、$k_{2m} = 0.137\ \text{W} \cdot \text{m}^{-1} \cdot ℃^{-1}$、$q = 982.20\ \text{W} \cdot \text{m}^{-2}$，$t_{2核校}^3 = 924.47 ℃$，偏差为 $0.72 ℃$。若设定允许偏差小于 $1 ℃$，那么第三次迭代结果可作为正确解，则热流密度 $q = 982.20\ \text{W} \cdot \text{m}^{-2}$。

【提示】还可通过假定各层温度计算热流密度，当热流密度相对误差小于 4%，认为假定合适。工程计算中常碰到此类问题，用试算法计算结果修正预估值，逐次逼近直到预估值与计算结果一致（在一定允许偏差范围内）。

④ 接触热阻

上述多层平壁计算中，我们假定层与层间紧密接触。但实际工程中往往因表面粗糙不平或表面污垢、氧化腐蚀，在接触面只有部分紧密接触，而在未接触界面间隙充满导热性差的空气，从而形成附加热阻，该附加热阻称为接触热阻。由于存在附加热阻，热流量（或热流密度）大为降低，接触面间产生额外温降。对于需要强化传热情形，接触热阻是有害的。在圆管上缠绕金属带以生成环肋或在管束间套金属薄片以形成管片式换热器，是为了有效减少接触热阻。在界面间敷设导热系数远大于空气的导热油之类介质的目的是减小电子器件接触热阻。

界面间接触热阻大小取决于材料性质、表面粗糙度、界面所受正压力等，虽然已进行大量研究，但还无法得出通用计算式，不同具体情况必须通过实验测定。

（2）圆筒壁一维稳态导热

化工生产装置中，绝大多数设备、管道外壁是圆筒形的，因此研究圆筒壁导热问题更具工程实践意义。本节涉及圆筒壁指圆筒外半径小于其长度 1/10 的一类圆筒壁（即长圆筒壁），若圆筒壁内外表面均保持恒定温度且可忽略轴向导热，认为热量只沿径向一维稳态导热。工业上所有管道、圆筒型设备以及它们保温层在外壁面之间的导热现象大多属此类导热。

① 单层圆筒壁一维稳态导热

无内热源的长圆筒壁如图 2.7 所示，长度为 l，内、外半径分别为 r_1、r_2，内、外表面温度分别恒定为 t_1、t_2 且 $t_1 > t_2$，若在圆筒半径 r 处沿径向取厚为 $\text{d}r$ 的薄圆筒，薄层温度变化相

应为 dt，根据傅里叶定律可得通过该薄层的热流量为

$$Q = -kS\frac{dt}{dr} = 2\pi rkl\frac{dt}{dr} \quad (2.45)$$

基于稳态导热及边界条件，分离变量、积分可得

$$\int_{t_1}^{t_2} dt = -\frac{Q}{2\pi kl}\int_{r_1}^{r_2}\frac{1}{r}dr \quad (2.46)$$

解得长圆筒壁导热热流量为

$$Q = \frac{t_1 - t_2}{\frac{1}{2\pi kl}\ln\frac{r_2}{r_1}} \quad (2.47)$$

鉴于圆筒壁导热特点，工程计算中一般不以单位面积为基准，而是以单位轴向长度为基准来计算热量密度，即

$$q_l = \frac{Q}{l} = \frac{t_1 - t_2}{\frac{1}{2\pi k}\ln\frac{r_2}{r_1}} \quad (2.48)$$

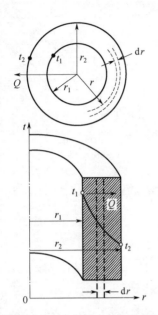

图 2.7 单层圆筒壁一维稳态导热

把任意半径 r 与对应壁面温度 t 代入式（2.46）上限，积分、整理可得

$$t = t_1 - \frac{q_l}{2\pi k}\ln\frac{r}{r_1} \quad (2.49)$$

式（2.49）显示，圆筒壁稳态导热时圆筒壁内温度分布呈对数曲线关系。从式（2.45）可知，当半径 r 增大时，对应温度变化率 dt/dr 反而减小，表明温度对数曲线趋于平坦。

若采用圆筒壁导热热阻形式，则有

$$q_l = \frac{t_1 - t_2}{\frac{1}{2\pi k}\ln\frac{r_2}{r_1}} = \frac{t_1 - t_2}{R_{t,l}} \quad (2.50)$$

式中 $R_{t,l}$——每米单层圆筒壁导热热阻，m·℃·W^{-1}。

例 [2.5]

在外径为 140mm 的蒸汽管道外包覆一层保温材料（保温材料导热系数 $k = 0.1 + 0.2 \times 10^{-3}t$ W·m^{-1}·℃$^{-1}$）以减少热损失，若蒸汽管外壁温度 $t_1 = 180$℃，为保证保温层外表面温度不高于 $t_2 = 40$℃、每米管长热损失不大于 200W·m^{-1}，求保温层厚度及保温层中温度分布。

【分析】求解保温层厚度就是要获得保温层圆筒壁外径，利用圆筒壁一维稳态导热轴向单位长度热流密度计算式，可求出圆筒壁外径。

【题解】平均温度的保温层导热系数为

$$k_m = 0.1 + 0.2 \times 10^{-3} \times \frac{1}{2}(180 + 40) = 0.122 \text{ (W·m}^{-1}\cdot\text{℃}^{-1})$$

将式（2.50）改写成

$$\ln\frac{r_2}{r_1} = \frac{2\pi k_m(t_1-t_2)}{q_l}$$

$$\ln r_2 = \frac{2\pi \times 0.122 \times (180-40)}{200} + \ln 0.07$$

解得

$$r_2 = 0.12 \, (\text{m})$$

则保温层厚度

$$\delta = r_2 - r_1 = 0.12 - 0.07 = 0.05 \, (\text{m})$$

设保温层半径 r 处温度为 t，分别替代上式的 r_2、t_2，即有

$$\ln r = \frac{2\pi \times 0.122 \times (180-t)}{200} + \ln 0.07$$

整理得

$$t = -261.04\ln r - 514.18$$

【提示】导热系数不为常数时，圆筒壁内温度分布也是曲线。根据已知条件，可计算管长热流密度、导热层厚度及表面温度。

② 多层圆筒壁一维稳态导热

以三层为例（图2.8），若三层材料导热系数由内向外分别为 k_1、k_2、k_3（均为常数），各层圆筒壁半径分别为 r_1、r_2、r_3、r_4，假设层间接触良好，相应壁面温度分别为 t_1、t_2、t_3、t_4 且 $t_1>t_2>t_3>t_4$，运用热阻串联规律，长圆筒壁的单位长度轴向热流密度为

$$q_l = \frac{t_1 - t_4}{\frac{1}{2\pi k}\ln\frac{r_2}{r_1} + \frac{1}{2\pi k}\ln\frac{r_3}{r_2} + \frac{1}{2\pi k}\ln\frac{r_4}{r_3}} \quad (2.51)$$

n 层长圆筒壁的单位轴向长度热流密度为

$$q_l = \frac{t_1 - t_{n+1}}{\sum_{i=1}^{n} R_{t,l_i}} \quad (2.52)$$

第 j 层（$j<n$）界面温度为

$$t_{j+1} = t_1 - q_l \sum_{i=1}^{j} R_{t,l_i} \quad (2.53)$$

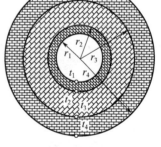

图2.8 多层圆筒壁一维稳态导热

注意：圆筒壁稳态导热时通过各层热流量均相等，但热流密度却不相等，而单位长度轴向热流密度相等。

例[2.6]

蒸汽管内外径分别为160mm、170mm，管外裹着两层隔热材料（图2.9），其厚度分别为 $\delta_2 = 30$mm、$\delta_3 = 50$mm，管壁及两层隔热材料导热系数分别为 $k_1 = 58\text{W}\cdot\text{m}^{-1}\cdot\text{℃}^{-1}$、$k_2 = 0.17\text{W}\cdot\text{m}^{-1}\cdot\text{℃}^{-1}$、$k_3 = 0.09\text{W}\cdot\text{m}^{-1}\cdot\text{℃}^{-1}$，若蒸汽管内、外表面温度分别为 $t_1 = 300$℃、$t_4 = 50$℃，求蒸汽管热损失及各层间温度。

【分析】利用热阻串联规律，可求出多层圆筒壁一维稳态导热的每米蒸汽管热损失及每层温度。

【题解】根据已知条件，有

$$d_1 = 0.16\text{m}, \quad d_2 = 0.17\text{m}$$

$$d_3 = d_2 + 2\delta_2 = 0.17 + 2 \times 0.03 = 0.23\,(\text{m})$$

$$d_4 = d_3 + 2\delta_3 = 0.23 + 2 \times 0.05 = 0.33\,(\text{m})$$

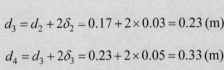

图2.9 例【2.6】附图

各层热阻为

$$R_{t,l_1} = \frac{1}{2\pi k_1}\ln\frac{r_2}{r_1} = \frac{1}{2\pi \times 58}\ln\frac{(0.17/2)}{(0.16/2)} = 0.0002\,(\text{m}\cdot\text{℃}\cdot\text{W}^{-1})$$

$$R_{t,l_2} = \frac{1}{2\pi k_2}\ln\frac{r_3}{r_2} = \frac{1}{2\pi \times 0.17}\ln\frac{(0.23/2)}{(0.17/2)} = 0.2831\,(\text{m}\cdot\text{℃}\cdot\text{W}^{-1})$$

$$R_{t,l_3} = \frac{1}{2\pi k_3}\ln\frac{r_4}{r_3} = \frac{1}{2\pi \times 0.09}\ln\frac{(0.33/2)}{(0.23/2)} = 0.6387\,(\text{m}\cdot\text{℃}\cdot\text{W}^{-1})$$

每米长度蒸汽管热损失为

$$q_l = \frac{t_1 - t_4}{R_{t,l_1} + R_{t,l_2} + R_{t,l_3}} = \frac{300 - 50}{0.0002 + 0.2831 + 0.6387} = 271.15\,(\text{W}\cdot\text{m}^{-1})$$

层间温度

$$t_2 = t_1 - q_l R_{t,l_1} = 300 - 271.15 \times 0.0002 = 299.95\,(\text{℃})$$

$$t_3 = t_1 - q_l(R_{t,l_1} + R_{t,l_2}) = 300 - 271.15 \times (0.0002 + 0.2831) = 223.18\,(\text{℃})$$

【提示】若导热系数不为常数，多层圆筒壁稳态导热可参考【例2.5】求解。

（3）球壁一维稳态导热

除平壁、圆筒壁之外，工程上也常见球壁导热。有内、外半径分别为r_1、r_2的球壁，若内、外表面恒定温度分别为t_1、t_2且$t_1 > t_2$，在球壁半径r处沿径向取厚为dr的薄球壁，薄球壁温度变化相应为dt，则通过薄球壁的热流量为

$$Q = -kS\frac{dt}{dr} = 4\pi r^2 k\frac{dt}{dr} \tag{2.54}$$

基于稳态导热及边界条件，分离变量、积分可得

$$\int_{t_1}^{t_2} dt = -\frac{Q}{4\pi k}\int_{r_1}^{r_2}\frac{1}{r^2}dr \tag{2.55}$$

解得球壁稳态导热热流量计算式

$$Q = \frac{t_1 - t_2}{\frac{1}{4\pi k}\left(\frac{1}{r_1} - \frac{1}{r_2}\right)} \tag{2.56}$$

球壁内温度分布为

$$t = t_1 - \frac{t_1 - t_2}{\frac{1}{r_1} - \frac{1}{r_2}}\left(\frac{1}{r_1} - \frac{1}{r}\right) \tag{2.57}$$

一般工程技术中非稳态导热问题，热流密度不是很高，过程作用时间足够长，过程发生尺度范围也足够大，傅里叶导热定律以及基于该定律建立的导热微分方程是完全适用的。然而，傅里叶定律与导热微分方程有几种情况不适用：a. 这两方程都建立在连续性假定基础上，即流体与固体所有性质都是连续的，物体内不存在间断与突变，意味着当导热体温度接近 0K（绝对零度）时不适用。b. 按照导热微分方程，一个局部微小温度扰动会给无限大全局带来瞬间变化，此"瞬间"必须大于分子碰撞传递能量时间。当作用时间极短，与材料本身固有时间尺度接近时不适用。c. 当发生空间尺度极小，与微观粒子平均自由程接近时不适用，例如当气层所在空间尺度与气体分子平均自由程接近时，傅里叶定律不适用。

凡是傅里叶定律不适用的导热问题统称非傅里叶导热，这类导热问题研究是近代微纳尺度传热学的一项重要内容。

2.3 对流传热

对流传热是由于流体运动过程中质点发生相对位移而引起的热量转移，工程上所研究的对流传热指流体与固体壁面间发生的热交换。这种传热过程既包括流体质点位移所产生的对流作用，同时也包括流体边界层内导热作用。

2.3.1 对流传热数学描述

对流传热不仅取决于热现象，也取决于流体动力学现象，这两方面需要用微分方程组去描述，这些方程包括边界层传热微分方程、导热微分方程、连续性微分方程及运动微分方程。有关流体运动方程已在流体力学中介绍过，本节仅介绍对流传热相关方程。

（1）牛顿冷却公式

对流传热基本公式是牛顿冷却公式，其可表示为

$$Q = h(t_f - t_w)S = \frac{t_f - t_w}{\frac{1}{hS}} \tag{2.58}$$

$$q = h(t_f - t_w) = \frac{t_f - t_w}{\frac{1}{h}} \tag{2.59}$$

式中　　h——对流传热系数,反映对流传热强弱,$W \cdot m^{-2} \cdot ℃^{-1}$;

　　　　t_f——流体温度,℃;

　　　　t_w——固体壁面温度,℃;

　　　　S——传热壁面面积,m^2。

基于前述热阻概念,$1/(hS)$ 称为对流传热热阻,单位为 $℃ \cdot W^{-1}$;而 $1/h$ 称为单位面积对流传热热阻,单位为 $m^2 \cdot ℃ \cdot W^{-1}$。

（2）边界层传热微分方程

流体与固体壁面进行热交换时,通过层流边界层热量转移完全依靠导热,根据傅里叶定律与牛顿冷却公式,即有

$$q = -k\frac{\partial t}{\partial n} = h\Delta t \tag{2.60}$$

上式即为描述边界层传热过程的边界层传热微分方程。

（3）导热微分方程

若物性参数 k、C_p、ρ 为常数的流体,且无内热源($q_V = 0$)时,则导热微分方程式(2.12)可变为

$$a\left(\frac{\partial^2 t}{\partial x^2} + \frac{\partial^2 t}{\partial y^2} + \frac{\partial^2 t}{\partial z^2}\right) = \frac{dt}{d\tau} \tag{2.61}$$

此式为傅里叶-柯希霍夫导热微分方程。

根据全微分概念

$$\frac{dt}{d\tau} = \frac{\partial t}{\partial \tau} + \frac{\partial t}{\partial x} \times \frac{\partial x}{\partial \tau} + \frac{\partial t}{\partial y} \times \frac{\partial y}{\partial \tau} + \frac{\partial t}{\partial z} \times \frac{\partial z}{\partial \tau} \tag{2.62}$$

其中 $\frac{\partial x}{\partial \tau}$、$\frac{\partial y}{\partial \tau}$、$\frac{\partial z}{\partial \tau}$ 分别等于相应分速度 u_x、u_y、u_z,故有

$$\frac{dt}{d\tau} = \frac{\partial t}{\partial \tau} + u_x\frac{\partial t}{\partial x} + u_y\frac{\partial t}{\partial y} + u_z\frac{\partial t}{\partial z} \tag{2.63}$$

式(2.61)可写成

$$a\left(\frac{\partial^2 t}{\partial x^2} + \frac{\partial^2 t}{\partial y^2} + \frac{\partial^2 t}{\partial z^2}\right) = \frac{\partial t}{\partial \tau} + u_x\frac{\partial t}{\partial x} + u_y\frac{\partial t}{\partial y} + u_z\frac{\partial t}{\partial z} \tag{2.64}$$

此式适用于流动流体,如果应用于固体时,$u_x = u_y = u_z = 0$,则可写成式(2.18)。

2.3.2　对流传热机理

对流传热时热量转移与流体运动不可分割地联系在一起,因此流体运动特性与对流传热密切相关,如流体运动发生原因、运动状况（层流、湍流）、流体物性以及物体表面形状与大小等因素都影响对流传热。因此,对流传热是一个极其复杂的过程。

（1）热边界层

流动边界层概念扩展应用到对流传热中，引入热边界层概念。当流体与壁面间存在温差时，会出现热边界层（也称温度边界层）。例如，当温度均匀为 t_∞ 的流体流过壁面温度为 t_w 的平板［当 $t_\infty > t_w$ 时，流体被冷却，如图 2.10（a）所示；反之，流体被加热］后，热量在温度梯度作用下由壁面沿温度梯度负方向传递而发生热交换。在 $y = 0$ 处，流体温度 t_f 等于壁面温度 t_w；流体沿 x 方向流动，流体温度受壁面温度影响区域逐渐增大；而在 $y = \delta_t$ 处，流体温度 t_f 接近主流温度 t_∞，且满足 $(t_f - t_w)/(t_\infty - t_w) = 0.99$，此厚度 δ_t 称为热边界层厚度。这样利用温度边界层将整个流动区域分成两个区域：具有显著温度变化的热边界层与可视为零温度梯度的等温流动区。

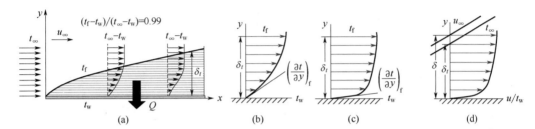

图 2.10 流体被平壁冷却时热边界层形成过程（a），层流（b）、湍流（c）时热边界层内温度变化情况，及热边界层与流动边界层之间关系（d）

流动边界层与热边界层状况决定边界层传热方式。流体作层流流动时，流体内不存在流体质点湍动、碰撞与混合，所以在壁面法线方向传热以导热方式进行，由于流体导热系数较小，故导热热阻较大，此时边界层内温度分布呈抛物线形［图 2.10（b）］。流体作湍流流动时，壁面附近仍存在层流底层，该层内传热以导热方式进行；而在底层以外湍流区，主要依靠漩涡扰动对流混合作用，由于对流传热比导热强，故湍流传热热阻主要取决于层流底层导热作用，边界层温度梯度在层流底层最大，而在湍流区变化平缓，此时边界层内温度分布呈幂函数形式［图 2.10（c）］。在湍流主体与层流底层间存在过渡层，该区域内存在较弱的质点脉动，因此同时存在导热与热对流。

应予指出，热边界层厚度 δ_t 与流动边界层厚度 δ 在数量级上相当，但不一定相等。如果热边界层与流动边界层都从同一地点开始发展，则两者厚度之比取决于流体物性，即

$$\frac{\delta_t}{\delta} = Pr^{-1/3} \tag{2.65}$$

式中 Pr——一个无量纲数群，称为普朗特数，$Pr = \nu/a$［ν 为运动黏度系数，反映流体分子动量传递能力，$m^2 \cdot s^{-1}$；a 为导温系数，反映流体分子热扩散能力，$m^2 \cdot s^{-1}$］。

Pr 表明流体动量传递与热量传递能力的相对关系［图 2.10（d）］。当 $Pr = 1$ 时，$\delta_t = \delta$，即边界层内速度分布与温度分布曲线完全一致，它揭示动量传递与热量传递的类比关系，启发我们用动量传递规律来研究热量传递。

（2）影响对流传热因素

全面而准确地找出对流传热影响因素是分析对流传热问题的基础，对流传热影响因素包括影响流动与热量传递的因素，可归纳为以下 5 个方面。

① 流体流动起因

根据流体流动起因不同，对流传热可分为自然对流传热与受迫对流传热两大类。自然对流是由流体内各部分温度差导致密度差所产生浮升力而引起的流动。受迫对流是流体在泵、风机或其他压差作用下引起的流动。由于自然对流与受迫对流的流动起因不同，流体中速度场也有差异，因而其传热规律也不同。一般来说，同一种流体受迫对流传热系数要比自然对流传热系数大。

② 流体流态与流速

黏性流体流态存在层流与湍流之分，由于层流与湍流物理机制不同，其热量传递规律显然不同。层流时传热主要依靠导热，而湍流时传热除层流底层导热外，还有湍流核心处漩涡、扰动，其传热强度明显大于层流流动。

对同一种流体，无论在平板或圆管内流动，Re 随流速 u 增加而增大，层流边界层或湍流边界层的层流底层厚度减薄，对流传热热阻降低，传热强度增加。

③ 流体物性

流体物性主要指流体导热系数 k、比定压热容 C_p、密度 ρ、黏度 μ 等，它们对对流传热影响较大。流体导热系数大，层流热阻小，对流传热增强；比热容和密度大，即 ρC_p 大，说明单位体积携带更多能量，故对流转移热量能力也大；黏度大的流体，黏性剪应力大，边界层增厚，对流传热效果降低。但是，流体物性对对流传热的影响不是单一结果，而是综合结果。例如，水的黏性比空气大，对对流传热是不利的，但其导热系数比空气大，对对流传热又是有利的。综合来看，用水作冷却介质比用空气效果好。

④ 传热表面几何参数

几何参数指传热表面尺寸、形状及与流体运动方向的相对位置，这些几何参数都影响边界层形成与发展及温度场、速度场状况，从而影响对流传热。

⑤ 流体有无相变

流体无相变时，对流传热是通过流体显热变化而实现的；而有相变的传热过程（如沸腾或凝结），流体相变潜热释放或吸收常常起主要作用，因而传热规律与无相变时不同。

综上所述，对于单相介质而言，影响对流传热系数 h 的主要因素可用函数表示为

$$h = f(u, t_w, t_f, k, C_p, \rho, \mu, l, \Phi) \tag{2.66}$$

式中　　t_w——固体壁面温度，℃；

　　　　t_f——流体温度，℃；

　　　　l——传热表面几何尺寸，m；

　　　　Φ——传热表面几何形状因素，包括形状、位置等。

（3）对流传热研究方法

研究对流传热问题，就是寻找对流传热系数 h 的函数关系，而如何根据具体条件来确定 h，是一个极其复杂的问题。求解 h 方程式的方法主要有以下 4 种。

① 解析法

解析法指通过分析某具体对流传热问题特征，建立描述该问题的数学模型，获得数学模型解的方法。由于建立的数学模型一般由偏微分方程组及其复杂定解条件构成，因此这种方法只能对少数简单的对流传热问题有效，如平板对流传热、管内层流对流传热等。即便如此，

解析法对深刻揭示 h 与各物理量间关系及评价其他方法所得结果正确性方面具有重要作用。

② 数值法

数值法指用计算机对描述对流传热问题的数学模型进行求解，获得 h 的方法。随着计算机性能提高与算法完善，这一方法得到越来越广泛应用。虽然在定量准确性方面还有待提高，但对对流传热特征与主要参数的定性预测具有指导作用。

③ 比拟法

比拟法指通过分析动量传递与热量传递类似特性，建立 h 与流动阻力系数间的函数关系来求解 h 的方法。由于流动阻力系数比较容易通过实验确定，因此这一方法在早期对流传热研究中应用较广。近年来由于实验技术及计算机技术发展，其已较少采用。比拟法强调动量、热量传递机理类似特性，对分析、理解对流传热具有很大帮助。

④ 实验法

实验法指在相似理论指导下对对流传热原型进行实验模型求解，以确定原型 h 的方法。实验法是最早使用的研究方法，直至目前仍是研究对流传热问题最主要、最可靠的方法。由实验法得到的 h 方程式是对流传热计算普遍使用的方程式。因此，本书主要介绍由此法得到的一些 h 方程式。

2.3.3 相似理论在对流传热中的应用

采用理论解析法求解对流传热问题十分有限，通过实验来确定 h 方程式，仍是重要、可靠手段。通过实验法求解 h，一般在相似理论（或量纲分析理论）指导下，根据描述传热现象微分方程组，把众多变量合成少数几个无量纲数群（即相似准数），并推导出它们之间准数关系，然后以少数准数作为变量，通过实验找出准数关联式（即实验关联式）。

（1）同类物理现象相似

只有同类物理现象才能建立相似关系，所谓同类物理现象指那些用相同形式并具有相同物理意义的微分方程所描述的现象。电场与温度场虽然微分方程形式相仿，但物理内容不同，因此不属于同类现象。受迫对流传热与自然对流传热，虽然都属于对流传热现象，但描述它们的微分方程有些差异，也不属于同类现象。

根据相似理论，两个同类物理现象相似，相应物理量应分别相似，即在空间与时间对应各物理量分别成比例。相似现象可具体分为以下4个方面。

① 几何相似指相似现象的几何形状相似，即相似现象对应几何长度 l 之比为常数，即

$$\frac{l'_1}{l''_1} = \frac{l'_2}{l''_2} = \frac{l'_3}{l''_3} = C_l$$

② 时间相似指同一瞬间开始算起，两个几何相似现象中一切对应变化所经过时间 τ 成比例，即

$$\frac{\tau'_1}{\tau''_1} = \frac{\tau'_2}{\tau''_2} = \frac{\tau'_3}{\tau''_3} = C_\tau$$

③ 物理相似指在几何、时间相似前提下，对应几何长度 l 与时间 τ 所有用来说明两个现象的一切物理量都成比例。这些物理量包括温度 t、密度 ρ、黏度 μ、速度 u 等，即

$$\frac{t_1'}{t_1''} = \frac{t_2'}{t_2''} = \frac{t_3'}{t_3''} = C_t$$

$$\frac{\rho_1'}{\rho_1''} = \frac{\rho_2'}{\rho_2''} = \frac{\rho_3'}{\rho_3''} = C_\rho$$

④ 开始与边界条件相似指两个现象在开始与边界处具有几何、时间、物理相似。例如，流股形状受喷口几何形状——开始处几何条件，同时也受外界气体介质种类——边界物理条件影响，因此若要完整表达这一现象，给出其开始与边界条件是必要的。

（2）相似准数

相似理论以相似三定理为依据，其相似第一定理：彼此相似现象必定具有同名的相似准数（或称相似准则、特征数）。

这一定理指出，所需测定物理量仍是包含在各有关准数中的物理量。如此，当研究某一现象时，就不会错误地引进一些不相干物理量，而是用包含在各有关相似准数中物理量来进行测量。

对于两个对流传热相似现象，可分别列出其边界层传热微分方程

$$h'\Delta t' = -k'\frac{\partial t'}{\partial x'} \tag{2.67}$$

$$h''\Delta t'' = -k''\frac{\partial t''}{\partial x''} \tag{2.68}$$

根据两个现象相似，可得出下列关系

$$\frac{h''}{h'} = C_h, \quad \frac{t''}{t'} = C_t, \quad \frac{k''}{k'} = C_k, \quad \frac{x''}{x'} = C_l \tag{2.69}$$

将式（2.69）代入式（2.68），并整理得

$$\frac{C_h C_l}{C_k} h'\Delta t' = -k'\frac{\partial t'}{\partial x'} \tag{2.70}$$

比较式（2.70）与式（2.67），必然有

$$\frac{C_h C_l}{C_k} = 1 \tag{2.71}$$

式（2.71）说明两个对流传热现象相似时，各相似倍数间存在制约关系。再将式（2.69）代入式（2.71），得出

$$\frac{h'x'}{k'} = \frac{h''x''}{k''} \tag{2.72}$$

习惯上把系统几何量 x 用传热面定形尺寸 l 表示，所以式（2.72）可改写为

$$\frac{h'l'}{k'} = \frac{h''l''}{k''} \tag{2.73}$$

式（2.73）中无量纲数群 $\frac{hl}{k}$ 称为努塞特数 Nu，即 $Nu = \frac{hl}{k}$，其反映边界实际对流传热量与导热量的相互关系，Nu 越大，则对流传热越强。

威廉·努塞特（1882年11月25日—1957年9月），德国工程师、著名物理学家。1904年毕业于柏林一所技术学院机械专业，之后攻读数学、物理学研究生。1907年在慕尼黑工业大学完成博士论文《绝缘物体导热研究》。1907年—1909年间，给Mollier当助手，开始管道中热量与动力传递研究。1915年，发表论文《传热基本定律》，对强制对流与自然对流基本微分方程及边界条件进行量纲分析，获得无量纲数群间准则关系，从而结束长期以来对流传热实验数据得不到很好整理的局面。1916年发表的《蒸汽膜状凝结》一文，成为对流传热问题理论解的经典文献之一。1928年任慕尼黑工业大学理论力学部主席，直到1952年退休。

采用同样方法，根据导热方程可导出傅里叶数 $Fo = \dfrac{a\tau}{l^2}$，其反映传热现象的不稳定程度，因此稳态导热过程 Fo 为一常数。

同理，根据动量微分方程，可导出雷诺数 $Re = \dfrac{ul}{\nu} = \dfrac{\rho ul}{\mu}$，其反映流体惯性力与黏性力的相对关系，$Re$ 越大则惯性力越强。

从能量微分方程出发可导出贝克利数 $Pe = \dfrac{ul}{a}$，其反映对流传热与分子导热的相对关系，Pe 越大则对流传热越强。

用 Pe 除以 Re 可得到普朗特数，即 $Pr = \dfrac{Pe}{Re} = \dfrac{ul/a}{ul/\nu} = \dfrac{\nu}{a}$，其反映流体动量传递能力与热量传递能力的相对关系。Pr 大的流体热扩散能力弱，如各种油类；Pr 小的流体热扩散能力强，如液态金属；Pr 接近1的流体，如水 $Pr = 1.75$（在100℃），空气 $Pr \approx 0.7$，其性质介于前述两者流体之间。

自然对流传热中，流体流动状态也有层流和湍流之分。由于自然对流流动速度无法取值，此时 Re 不能用于判定流态。根据能量方程并忽略流体自然对流阻力损失，可导出格拉晓夫数 $Gr = \dfrac{\beta g \Delta t l^3}{\nu^2}$（式中 $\beta = \dfrac{1}{273+t}$），其反映浮升力与黏性力的相对关系。

自然与受迫对流传热中，有时还需要有反映重力与惯性力相对关系的弗劳德数 $Fr = \dfrac{gl}{u^2}$。

以上各准数中定形尺寸 l 和定性温度 t 说明如下。

① 定形尺寸 l：上述 Nu、Re、Pe、Gr、Fr 均包含几何尺寸 l，相似准数中包含的几何尺寸称为定形尺寸。定形尺寸 l 选择是决定准数数值的一个重要因素，由于定形尺寸 l 选择不同，对同一物理现象可以有不同的准数数值。相似准数常采用如下定形尺寸：圆管取直径，非圆形槽道取当量直径，对气流横掠单管或管束取圆管外径，对气流纵掠平壁则取流动方向的壁面长度。

② 定性温度 t：决定准数中物性参数的温度称为定性温度 t。由于相似准数中所包含的

物性参数随温度变化而变化,因此如何选择定性温度是个重要问题,一般选用流体平均温度作为定性温度,也有取流体与壁面的算术平均温度 t_m 或壁面温度 t_w 作为定性温度的。

(3) 相似准数间关系

相似第二定理:凡是用来说明某一种现象性质的各变数之间关系都可以表示成各相似准数 K_1、K_2、$\cdots$、K_N 之间的关系式,即

$$f(K_1, K_2, \cdots, K_N) = 0 \quad (2.74)$$

这一定理告诉我们,必须把实验结果整理成若干相似准数,并把相似准数间关系表示为准数关联式形式。

在相似准数 K_1、K_2、$\cdots$、K_N 中,由单值条件的物理量所组成的准数为决定性准数,以 K 表示;而包含非单值条件的物理量所组成的准数称为非决定性准数,以 Ku 表示。由于决定性准数是决定现象的准数,所以它们确定之后非决定性准数也随之被确定,这种因果关系可用准数关联式表示,即

$$Ku = f(K_1, K_2, \cdots, K_N) \quad (2.75)$$

用相似理论研究对流传热时,对流传热系数 h 为未知量,因此包含 h 的努塞特数 Nu 为非决定性准数,同时流体力学相似又是传热学相似的前提,因此对流传热准数关联式表示为

$$Nu = f(Fo, Re, Gr, Pr) \quad (2.76)$$

若流体稳态流动,可不考虑包含时间 τ 的 Fo;圆管内受迫流动,可不考虑反映流体自由运动的 Gr。因此,圆管内稳态受迫流动对流传热的准数关联式为

$$Nu = f(Re, Pr) \quad (2.77)$$

对于单纯由温度差引起的自由流动传热,其准数关联式可表示为

$$Nu = f(Gr, Pr) \quad (2.78)$$

对于空气或其他气体,当 Pr 可作常数处理时,式 (2.77) 和式 (2.78) 则可写成

$$Nu = f(Re) \quad (2.79)$$

$$Nu = f(Gr) \quad (2.80)$$

相似第三定理:凡是单值条件相似,且由单值条件构成的决定性准数相等,现象必定相似。这个定理提出判断相似的充分与必要条件。该定理指明模型实验应遵守的条件,即为保证模型与原型所研究现象相似,必须使模型与原型现象单值条件相似,相似准数相等。

应予指出,随着决定性准数增多,使模型实现愈发困难,有时甚至无法实现。因此,当决定性准数较多时,常忽略一些对现象影响较少的决定性准数。例如,当流体处于受迫流动时,对流体起主要作用的是黏性力与惯性力,而重力影响很小,因此反映重力影响的 Fr 可忽略,只考虑反映黏性力与惯性力影响的 Re。此时现象相似,其 Re 应相等($Re' = Re''$),即有

$$C_u = \frac{C_\mu}{C_\rho C_l} \quad (2.81)$$

若模型采用与实物一样介质,有 $\mu'' = \mu'$、$\rho'' = \rho'$,即 $C_\mu = 1$ 与 $C_\rho = 1$,式 (2.81) 可变

为 $C_uC_l=1$,这意味着若模型尺寸较实物缩小 C_l 倍,其模型流速应较实物流速放大 C_l 倍,这样才能保证二者具有相同的相似准数。

2.3.4 无相变对流传热

流体无相变对流传热包括自然对流传热、受迫对流传热及混合对流传热。

（1）流体自然对流传热

由自然对流造成的流体流动也会在物体附近发展成边界层,因此按边界层是否受所处周围空间影响可分为两类:无限空间自然对流传热与有限空间自然对流传热。若流体在壁面所发展的自然对流边界层不受周围其他壁面影响,称为无限空间自然对流传热,其并不要求壁面附加空间无限大;反之则称为有限空间自然对流传热。

① 无限空间自然对流传热

窑炉墙、顶等部位向周围空间对流传热属于无限空间自由对流传热,其传热量不仅取决于流体与固体壁面温度差,也取决于固体表面几何形状及其所在空间位置。

温度为 t_w 的垂直平壁在空气中冷却时,壁面附近空气温度上升、密度下降,受浮力作用向上流动而在竖壁下表面附近形成层流边界层,若竖壁足够高或壁面与主流温差足够大,则在壁面某个位置转变为湍流边界层,如图 2.11（a）所示。

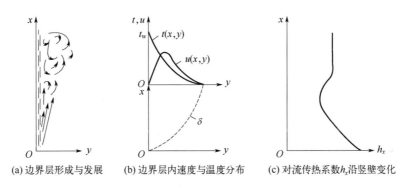

(a) 边界层形成与发展　(b) 边界层内速度与温度分布　(c) 对流传热系数h_x沿竖壁变化

图 2.11　空气沿竖壁自然流动时传热情况

壁面附近温度变化较快,离壁面较远处温度变化较慢 [图 2.11（b）],而边界层外流体温度恢复为远离壁面的主流温度。

紧贴壁面流体由黏性流体无滑移边界条件可知其速度为 0,在边界层外因边界层内流体和外部流体不能存在速度差,否则会由于黏滞摩擦而引起主流运动,因此该处速度也为 0,边界层内速度分布曲线如图 2.11（b）所示。

自然对流层流边界层与湍流边界层内流动规律不同,因此它们的对流传热规律也有差异。如图 2.11（c）所示,由于层流边界层厚度增加,导热热阻增加,相应 h_x 沿竖壁高度增加而降低；随后因流体由层流向湍流过渡, h_x 增加；发展成湍流后, h_x 保持恒定。

水平放置于大气中的平壁,若热表面朝上,则热空气上升与冷空气补充会形成一个上升气柱。若平壁很大,则会产生多处上升与下降气流,炉顶散热即属于此种情况。若热表面朝下,此时只有热表面下的薄层气体在流动,再向下,气体基本保持静止。因此,选用准数关联式计算自然对流传热时,不仅要考虑表面流体流态,还要分析传热表面形状、空间方向等因素;另外,判断流体流态是必需的预备工作。

由于自然对流的主流速为 0,Re 不能用于判定流态。在自然对流中,人们找到另一个准数——Gr 用于判定自然对流流态。因此,无限空间自然对流传热的准数关联式可表示为

$$Nu_m = C(Gr \times Pr)_m^n \tag{2.82}$$

式中,m 表示取流体与壁面的平均温度作为定性温度 $t_m = (t_1 + t_2)/2$;系数 C 与指数 n 可根据表面形状及 Gr、Pr 数值范围(表 2.3)确定。

表 2.3 无限空间自由对流传热的 C 与 n 值

表面形状及位置	流态	C	n	定形尺寸	Gr、Pr 范围
垂直平壁及直圆筒	层流	0.59	1/4	高度 H	$10^4 \sim 10^9$
	湍流	0.10	1/3		$10^9 \sim 10^{13}$
水平圆筒	层流	0.53	1/4	外径 d	$10^4 \sim 10^9$
	湍流	0.13	1/3		$10^9 \sim 10^{12}$
热面朝上或冷面朝下的水平壁	层流	0.54	1/4	平板取面积与周长之比,矩形取两个边长平均值,圆盘取 $0.9d$	$2 \times 10^4 \sim 8 \times 10^6$
	湍流	0.14	1/3		$8 \times 10^6 \sim 10^{11}$
热面朝下或冷面朝上的水平壁	层流	0.58	1/5		$10^5 \sim 10^{11}$

显然,任何情况下湍流时式(2.82)的指数 n 均为 1/3,根据 Nu 与 Gr 定义可知,公式两边定形尺寸 l 可以消去,意味着自由湍流传热系数 h 与定形尺寸无关。利用这一特征,自由湍流传热实验研究可以采用小尺寸壁面进行。

② 有限空间自然对流传热

有限空间自然对流传热因受限空间形式变化多样而非常复杂。本节仅介绍图 2.12 所示垂直、水平平板间封闭气体夹层的自然对流传热。

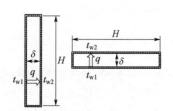

图 2.12 封闭夹层图示($t_{w1} > t_{w2}$)

夹层内流体流态主要取决于以夹层厚度 δ 为特征长度的 Gr_δ

$$Gr_\delta = \frac{\beta g(t_{w1} - t_{w2})\delta^3}{\nu^2} \tag{2.83}$$

当 Gr_δ 极低时,热量由高温壁面以导热方式传给低温壁面;随着 Gr_δ 增大,会依次出现环流、层流和湍流流动。相应地,有几种不同的对流传热准数关联式。

在竖夹层自然对流传热中,纵横比 H/δ 对传热有一定影响。当 $Gr_\delta \times Pr < 2000$ 时,

$$Nu_m = 1 \tag{2.84}$$

当 $6 \times 10^3 \leq Gr_\delta \times Pr \leq 2 \times 10^5$ 时,

$$Nu_m = 0.197(Gr_\delta \times Pr)_m^{1/4} \left(\frac{\delta}{H}\right)^{1/9} \tag{2.85}$$

当 $2\times10^5 < Gr_\delta \times Pr \leqslant 1.1\times10^7$ 时,

$$Nu_m = 0.073(Gr_\delta \times Pr)_m^{1/3}\left(\frac{\delta}{H}\right)^{1/9} \tag{2.86}$$

以上三式适用范围：$Pr = 0.5\sim2$，$H/\delta = 11\sim42$。

对于水平夹层自然对流传热，可使用以下准数关联式。

当 $Gr_\delta \times Pr \leqslant 1700$ 时,

$$Nu_m = 1 \tag{2.87}$$

当 $Gr_\delta \times Pr = 7\times10^3 \sim 3.2\times10^5$ 时,

$$Nu_m = 0.212(Gr_\delta \times Pr)_m^{1/4} \tag{2.88}$$

当 $Gr_\delta \times Pr > 3.2\times10^5$ 时,

$$Nu_m = 0.061(Gr_\delta \times Pr)_m^{1/3} \tag{2.89}$$

应指出，在气体自然对流情况下，无论是无限空间自然对流传热还是有限空间自然对流传热，其表面总传热量不仅包括自然对流传热量，还包括表面与周围环境辐射量，而且辐射传热量往往占有很大比重，不可忽视。

（2）流体受迫对流传热

① 流体管内受迫对流传热

根据流体管内受迫流动的边界层形成和发展过程，对流传热系数将发生如图2.13所示变化。在入口段（即进口到充分发展间区域）边界层最薄，局部传热系数 h_x 具有最大值；随着边界层增厚，h_x 逐渐降低［图2.13（a）］。如果边界层中出现湍流，则因扰动、混合作用又会使局部传热系数 h_x 有所提高，再逐渐趋向一个定值［图2.13（b）］。

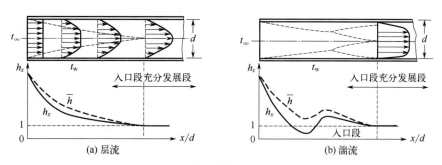

图2.13 管内受迫对流传热 h_x 的变化趋势

a. 湍流受迫对流传热

流体在管内湍流是最常见的流动形式，迪图斯-贝尔特（Dittus-Boelter）公式是最常用的准数关联式

$$Nu_f = 0.023Re_f^{0.8} \times Pr_f^n \tag{2.90}$$

式中，若流体被加热，$n=0.4$；若流体被冷却，则 $n=0.3$。该式适用条件为 $l/d>50$，$Re_f=10^4\sim 1.2\times 10^5$，$Pr_f=0.7\sim 120$。定性温度取流体平均温度（一般取管子进出口截面流体温度的算术平均值 t_f），定形尺寸取圆管内径。Re 中流速为进出口截面流速的平均流速，流体与壁面具有中等以下温度差，即空气与壁面温差不超过 50℃，水与壁面温差不超过 30℃。对于油类，温差不超过 10℃。

如图 2.13 所示，管道入口效应使得对流传热在入口段 h_x 较大。对于较长管道（$l/d\geqslant 50$），入口段 h_x 对整个管道平均对流传热系数 $\bar{h}$ 影响较小，即 $\bar{h}$ 不会因管长变化而产生显著变化。对于较短管道（$l/d<50$），入口段 h_x 对整个管道 $\bar{h}$ 有显著影响，在此范围内管长发生变化，$\bar{h}$ 也会有明显变化。显然，当管道变短时，较大入口段 h_x 所占份额增大，从而使得 $\bar{h}$ 变大，这就是短管入口效应对管内对流传热的强化作用。因此，短管内对流传热系数要大于按式（2.90）计算所得值。

为修正这一差异，将式（2.90）右边乘以管长修正系数 C_l。C_l 与流动入口条件有关，如管道入口是尖角还是圆弧角，加热前是否有辅助入口段等。对于工业管道中常见管道尖角入口，可用以下公式计算

$$C_l = 1 + \left(\frac{d}{l}\right)^{0.7} \tag{2.91}$$

也可根据管内 Re 大小，查阅相关资料以获得准确 C_l。

当流体在弯曲管道或螺旋管内流动时，流体质点受离心力作用会形成二次环流，使得对流传热增强，此时必须加以修正。气体与液体弯管修正系数 C_ζ 分别为

$$C_\zeta = 1 + 1.77\frac{d}{\zeta} \tag{2.92}$$

$$C_\zeta = 1 + 10.3\left(\frac{d}{\zeta}\right)^3 \tag{2.93}$$

式中　ζ——弯管曲率半径，m；
　　　d——圆管直径，m。

流体管内受迫对流传热，当流体与壁面存在较大温差时，使得管轴与壁面处流体物性发生变化，特别是黏度变化导致速度分布变化。以流动液体在管内被加热情况为例（图 2.14），此时靠近壁面处液体温度高、黏度低，因此靠近壁面处液体要比等温流动快一些（曲线 3）。从边界层状况对传热影响来看，在液体温度相同情况下，加热液体的传热系数应高于等温流动或冷却液体的传热系数。若液体被冷却时，管道截面速度分布应为曲线 2。显然，液体与管内表面温差越大，速度分布曲线变化越明显。这种温度场导致速度场变化必然引起对流传热差异，应当采用温差修正系数 C_t 加以修正。当流体为液体时，可按下式计算 C_t 值：

液体被管壁加热时

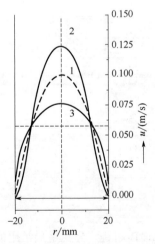

图 2.14　管道截面速度分布
1—等温流动；2—冷却液体或加热气体；
3—加热液体或冷却气体

$$C_t = \left(\frac{\mu_f}{\mu_w}\right)^{0.11} \tag{2.94}$$

液体被管壁冷却时

$$C_t = \left(\frac{\mu_f}{\mu_w}\right)^{0.25} \tag{2.95}$$

式中 μ_f、μ_w——分别为流体温度与壁面温度下流体动力黏度，Pa·s。

流体被管壁加热时，管壁处流速增加引起对流传热增强。因 $t_f < t_w$，有 $\mu_f > \mu_w$，故 $C_t > 1$，反映液体被加热可强化管内对流传热效果。

当管内为气体时，因其黏度随温度增加而增大，所以情况与液体恰恰相反。气体在管内大温差对流传热的 C_t 可按下式计算：

气体被管壁加热时

$$C_t = \left(\frac{t_f + 273.15}{t_w + 273.15}\right)^{0.55} \tag{2.96}$$

气体被管壁冷却时

$$C_t = 1 \tag{2.97}$$

由于对流传热问题复杂性，不同研究人员进行同样对流传热实验会得到不同结果。对同样的实验结果，采用不同数据处理方法也会获得不同准数关联式。这些不同关联式并没有本质上差别，仅在方程形式、适用范围、计算精度上有所区别。

因此，在使用准数关联式时，一定要对方程本身、使用范围、修正方法加以研究。只有符合准数关联式的具体要求时，计算过程才是可靠的，即偏差能被控制在方程允许最大偏差范围内。下面介绍几种其他形式管内湍流对流传热的准数关联式。

赛德尔-泰特（Sieder-Tate）关联式

$$Nu_f = 0.027 Re_f^{0.8} \times Pr_f^{1/3} \left(\frac{\mu_f}{\mu_w}\right)^{0.14} \tag{2.98}$$

方程适用条件：$l/d \geqslant 60$，$Re_f \geqslant 10^4$，$Pr_f = 0.7 \sim 16700$。

格尼林斯基（Gnielinski）关联式给出管内液体或气体的不同方程形式。

对于气体

$$Nu_f = 0.0214\left(Re_f^{0.8} - 100\right) Pr_f^{0.4} \left[1 + \left(\frac{d}{l}\right)^{2/3}\right]\left(\frac{T_f}{T_w}\right)^{0.45} \tag{2.99}$$

方程适用条件：$T_f/T_w = 0.5 \sim 1.5$，$Re_f = 2300 \sim 10^6$，$Pr_f = 0.6 \sim 1.5$。

对于液体

$$Nu_f = 0.012\left(Re_f^{0.87} - 280\right) Pr_f^{0.4} \left[1 + \left(\frac{d}{l}\right)^{2/3}\right]\left(\frac{Pr_f}{Pr_w}\right)^{0.11} \tag{2.100}$$

方程适用条件：$Pr_f/Pr_w = 0.05 \sim 20$，$Re_f = 2300 \sim 10^6$，$Pr_f = 1.5 \sim 500$。

考虑到工程实际应用，式（2.90）可表示为

$$Nu_f = 0.023Re_f^{0.8} \times Pr_f^n C_l C_R C_t \tag{2.101}$$

取 $n = 0.4$，将式（2.101）展开，得

$$\bar{h} = \frac{0.023 C_p^{0.4} k^{0.6} (\rho u)^{0.8} C_l C_R C_t}{\mu^{0.4} d^{0.2}} \tag{2.102}$$

由式（2.102）可知，当流体种类确定后，设计中能改变的只有流速与管径。$\bar{h}$ 与流速 0.8 次幂成正比，提高流速对强化传热效果十分显著。$\bar{h}$ 与管径 0.2 次幂成反比，所以采用小管径亦是强化传热的一种措施。但由于幂次较小，其效果不及提高流速显著。显然，这些措施都会同时增加流动阻力，特别是流速对阻力影响最大。此外，设计过程中，还可考虑采用短管、弯管或螺旋管等强化传热措施。

为简化计算，工程上常将式（2.102）写成

$$\bar{h} = A \frac{u^{0.8}}{d^{0.2}} \tag{2.103}$$

式中，A 是由流体物性所决定的系数。对于常见流体可按下式计算：

对于水（平均温度范围应该在 0~140℃）

$$A = 1384 + 25 t_f - 0.052 t_f^2 \tag{2.104}$$

对于空气（压强为 1.02×10^5Pa，平均温度范围应在 50~440℃）

$$A = 3.49 \times (1 - 8.26 \times 10^{-4} t_f) \tag{2.105}$$

对于烟气（压强为 1.02×10^5Pa，平均温度范围应在 50~440℃，且烟气中水蒸气体积分数应在 0.05~0.15）

$$A = 3.7 \times (1 - 8.26 \times 10^{-4} t_f) \tag{2.106}$$

可以看出，这种工程计算方法可免于流体物性查取，只要确定流体平均温度、流速及管内径，就可获得管内对流传热系数。

b. 层流受迫对流传热

流体在管内受迫层流时，一般流速较低，故应考虑自然对流影响，此时在热流方向上同时存在自然对流与受迫层流而使问题变得复杂。也正是上述原因，层流受迫对流传热系数关联式的偏差要比湍流大。由于层流受迫对流传热系数很低，故在换热器设计中，应尽量避免在受迫层流条件下进行传热。

当管径、流体与壁面温差较小且流体运动黏度系数较大时，可忽略自然对流影响，建议采用赛德尔-泰特（Sieder-Tate）关联式

$$Nu_f = 1.86 Re_f^{1/3} \times Pr_f^{1/3} \left(\frac{d}{l}\right)^{1/3} \times \left(\frac{\mu_f}{\mu_w}\right)^{0.14} \tag{2.107}$$

方程适用条件：$Re_f \leq 2300$，$Pr_f = 0.5 \sim 17000$，$\mu_f/\mu_w = 0.044 \sim 9.8$，$(Re_f \times Pr_f \times d)/l > 10$。

如果管长较长（$l \to \infty$）时，按式（2.107）计算 $Nu_f \to 0$，显然不合理。因此，如果 $(Re_f \times Pr_f \times d)/l < 10$，而其他参数在允许范围不变时，$Nu_f$ 可用下式进行计算：

$$Nu_f = 3.66 + \frac{0.0668 Re_f Pr_f \dfrac{d}{l}}{1 + 0.04\left(Re_f Pr_f \dfrac{d}{l}\right)^{2/3}} \times \left(\frac{\mu_f}{\mu_w}\right)^{0.14} \quad (2.108)$$

应予注意，式（2.107）、式（2.108）仅用于热边界层处于入口段情况。若热边界层已进入充分发展段，则应按不同方法处理。此时，热边界层入口段长度 l_t 为

$$\frac{l_t}{d} = 0.05 Re_f Pr_f \quad (2.109)$$

理论研究表明，管内层流热边界层进入充分发展段后，平均对流传热系数保持不变，$Nu_f = 3.66$。

c. 过渡流受迫对流传热

当管内流体 $Re_f = 2300 \sim 10^4$ 时，视来流紊乱程度与管内表面粗糙程度不同，流体可能保持层流（来流紊乱程度小且管壁表面均匀）或转变为湍流，也可能时而层流、时而湍流。这种流动复杂性也导致传热计算困难，使应用准数关联式的可靠性相对较差。过渡流对流传热系数推荐用下式计算

$$Nu_f = 0.16\left(Re_f^{2/3} - 125\right) Pr_f^{1/3} \left[1 + \left(\frac{d}{l}\right)^{2/3}\right] \times \left(\frac{\mu_f}{\mu_w}\right)^{0.11} \quad (2.110)$$

在 $Re = 2300 \sim 6000$ 范围内，用这一方程计算黏性油对流传热系数准确性相对更高一些。

d. 非圆形管内受迫对流传热

管内对流传热问题也包括管道横截面为正方形、矩形等非圆形管道对流传热。由于非圆形管几何尺寸多样，对它们分别进行实验研究是不现实的。因此，这些管道特征尺寸采用流体力学中当量直径 d_e 概念，其定义为

$$d_e = \frac{4 S_e}{L_e} \quad (2.111)$$

式中　S_e——非圆形管道横截面积，m^2；

　　　L_e——流体与横截面接触长度，m。

应予注意，在使用当量直径 d_e 处理非圆形管道对流传热问题时，简化过程但也降低计算结果可靠性。一般来说，流动处于湍流时用 d_e 来计算的结果比层流相对更可靠。非圆形横截面形状越接近圆形，计算精度越高。

② 流体纵掠平板对流传热

纵掠平板指来流方向与板长方向平行，属于外部无界流动形式之一，其基本特征是壁面法线方向液体一直伸展到无穷远。这种对流传热问题也包括流体掠过曲率相对小的平滑弧形表面，如飞机机翼、机身。

如果流体在纵掠平板过程中发生层流向湍流转变，则流体纵掠平板边界层为混合边界层，即平板前端为层流边界层、后端为湍流边界层。若流体在流过平板后缘（$x = l$）时仍保持层流，则整个平板流态为层流；若在平板前缘（$x = 0$）即已为湍流，则整个平板流态为湍流。

a. 纵掠平板层流（$Re \leq 5 \times 10^5$）对流传热

流体纵掠平板层流对流传热是少数几种可以获得解析解的对流传热问题之一，对这种对

流传热理论研究比较成熟，而且理论求解结果与实验结果也能很好吻合。

局部 Nu_x 关联式为

$$Nu_x = 0.332 Re_m^{1/2} Pr_m^{1/3} \qquad (2.112)$$

相应 $\overline{Nu}$ 关联式为

$$\overline{Nu} = 0.664 Re_m^{1/2} Pr_m^{1/3} \qquad (2.113)$$

上述两式适用范围：$0.6 < Pr_m < 50$。

b. 纵掠平板湍流对流传热

若来流紊乱度很大，平板上全部处于湍流状态，这时局部 Nu_x 关联式为

$$Nu_x = 0.0296 Re_m^{4/5} Pr_m^{1/3} \qquad (2.114)$$

相应 $\overline{Nu}$ 关联式为

$$\overline{Nu} = 0.037 Re_m^{4/5} Pr_m^{1/3} \qquad (2.115)$$

上述两式适用范围：$0.6 < Pr_m < 60$。

c. 混合边界层对流传热

纵掠平板流动边界层多数情况下为混合边界层，这时 $\overline{Nu}$ 关联式为

$$\overline{Nu} = 0.037 \left(Re_m^{4/5} - 23500 \right) Pr_m^{1/3} \qquad (2.116)$$

该式适用范围：$0.6 < Pr_m < 60$，$5 \times 10^5 < Pr_m \leq 10^8$。

例 [2.7]

温度40℃、压力 1.01×10^5Pa 的空气平行掠过一块表面温度100℃的平板（平板沿流动方向长度为0.2m、宽度为0.1m）上表面，平板下表面绝热，若空气掠过平板 Re 为 4×10^4，试确定平板表面与空气间传热系数与传热量。

【分析】此题为空气纵掠平板强制对流传热问题，根据 Re 大小确定空气流态，再利用相应 Nu 关联式求得传热系数与传热量。

【题解】因 $Re = 4 \times 10^4 < 5 \times 10^5$，故空气掠过平板流态为层流，$\overline{Nu}$ 关联式为

$$\overline{Nu} = 0.664 Re_m^{1/2} Pr_m^{1/3}$$

空气定性温度

$$t_f = \frac{1}{2}(t_\infty + t_w) = \frac{1}{2} \times (40 + 100) = 70 \text{ (℃)}$$

查阅附录A.7，可得空气定性温度下导热系数 $k = 2.966 \times 10^{-2}$ W·m^{-1}·℃$^{-1}$、$P_r = 0.69$，故有

$$\overline{Nu} = \frac{hl}{k} = 0.664 Re_m^{1/2} Pr_m^{1/3} = \frac{0.2h}{2.966 \times 10^{-2}} = 0.664 \times \left(4 \times 10^4\right)^{1/2} \times (0.69)^{1/3}$$

解得表面传热系数

$$h = 17.40\,(\text{W}\cdot\text{m}^{-2}\cdot\text{°C}^{-1})$$

传热量

$$Q = hS(t_w - t_\infty) = 17.40 \times 0.2 \times 0.1 \times (100 - 40) = 20.88\,(\text{W})$$

③ 流体横掠单管对流传热

流体横掠单管指来流方向垂直于与其发生对流传热的圆柱外表面，即流体绕流圆柱外表面，与绕流平板最大区别在于流体边界层压力沿流动方向发生变化，从而导致边界层分离。

流体横掠单管的 Re_f 可定义为

$$Re_f = \frac{ud}{\nu} \tag{2.117}$$

式中　d——圆管外径，m。

实验发现，横掠单管临界 Re_{cf} 为 1.4×10^5，若实际横掠单管 Re_f 小于 1.4×10^5，则边界层内一直保持层流。反之，边界层内发生层流向湍流转变。

壁面边界层状况决定横掠圆管对流传热特征，如图 2.15 所示，局部传热系数 h_ϕ 从管正面 $\phi = 0°$ 处停滞点开始，h_ϕ 随边界层厚度增加而降低，在 $\phi = 90°\sim100°$ 处降至最低点，随后因流体漩涡、扰动而增加。在工程计算中，需要沿整个管周的平均传热系数。为方便计算，$\overline{Nu}$ 关联式采用分段幂次式

$$\overline{Nu} = CRe_f^n Pr_f^{1/3} \tag{2.118}$$

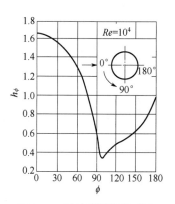

图 2.15　横掠圆管局部对流传热系数变化曲线

式中，C 与 n 分段取值见表 2.4。

表 2.4　流体横掠圆管准数关联式的 C 与 n 值

Re_f	C	n
0.4～4	0.989	0.330
4～40	0.911	0.335
40～4×10³	0.683	0.466
4×10³～4×10⁴	0.193	0.618
4×10⁴～4×10⁵	0.0266	0.805

流体横掠非圆截面柱体或管道的对流传热也可采用式（2.118）计算，几种常见截面形状柱体受流体横掠时对流传热关联式 [式（2.118）] 中 C 与 n 选取见表 2.5，表中示出尺寸 l 为计算时特征尺寸。

表 2.5　流体横掠非圆截面柱体或管道准数关联式的 C 与 n 值

截面形状		Re	C	n
正方形		$5\times10^3 \sim 10^5$	0.246	0.588
		$5\times10^3 \sim 10^5$	0.102	0.675
正六边形		$5\times10^3 \sim 1.95\times10^4$	0.160	0.638
		$1.95\times10^3 \sim 10^5$	0.0385	0.782
		$5\times10^3 \sim 10^5$	0.153	0.638
竖直平板		$4\times10^3 \sim 1.5\times10^4$	0.228	0.731

④ 流体横掠管束对流传热

流体横掠多根规则排列管外表面的对流传热在工程中十分普遍，比如换热器、锅炉、暖风器等专用换热设备对流传热。因此，影响管束传热的因素除 Re、Pr（若限于讨论气体，则 Pr 不包括在内）外，还有管束排列方式（叉排、顺排）、管间距（横向、纵向间距分别为 s_1、s_2）等（图 2.16）。

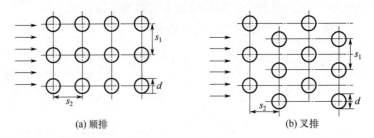

(a) 顺排　　　　　　　　(b) 叉排

图 2.16　管束几何参数图示

流体横掠管束时，无论是顺排还是叉排，其第一排管子传热状况与横掠单管相仿；从第二排起，所有后排管都处于前排管尾部漩涡中，因此后排管对流传热比前排高。一般来说，经过 10 排管后，扰动基本稳定，传热系数不再变化。

管束排列方式对传热影响非常明显。低 Re 下，顺排时后排管直接位于前排管后面，部分管面没有受到前排管间来流直接冲刷，因此管子前半部分传热较弱；叉排时流体在管间交替收缩与扩张的弯曲通道中流动，后排管可以受到前排管间来流直接冲刷，而且管间走廊通道流体扰动也比顺排时强烈。因此，叉排管束平均对流传热系数比顺排时要大。但 Re 很大时，顺排管束后面涡流、扰动增强，使后排管受到涡流、扰动影响面积增加，导致顺排管束平均对流传热系数可超过叉排管束。

流体横掠管束对流传热的准数关联式可表示为

$$Nu = f\left(Re, Pr, \frac{s_1}{d}, \frac{s_2}{d}, C_N\right) \tag{2.119}$$

式中 C_N——管排数修正系数。

茹卡乌斯卡斯（Zhukauskas）对流体横掠管束对流传热总结出一套在很宽 Pr 变化范围内使用的公式（见表 2.6），这些公式可用于计算流体横掠管排数 $N \geqslant 20$ 的平均传热系数，式中定性温度为管束进出口流体平均温度，Pr_w 由管束平均壁温确定，Re 中流速取管束中最小截面处的平均流速，特征长度为管子外径。

表 2.6 流体横掠管束对流传热准数关联式

管排形式	适用范围		实验关联式	
			液体（$0.7 < Pr < 500$）	空气、烟气（$Pr = 0.7$）
顺排	$Re = 10^2 \sim 10^3$		$Nu_f = 0.52 Re_f^{0.5} Pr_f^{0.36} \left(\frac{Pr_f}{Pr_w}\right)^{0.25}$	$Nu_f = 0.457 Re_f^{0.5}$
	$Re = 10^3 \sim 2 \times 10^5$		$Nu_f = 0.27 Re_f^{0.63} Pr_f^{0.36} \left(\frac{Pr_f}{Pr_w}\right)^{0.25}$	$Nu_f = 0.24 Re_f^{0.63}$
	$Re = 2 \times 10^5 \sim 2 \times 10^6$		$Nu_f = 0.033 Re_f^{0.8} Pr_f^{0.4} \left(\frac{Pr_f}{Pr_w}\right)^{0.25}$	$Nu_f = 0.028 Re_f^{0.8}$
叉排	$Re = 10^2 \sim 10^3$		$Nu_f = 0.71 Re_f^{0.5} Pr_f^{0.36} \left(\frac{Pr_f}{Pr_w}\right)^{0.25}$	$Nu_f = 0.62 Re_f^{0.5}$
	$Re = 10^3 \sim 2 \times 10^5$	$\frac{s_1}{s_2} \leqslant 2$	$Nu_f = 0.35 Re_f^{0.6} Pr_f^{0.36} \left(\frac{Pr_f}{Pr_w}\right)^{0.25} \left(\frac{s_1}{s_2}\right)^{0.2}$	$Nu_f = 0.31 Re_f^{0.6} \left(\frac{s_1}{s_2}\right)^{0.2}$
		$\frac{s_1}{s_2} > 2$	$Nu_f = 0.4 Re_f^{0.6} Pr_f^{0.36} \left(\frac{Pr_f}{Pr_w}\right)^{0.25}$	$Nu_f = 0.35 Re_f^{0.6}$
	$Re = 2 \times 10^5 \sim 2 \times 10^6$		$Nu_f = 0.031 Re_f^{0.8} Pr_f^{0.4} \left(\frac{Pr_f}{Pr_w}\right)^{0.25} \left(\frac{s_1}{s_2}\right)^{0.2}$	$Nu_f = 0.027 Re_f^{0.8}$

管排数 $N < 20$ 的平均传热系数等于按表 2.6 计算所得值乘以小于 1 的修正系数 C_N（见表 2.7）。从表 2.7 可知，管排数越少则 C_N 越小；当管排数相同且 $N \leqslant 5$ 时，叉排 C_N 小于顺排 C_N，说明叉排对流传热受管排数影响较顺排更大。

表 2.7 管排修正系数 C_N

管排形式	管排数									
	1	2	3	4	5	6	8	12	16	20
顺排	0.69	0.80	0.86	0.90	0.93	0.95	0.96	0.98	0.99	1.00
叉排	0.62	0.76	0.84	0.88	0.92	0.95	0.96	0.98	0.99	1.00

当流体斜向冲刷管束时，与斜向冲刷单管处理相似，将横向冲刷对流传热系数乘以冲击角修正系数 C_ϕ（见表 2.8）。

表 2.8　流体斜向冲刷管束修正系数 C_ϕ

管排形式	ϕ					
	15°	30°	45°	60°	70°	80°~90°
顺排	0.41	0.70	0.83	0.94	0.97	1.00
叉排	0.41	0.53	0.78	0.94	0.97	1.00

（3）混合对流传热

在受迫对流传热中，由于表面与流体间存在温差，会伴随自然对流传热，这种受迫对流与自然对流共同传递热量的情况称为混合对流传热。两者共存问题，导致混合对流传热计算十分复杂。

应用相似分析方法可知，Gr 为浮升力与黏滞力的比值，而惯性力与黏性力之比可得 Re，因此浮升力与惯性力的对比参数可从 Gr、Re 的组合中消去运动黏度系数得到

$$\frac{\beta g \Delta t l^3}{v^2} \times \frac{v^2}{u^2 l^2} = \frac{Gr}{Re^2} \tag{2.120}$$

式（2.120）是判断自然对流影响程度的判据。一般认为，当 $Gr/Re^2 \leqslant 0.1$ 时，可忽略自然对流影响，传热按纯受迫对流计算；当 $Gr/Re^2 \geqslant 10$ 时，可忽略受迫对流作用，传热按纯自然对流计算；当 $0.1 < Gr/Re^2 < 10$ 时，传热必须同时考虑两方面影响。

对于竖壁混合对流传热，当受迫流动方向与自然流动方向一致时（主流从下往上流动），可认为对流传热增强；反之（主流从上往下流动），对流传热强度减弱。但情况并非总是如此，混合对流传热是一个非常复杂的传热问题。

混合对流平均传热系数绝不是按纯受迫对流传热与纯自然对流传热所得结果简单加减。当缺少资料时，可使用下式简单估算

$$Nu_M^n = Nu_F^n \pm Nu_N^n \tag{2.121}$$

式中　Nu_M——混合对流传热 Nu；

　　　Nu_F、Nu_N——分别为纯受迫对流传热与纯自然对流传热的 Nu。两种流动方向相同时取正号，反之取负号；

　　　n——指数，常取 3。

2.3.5　相变对流传热

蒸汽遇冷凝结或液体受热沸腾，均伴随相变对流传热，显然比无相变对流传热更为复杂，其对流传热系数大小除受壁面与流体间传热速率影响之外，更与壁面液滴凝结或气泡生成情况有关。这类传热特点是发生相变的液体需要吸收或释放大量潜热，但液体温度不发生变化。一般而言，有相变对流传热系数较无相变对流传热系数要大得多，其传热机理与无相变相比有很大不同。

（1）凝结对流传热

当流动蒸汽与低于饱和温度的壁面接触时，将汽化潜热释放给固体壁面，并在壁面形成凝结液，这种现象称为凝结对流传热。

如果凝结液能很好地润湿壁面，并在壁面均匀铺展成膜，这种凝结方式称为膜状凝结。因此，在稳定膜状凝结过程中，饱和蒸汽并没有与壁面直接接触，而是与液膜外表面接触并转变为液体而放出相变潜热，放出相变潜热必须通过这层液膜才能到达壁面，此时液膜提供主要的传热热阻。液膜在重力作用下沿壁面向下流动时，其厚度不断增加，故壁面越高或水平放置管径越大，整个壁面平均对流传热系数就越小。

若凝结液不能润湿壁面，而是在壁面形成一个个小液珠，这种凝结方式称为珠状凝结。在珠状凝结过程中，小液珠会长成大液珠；当长大到一定程度，会在重力作用下流过壁面并与其他液珠合并；当长到足够大时，壁面附着力不足以维持液珠附着在壁面上，液珠就会直接脱离表面，使其流过壁面与蒸汽直接接触。因此，在其他条件相同情况下，珠状凝结对流传热要比膜状凝结对流传热强很多。例如，大气压下水蒸气珠状凝结对流传热系数为 $4 \times 10^4 \sim 10^5 \mathrm{W \cdot m^{-2} \cdot ℃^{-1}}$，而膜状凝结对流传热系数仅为 $6 \times 10^3 \sim 10^4 \mathrm{W \cdot m^{-2} \cdot ℃^{-1}}$。

虽然珠状凝结具有较强的对流传热，但工程上蒸汽在表面的凝结方式都为膜状凝结。因此，下面仅介绍膜状凝结对流传热的计算方法。

① 竖壁膜状凝结对流传热

当蒸汽在竖壁面凝结时，最初凝液沿壁面向下层流，期间新的凝液加入，液膜逐渐增厚，使得局部对流传热系数减小；若竖壁足够高，液膜下部可能发展成湍流，局部对流传热系数增加。显然，在竖壁上、下部对流传热情况不同，为此需先判定液膜流态才能计算传热系数。此时，仍用 Re 判定液膜流态，竖壁最低处 Re_f 定义为

$$Re_\mathrm{f} = \frac{d_\mathrm{e} u \rho}{\mu} = \frac{\frac{4S}{L} \times \frac{q_m}{S}}{\mu} = \frac{\frac{4q_m}{L}}{\mu} \tag{2.122}$$

式中　d_e——当量直径，m；
　　　S——凝液流通截面积，m²；
　　　L——润湿周边长，m；
　　　q_m——凝液质量流量，kg·s⁻¹。

麦克亚当斯（McAdams）、柯克柏瑞德（Kirkbride）等给出竖壁膜状凝结的平均对流传热系数 $\bar{h}$ 计算式。当液膜为层流（$Re_\mathrm{f} < 1800$）时，其计算式为

$$\bar{h} = 1.13 \left[\frac{\rho^2 g k^3 \gamma}{\mu l(t_\mathrm{s} - t_\mathrm{w})}\right]^{1/4} \tag{2.123}$$

当液膜为湍流（$Re_\mathrm{f} > 1800$）时，其计算式为

$$\bar{h} = 0.0077 k \left(\frac{\rho^2 g}{\mu^2}\right)^{1/3} Re_\mathrm{f}^{0.4} \tag{2.124}$$

式中　ρ——凝液密度，kg·m⁻³；
　　　k——凝液导热系数，W·m⁻¹·℃⁻¹；

γ——蒸汽冷凝潜热，kJ·kg^{-1}；

μ——凝液黏度，Pa·s；

t_s、t_w——分别为液膜表面温度（即蒸汽饱和温度）、壁面温度，℃。

② 水平管外膜状凝结对流传热

蒸汽在水平单管外层流膜状凝结平均对流传热系数 $\bar{h}$ 的计算式为

$$\bar{h} = 0.725 \left[\frac{\rho^2 g k^3 \gamma}{\mu d(t_s - t_w)} \right]^{1/4} \tag{2.125}$$

比较水平与垂直两种情形，在相同条件下水平管外膜状凝结平均对流传热系数 $\bar{h}$ 与垂直管外膜状凝结平均对流传热系数之比为

$$\frac{\bar{h}_{水平}}{\bar{h}_{垂直}} = 0.64 \left(\frac{l}{d} \right)^{1/4} \tag{2.126}$$

对于 $l = 2m$、$d = 25mm$ 的圆管，水平放置时对流传热系数约为垂直放置时的 2 倍，故冷凝器一般采用水平放置。

对于水平管束，若垂直列的管数为 n，由于凝液从上排管落到下排管，液膜加厚而使传热系数有所下降，平均对流传热系数 $\bar{h}$ 可采用下式计算

$$\bar{h} = 0.725 \left[\frac{\rho^2 g k^3 \gamma}{\mu n d(t_s - t_w)} \right]^{1/4} \tag{2.127}$$

在列管冷凝器中，若管束由互相平行的 z 列管组成，且垂直列管数并不相等，设分别为 n_1、n_2、n_3、$\cdots$、n_z，则平均管列数可按下式计算

$$\bar{n} = \left(\frac{n_1 + n_2 + \cdots + n_z}{n_1^{3/4} + n_2^{3/4} + \cdots + n_z^{3/4}} \right)^4 \tag{2.128}$$

③ 水平管内膜状凝结对流传热

工程中也常遇到蒸汽在管内凝结情况，其与管外凝结区别在于需要考虑蒸汽流速影响。在蒸汽流速不大且凝液能顺畅排出时，无论垂直管还是水平管，其对流传热系数均可按管外凝结计算式进行估算。当蒸汽流速相当高时，气体流速影响很大，将会出现复杂的气-液两相流动。此时情况比较复杂，不同研究者所得结果差别很大，应用有关资料时应慎重。

④ 影响凝结对流传热主要因素

上面讨论理想条件下饱和蒸汽凝结对流传热的计算，但工程中会受到很多复杂因素影响，主要有以下几个方面。

a. 流体物性。由膜状凝结传热系数关系式可知，液膜密度、黏度、导热系数及蒸汽冷凝潜热都会影响凝结传热系数。

b. 不凝结气体。蒸汽中常见不凝结气体为空气，这是因为在蒸汽动力装置或制冷装置中一般存在负压设备，当设备密封不严时，外界空气会被吸入系统。就传热而言，即使蒸汽中空气含量极其微弱，空气也会对蒸汽凝结产生非常大影响。这是因为在靠近液膜的蒸汽局部区域，空气含量会随蒸汽不断凝结而上升，最终在液膜附近形成一层空气膜，从而使蒸汽在抵达液膜表面凝结前必须以扩散方式穿过空气层，这必然降低蒸汽凝结量。另外，液膜附近

空气含量上升导致蒸汽分压降低,相应蒸汽饱和温度降低,从而降低凝结传热驱动力Δt,进而削弱凝结传热。

c. 蒸汽流速与流向。蒸汽以一定流速运动时,与液膜间产生一定摩擦力,若蒸汽与液膜同向流动,则摩擦力将使液膜加速而减薄液膜厚度,h 增大;若蒸汽逆向流动,则 h 降低。但如果蒸汽流速极高,这种反向蒸汽运动会将液膜吹离表面,从而使 h 急剧增大。

d. 凝结壁面表面情况。凝结表面形状、粗糙度及氧化、腐蚀情况,都会对凝结传热产生很大影响。若壁面粗糙不平或有氧化层,则会使液膜增厚而使 h 降低。

(2)沸腾对流传热

当液体与高于其饱和温度的固体壁面接触时,饱和液在壁面迅速汽化形成气泡,这些气泡会长大、跃离壁面而从表面吸收汽化潜热,这种现象称为沸腾对流传热。与无相变对流传热一样,沸腾对流传热热阻主要集中在紧贴加热表面液体薄层内,但沸腾对流传热时气泡生成、脱离对薄层液体产生强烈扰动,使得热阻大为降低,其传热系数可达 $2 \times 10^5 \text{W} \cdot \text{m}^{-2} \cdot \text{°C}^{-1}$ 左右。

液体沸腾有两种基本类型:液体内部均相沸腾与接触表面的非均相沸腾。传热学中主要研究非均相沸腾,其又可分两种:一是将加热壁面浸没在液体中,液体在壁面受热沸腾,称为大容器沸腾;二是流体在管内流动时受热沸腾,称为管内沸腾。

① 大容器沸腾对流传热

实验表明,大容器内饱和液体沸腾情况随温差($\Delta t = t_w - t_s$)而变,出现不同沸腾状态。一般根据Δt增加过程的不同传热机理,沸腾传热可分为三种状态。

a. 自然对流:Δt 较小时,加热表面液体轻微过热,气泡没有溢出液面,仅在液体表面汽化,传热系数 h 与热通量 q 都很小。

b. 泡核沸腾:当Δt 逐步增大时,在加热表面局部形成气泡且积聚上升,由于气泡剧烈扰动,h 与 q 急剧增加,称为泡核沸腾。

c. 膜状沸腾:当Δt 再增大时,加热表面气泡增多,且气泡产生速度大于脱离表面速度,气泡在脱离表面之前互相连接形成一层不稳定气膜,从而增加热阻,使得 h 与 q 急剧降低,这种现象称为不稳定膜状沸腾或部分泡状沸腾。当Δt 进一步增大,传热面几乎全部为气膜所覆盖,开始形成稳定气膜。以后 h 随Δt 增加几乎不变,但 q 增大,这是壁面温度升高引起辐射传热增强所致。

在上述液体饱和沸腾不同阶段,泡核沸腾因其传热系数大、壁面温度低等优点,被工业设备广泛采纳。为保证沸腾处于泡核沸腾状态,温差不能大于临界点,否则反而会使传热效率低下。

由于沸腾传热机理复杂,不同研究人员提出各种沸腾传热理论,但获得的沸腾传热系数 h 往往差别很大。这里推荐工业中常用的罗森奥(Rosenhow)计算式

$$\frac{C_{pl}\Delta t}{kPr^n} = C_{sf}\left[\frac{h\Delta t}{\gamma \mu_l}\sqrt{\frac{\Theta}{g(\rho_l - \rho_g)}}\right]^{1/3} \quad (2.129)$$

式中　　γ ——汽化潜热,kJ·kg^{-1};

　　　　C_{pl} ——饱和液体比定压热容,J·kg^{-1}·°C^{-1};

$\Delta t\,(=t_w - t_s)$ ——壁面过热度,°C;

Pr——饱和液体普朗特数,无量纲;
μ_l——饱和液体黏度,Pa·s;
Θ——气-液界面表面张力,N·m^{-1};
ρ_l,ρ_g——液相、气相密度,kg·m^{-3};
n——常数(对于水,$n=1.0$;对于其他液体,$n=1.7$);
C_{sf}——由实验数据确定组合常数,其值可由表2.9查得。

表2.9 不同液体-加热壁面的组合常数 C_{sf}

液体-加热壁面	C_{sf}	液体-加热壁面	C_{sf}
水-铜	0.01300	水-研磨与抛光的不锈钢	0.00800
水-黄铜	0.00600	水-化学处理的不锈钢	0.01330
水-金刚砂抛光的铜	0.01280	水-机械磨制的不锈钢	0.01320
35%K_2CO_3-铜	0.00540	苯-铬	0.01000
50%K_2CO_3-铜	0.00300	正戊烷-铬	0.01500
异丙醇-铜	0.00225	乙醇-铬	0.02700
正丁醇-铜	0.00305	水-镍	0.00600
四氯化碳-铜	0.01300	水-铂	0.01300

② 管内沸腾对流传热

相比于大容器沸腾对流传热,液体沸腾产生的蒸汽泡在运动过程中受表面影响更为复杂。如果管内流体流动是在密度差作用下形成的,这种现象称为管内自然对流沸腾。若管内流体流动是在外力作用下形成的,这种现象称为管内受迫对流沸腾,这是热力设备中经常采用的沸腾方式。

对于竖管内受迫对流沸腾,冷液一般从下部进入管内,一开始为单相管内对流传热。当冷液受到管壁加热,靠近管壁的液体温度首先达到饱和温度而产生气泡;但由于远离管壁的液体温度仍未达到饱和温度,这些气泡在脱离壁面后迅速被冷液冷却而消失,重新凝结成液体并快速加热冷液,这一段为冷液沸腾,流动仍为液体单相流动。当主流温度被加热到饱和温度后,进入泡核沸腾。一开始气泡较少,流动称为泡状流。向上汽化核心增多,气泡合并成块,这时称为块状流。再向上,数个大气泡在管内流动,有的大气泡状似弹头,这时称为弹状流。在弹状流之上,蒸汽占据管中心,将液体排挤至管壁,造成液体环状流,这时管壁环状液膜较薄。越向上液膜越薄,蒸汽含量较大,这时沸腾主要发生在气-液交界面。继续加热,液膜消失、传热恶化,这时流动称为雾状流,传热主要为蒸汽单相对流传热。

液体在水平管内受迫对流沸腾时,若圆管内单位截面质量流量较大,那么流动和传热特点与竖管内沸腾情况相似;若单位面积质量流量较小,重力作用导致管内上、下部分液膜厚度不一,这时上半部管子更易蒸干而致使壁温过高。

③ 影响沸腾传热主要因素

a. 流体物性：流体密度、黏度、导热系数及表面张力等均对沸腾传热有重要影响。一般情况下，h 随 k、ρ 增加而增加，随 μ、Θ 增加而降低。

b. 壁面过热度 Δt（$= t_w - t_s$）：Δt 是控制沸腾传热过程的重要参数，研究人员在特定实验条件（沸腾压强、壁面形状等）下对多种液体进行泡核沸腾传热系数测定，整理得到经验式 $h = C(\Delta t)^n$（C 与 n 为实验测定常数，其值因液体种类与沸腾条件而异）。

c. 操作压强：提高沸腾压强相当于提高液体饱和温度，使液体表面张力与黏度降低，有利于气泡生成、脱离，从而强化沸腾传热。

d. 加热壁面：加热壁面材料与粗糙度对沸腾传热有重要影响。一般新的或清洁的加热面，h 较高。当壁面被油脂沾污，h 会急剧降低。壁面越粗糙，气泡核心越多，越有利于沸腾传热。

【案例】在我国有一条著名的"天路"——青藏铁路，这条铁路是我国新世纪四大工程之一。青藏铁路是世界上海拔最高、路线最长的高原铁路，全长1956公里，其中有965公里处在海拔4000米以上，所经过冻土线路最长约546.4公里，是自然条件最为艰苦的高原铁路。在青藏铁路修建过程中，高山缺氧、常年冻土层、脆弱生态都是铁路建设的拦路虎，其中最难以攻克的难题就是冻土层。

【分析】冻土层指地表以下一定深度的土壤中含有冰且至少连续两年不融化的土层，其上层为夏季融化、冬季冻结的活动层，下层为多年冻结层。活动层会随季节变化而反复冻融，导致土壤体积与强度发生变化，即当土壤中水分冻结成冰时体积会膨胀，而当土壤中冰融化成水时体积会收缩。这样就会造成地面不平、路基不稳、铁轨变形等问题，影响通车安全。

【方案】为解决这个难题，青藏铁路建设者创造性地提出"主动降温、冷却路基、保护冻土"的新思路，并采用热管新技术。该技术利用物理学中相变传热原理，将路基下面冻土层热量通过热管循环传递，散发到地面大气中，从而降低冻土层温度，保持其冻结状态，避免其受铁路运营影响而融化。

"热管"是一种高约7米，内部充满沸点为-33.35℃、熔点为-77.7℃的液氨，外部带有散热片的整根无缝钢管，地下部分吸热端有5米左右，地上部分散热端为2米左右。当铁路周边环境温度上升时，由于温度很容易达到液氨沸点，液氨沸腾汽化上升，将温度传至散热端，并在外部冷空气作用下降低温度，冷却后的液氨再次回到下半部分，继续吸热放热形成一个循环反复过程，实现热量快速传递以稳定冻土层温度。

热管还有一个特别设计——它们都是倾斜插入路基两侧的，使热管能深入铁轨正下方，保护铁轨路基。因为铁轨路基最容易受火车重压与摩擦而产生热量，如果热量不及时散发出去，会导致冻土层融化。而倾斜插入的热管，能有效地将这些热量带走，保持路基坚固。

20世纪60年代热管起源于美国，其具有导热效率高、体积小、重量轻、结构简单、寿命长、可靠性高等优点，最初用于航天器、卫星等高科技领域，后来逐渐应用于各种散热或加热场合，比如电脑、空调等。热管在青藏铁路的应用，是一项世界性创新与突破。它不仅有效地保护冻土层、提高铁路安全性与稳定性，还节约大量建设成本与维护费用。据统计，青藏铁路上共使用约1.5万根热管，每根热管可以散发出600W以上的热量，相当于一个电吹风机功率。这些热量足以抵消铁路运营对冻土层的热干扰，使其温度保持在-5℃以下。它们是青藏铁路建设者智慧与创新的结晶，也是我国科技进步与民族自豪感的象征。

2.4 辐射传热

自然界中一切物质都由粒子组成，当粒子振动或受激时，会向周围空间发射各种波长电磁波。不同波长电磁波投射到物体上可产生不同效应，有的能提高物体温度，有的能引起化学反应，有的则能穿透物体。人们依据这些不同效应将电磁波分成许多波段，如图2.17所示。热辐射是由于物体内部微观粒子热运动状态改变而将热力学能转变为电磁能向外发射的过程。物体温度只要高于0K，其内部微观粒子热运动就不会停止，也就能向外热辐射。传热学将热辐射产生的电磁波称为热射线，理论上热射线应包含整个电磁波谱。然而，工程上经常遇到的热辐射是2000K以下物体所发出的辐射能，这些辐射能主要被0.76~100μm波长的红外线所占有，其余波长电磁辐射能十分微弱。太阳的辐射能主要被0.2~2μm波长的电磁波占有，其中0.38~0.75μm波长的可见光占据绝大部分。因此，传热学中热射线波长范围一般是0.1~100μm，是整个电磁波谱中相当窄小的一部分。

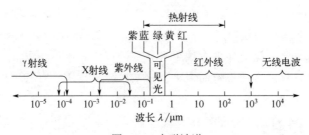

图 2.17 电磁波谱

物体消耗热力学能向外界发射热辐射能，同时又吸收外界投射到其表面的辐射能，将其转变为本身的热力学能，这种热量传递过程就是辐射传热。显然，辐射传热方向遵循热力学第二定律，即高温物体辐射给低温物体的能量大于低温物体辐射给高温物体的能量。应予注意，即使物体和外界达到温度平衡（辐射传热量为零），但热辐射发射与吸收并未停止，只是达到一种动态平衡状态。另外，热量传递过程所伴随能量形式变化（热力学能 $\rightleftharpoons$ 电磁能）也是辐射传热的一个显著特点。与导热、热对流不同，热辐射不依靠常规物质接触而进行热量传递。

2.4.1 热辐射基本概念

（1）辐射能吸收、反射与透射

热射线与可见光线一样，当其投射到物体表面时，部分被吸收，部分被反射，其余则透过物体，如图2.18所示。

若单位时间投射到单位面积物体表面的总辐射能为 G（简称投射辐射，$W \cdot m^{-2}$），被吸

收 G_A、反射 G_R、透射 G_D，根据能量守恒定律有

$$G_A + G_R + G_D = G \quad (2.130a)$$

则

$$\frac{G_A}{G} + \frac{G_R}{G} + \frac{G_D}{G} = 1 \quad (2.130b)$$

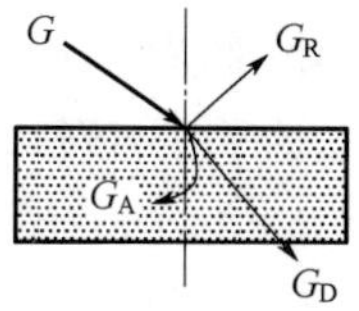

令 $A = G_A/G$、$R = G_R/G$、$D = G_D/G$，则

$$A + R + D = 1 \quad (2.131)$$

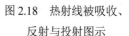

图 2.18 热射线被吸收、反射与投射图示

式中　A——物体吸收率，表示投射辐射中被吸收能量占比；
　　　R——物体反射率，表示投射辐射中被反射能量占比；
　　　D——物体透过率，表示投射辐射中被透射能量占比。

A、R 与 D 都是无量纲量，其大小与物体性质、表面状况有关，同时也与物体温度、射线波长有关。

若 $A = 1$，则 $R = D = 0$，即所有投射到物体上的辐射能全部被物体吸收，该物体称为黑体。

若 $R = 1$，则 $A = D = 0$，即所有投射到物体上的辐射能全部被物体反射，该物体称为白体。

若 $D = 1$，则 $A = R = 0$，即所有投射到物体上的辐射能完全透过物体，该物体称为透明体或透热体。

自然界并不存在黑体、白体或透明体，它们是实际物体热辐射的极限情况。但有些物体与这些理想物体十分接近，例如没有光泽、黑漆表面的吸收率为 0.96~0.98，表面磨光铜的反射率等于 0.97，单原子、对称双原子气体在工业常见温度范围内均可视为透明体，而多原子、不对称双原子气体则有选择地吸收与发射某些波段的辐射能。

大多数固体和液体对热辐射的辐射与吸收只在表面下约 1μm 进行，因此物体对热辐射的辐射与吸收可认为仅在表面进行，与物体内部状况无关；也可认为热辐射不能穿透固体和液体，即 $D = 0$。根据 $A + R = 1$ 可知，凡是善于反射的物体，一定不善于吸收。人们常利用此特性为工业、生活服务。例如，人们夏天穿白色衣服及在需要防晒的建筑物上涂敷白漆等，都是利用白色物体对可见光反射能力强这一特性，使落在物体上的太阳光绝大部分被反射，只吸收其中小部分。

应予指出，颜色对可见光有此特性，对红外线却没有这种性质。例如，白雪对可见光反射率极高，但对红外线其吸收率为 0.98，非常接近于黑体；又如白布和黑布对可见光吸收率不同，但对红外线吸收率基本相同。

对热射线吸收与反射来说，重要的不是物体颜色，而是它表面粗糙度。物体表面对热射线反射分为镜反射与漫反射，其中镜反射遵循入射角等于反射角原则，而漫反射时反射线分布在各个方向。高度抛光的金属板具有镜反射特性，当表面不平整尺寸小于射线波长时形成镜反射，否则形成漫反射。但在红外波段，一般物体极少具有镜反射特性。

纯净气体对热辐射没有反射能力（$R = 0$，$A + D = 1$），即气体吸收能力越强，透射能力越弱。气体对投射辐射吸收与透射不是在表面进行，而是在整个气体容积进行。

（2）辐射力、辐射强度与有效辐射

为进行辐射传热工程计算，必须研究物体辐射能量随波长的分布特性以及在半球空间各

个方向的分布规律。

① 辐射力 E

单位时间内物体单位面积向半球空间辐射全部波长的辐射能，称为辐射力 E，单位为 $W \cdot m^{-2}$，其表征物体辐射能力大小。

② 单色辐射力 E_λ

单位时间内物体单位面积向半球空间辐射某一特定波长的辐射能，称为单色辐射力 E_λ，单位为 $W \cdot m^{-2}$，其表征物体某一特定波长辐射能力大小。若在 $\lambda \sim \Delta\lambda$ 波长范围内辐射力为 ΔE，则有

$$\lim_{\Delta\lambda \to 0} \frac{\Delta E}{\Delta \lambda} = \frac{dE}{d\lambda} = E_\lambda \tag{2.132}$$

物体辐射力与单色辐射力间关系为

$$E = \int_0^\infty E_\lambda d\lambda \tag{2.133}$$

③ 定向辐射力 E_θ

单位时间内物体单位面积向某一方向单位立体角辐射全部波长的辐射能，称为定向辐射力 E_θ，单位为 $W \cdot m^{-2} \cdot sr^{-1}$（sr 为球面度）。

类似于平面角定义，立体角是以球面中心 O 为顶点的圆锥体所张球面角，单位为 sr。如图 2.19（a）所示，球半径为 r 的球面微元 dS_n 所对应微元立体角 $d\Omega$ 可表示为

$$d\Omega = \frac{dS_n}{r^2} = \frac{rd\theta \times r\sin\theta d\varphi}{r^2} = \sin\theta d\theta d\varphi \tag{2.134}$$

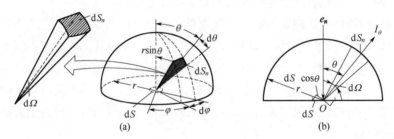

图 2.19　立体角定义（a）及辐射面积与定向辐射强度之间关系（b）

若微元辐射面 dS 向微元立体角 $d\Omega$ 发出辐射能 dQ_θ，则 E_θ 可表示为

$$E_\theta = \frac{dQ_\theta}{d\Omega dS} \tag{2.135}$$

④ 定向辐射强度 I_θ

单位时间内空间 θ 方向物体单位有效面积单位立体角辐射全部波长的辐射能量，称为定向辐射强度 I_θ，单位为 $W \cdot m^{-2} \cdot sr^{-1}$。将图 2.19（a）简化为平面图 2.19（b），球心 O 处辐射微元面积 dS，其指定方向 θ 的辐射面 dS_n，dS_n 所张立体角 $d\Omega$ 及有效辐射面积 $dS\cos\theta$，则定向辐射强度 I_θ 可表示为

$$I_\theta = \frac{dQ_\theta}{d\Omega dS\cos\theta} \tag{2.136}$$

⑤ 有效辐射 J

物体除向外界辐射能量 E 之外，还接受其他物体投射到该物体表面的投射辐射能 G，吸收部分能量 AG，反射部分能量 RG，如图 2.20 所示。因此，把物体本身辐射 E 与反射辐射 RG 之和称为物体有效辐射 J（W·m^{-2}），即

$$J = E + RG \tag{2.137}$$

所有投射到黑体表面的辐射能被全部吸收，黑体有效辐射就是本身辐射。但灰体表面只能吸收部分投射辐射，其余部分被反射到另一表面或体系外面，灰体间会形成多次反射辐射，逐次吸收现象，使问题变得复杂。利用有效辐射概念，可免去考虑灰体间辐射传热时进行多次反射、吸收的复杂过程，使辐射传热分析与计算大为简化。

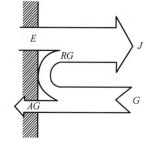

图 2.20 有效辐射

2.4.2 黑体辐射定律

黑体是理想辐射体，其基本定律是辐射传热理论的基础。黑体基本辐射特性可归纳为以下三点：a. 黑体吸收率 $A=1$，即黑体全部吸收来自任何方向、任意波长的投射辐射；b. 黑体表面是漫射表面，辐射强度在空间各方向都相等；c. 给定温度下黑体辐射力是所有物体中最大的。

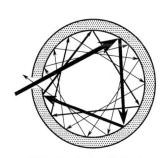

图 2.21 人工黑体模型

黑体这三个特殊性质，使它成为衡量各种实际物体表面辐射的标准。虽然实际物体表面的辐射性质与黑体辐射性质存在一定差距，但用人工方法可以制造出十分接近黑体的模型。例如，在高吸收率不透明材料制成的空腔开一个小孔（图 2.21），当热射线进入小孔后，在空腔内几经反射、吸收，最后由小孔反射出去的能量微乎其微，可认为进入小孔的能量已被全部吸收。

（1）普朗克定律

1901 年，普朗克从理论上揭示不同温度下黑体单色辐射力 $E_{0\lambda}$ 随波长的变化规律，其表达式为

$$E_{0\lambda} = \frac{C_1 \lambda^{-5}}{e^{\frac{C_2}{\lambda T}} - 1} \tag{2.138}$$

式中　λ——波长，m；

　　　T——热力学温度，K；

　　　C_1——第一辐射常数，其值为 3.74×10^{-16} W·m^2；

　　　C_2——第二辐射常数，其值为 1.44×10^{-2} m·K。

马克斯·卡尔·恩斯特·路德维希·普朗克（1858年4月23日—1947年10月4日），德国著名物理学家、量子力学重要创始人之一、诺贝尔物理学奖获得者。1874年，进入慕尼黑大学学习数学，后改学物理学。1877年转入柏林大学。1879年获博士学位，开始研究热力学第二定律，发表诸多论文。1894年起，开始研究黑体辐射问题，发现普朗克辐射定律，并在论证过程中提出能量量子概念与常数 h，这成为此后微观物理学中最基本的概念和极为重要的普适常量。1900年12月19日，在德国物理学会上报告了这一结果，成为量子论诞生和新物理学革命宣告开始的伟大时刻。由于这一发现，于1918年获得诺贝尔物理学奖。

式（2.138）称为普朗克定律，根据该定律绘出不同温度下黑体单色辐射力 $E_{0\lambda}$ 随波长 λ 的变化曲线（图2.22），在一定温度下 $E_{0\lambda}$ 随 λ 先增加后降低。$E_{0\lambda}$ 曲线下面积就是该温度下总辐射力，其随温度增加而迅速增加；对于不同温度，最大单色辐射力对应波长 λ_{max} 是不同的。

（2）维恩偏移定律

从图2.22可看出，λ_{max} 随物体温度增加逐渐向短波方向移动，且其与物体热力学温度 T 间存在如下关系

$$\lambda_{max} T = 2.8976 \times 10^{-3} \text{ m} \cdot \text{K} \qquad (2.139)$$

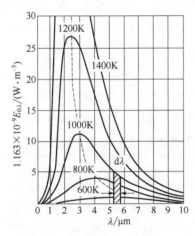

图2.22 $E_{0\lambda}$ 与波长、温度的关系

式（2.139）就是维恩偏移定律，该式可以利用普朗克定律极值求得，即取式（2.138）导数并令其为零，便可求得维恩偏移定律。但在历史上，维恩是从热力学观点推得此定律的，并且时间上早于普朗克定律。

威廉·卡尔·维尔纳·奥托·弗里茨·弗兰茨·维恩（1864年1月13日—1928年8月30日），德国物理学家、诺贝尔物理学奖获得者。1882年先后入格丁根大学和柏林大学学习；1883年至1885年在赫尔曼·冯·亥姆霍兹实验室工作；1886年获哲学博士学位。后来随亥姆霍兹转到德国帝国技术物理研究所工作；1896年任亚琛大学教授。1899年任吉森大学物理学教授。1900年任维尔茨堡大学物理学教授。1920年任慕尼黑大学物理学教授。1893年提出辐射能量分布定律和维恩偏移定律，还提出一个热辐射实验方案，即用空腔代替黑体，可以使热辐射实验做到更为准确。因发现热辐射定律而获得1911年诺贝尔物理学奖。

（3）斯特藩-玻尔兹曼定律

斯特藩-玻尔兹曼定律最早由斯特藩在 1879 年通过实验得出，后由玻尔兹曼利用热力学理论于 1884 年推出。实际上，斯特藩-玻尔兹曼定律可通过对普朗克定律积分求得

$$E_0 = \int_0^\infty \frac{C_1 \lambda^{-5}}{e^{\frac{C_2}{\lambda T}} - 1} d\lambda = \sigma T^4 = C_0 \left(\frac{T}{100} \right)^4 \quad (2.140)$$

式中 E_0——黑体辐射力，$W \cdot m^{-2}$；

σ——斯特藩-玻尔兹曼常数，其值为 $5.67 \times 10^{-8} W \cdot m^{-2} \cdot K^{-4}$；

C_0——黑体辐射系数，其值为 $5.67 W \cdot m^{-2} \cdot K^{-4}$。

斯特藩-玻尔兹曼定律说明黑体辐射力与热力学温度四次方成正比，因此也称为四次方定律。它是非常重要的热辐射定律，说明黑体辐射力仅仅与温度有关，而与其他因素无关，这不仅解决黑体辐射力计算问题，同时指出黑体辐射力随温度升高而增大的变化规律。

约瑟夫·斯特藩（1835 年 3 月 24 日—1893 年 1 月 7 日），奥地利籍斯洛文尼亚裔物理学家和诗人。1853 年到维也纳大学学习数学与物理，1857 年大学毕业，并于 1858 年在维也纳大学获得哲学博士学位，之后留校教授数学物理学。1863 年被评为物理学教授，并在该大学任教。1866 年当选物理学研究所所长，成为维也纳科学研究院和欧洲一些科研机构成员，并在 1875 年担任科学院秘书职务。在学生时代曾在斯洛文尼亚发表过自己的诗集，研究内容涉猎七个科学领域，其中包括空气动力学、流体力学、热辐射等。

路德维希·爱德华·玻尔兹曼（1844 年 2 月 20 日—1906 年 9 月 5 日），奥地利物理学家、哲学家、统计力学主要创建者之一。1863 年，进入维也纳大学学习数学与物理，于 1866 年获博士学位，师从约瑟夫·斯特藩。1869 年被任命格拉茨大学数学物理学教授；1873 年至 1876 年担任维也纳大学数学教授；1885 年当选奥地利帝国科学院院士；1887 年担任格拉茨大学校长；1888 年当选瑞典皇家科学院院士；1890 年被任命为德国慕尼黑大学理论物理学系主任；1894 年担任维也纳大学理论物理学教授；1899 年当选为英国皇家学会外籍院士；1900 年担任莱比锡大学物理学教授；1902 年担任维也纳大学归纳科学哲学教授。

（4）兰贝特定律

黑体表面具有漫射表面性质，在半球空间各方向的定向辐射强度都相等，即有

$$I_{\theta_1} = I_{\theta_2} = I_{\theta_3} = \cdots = I_n = I \quad (2.141)$$

比较式（2.135）与式（2.136），可得 $E_\theta = I_\theta \cos \theta$。当 $\theta = 0$ 时，有 $E_n = I_\theta = I_n$，则有

$$E_\theta = I_n \cos\theta = E_n \cos\theta \quad (2.142)$$

式（2.142）为兰贝特定律表达式，说明黑体定向辐射力随方向角 θ 按余弦规律变化，法线方向辐射力最大，故也称余弦定律。除黑体之外，只有漫射表面才遵守兰贝特定律。

对于微元面积所有方向的总辐射力 E，应按立体角以整个半球面（$\Omega = 2\pi$）为范围加以积分，即有

$$E = \int_0^{2\pi} E_\theta d\Omega = \int_0^{2\pi} E_n \cos\theta d\Omega \quad (2.143)$$

将 $d\Omega = \sin\theta d\theta d\varphi$ 代入式（2.143），有

$$E = \int_0^{\pi/2} E_n \cos\theta \sin\theta d\theta \int_0^{2\pi} d\varphi \quad (2.144)$$

法线方向辐射力 E_n 是一个与方向无关的常数，式（2.144）积分可得

$$E = \pi E_n \quad (2.145)$$

或得

$$E_n = \frac{1}{\pi} E \quad (2.146)$$

式（2.142）可表示为

$$E_\theta = \frac{1}{\pi} E \cos\theta \quad (2.147)$$

兰贝特定律对于黑体是完全正确的；对于不光滑物体，经验证明此定律只适用于 $\theta = 0° \sim 60°$ 范围内；对于表面磨光金属，由于镜面反射影响，与此定律有明显偏差。

2.4.3 实际物体辐射与吸收

实际物体辐射与吸收比黑体要复杂得多，其特性取决于许多因素，如组成、表面粗糙度、温度、辐射波长等。

（1）实际物体辐射

实际物体辐射不同于黑体，其单色辐射力 E_λ 随温度 T、波长 λ 变化往往是不规则的，并不遵循普朗克定律，如图2.23所示。

描述实际物体辐射力时，通常以黑体为基准，引入黑度（也称辐射率）概念，它是实际物体辐射力 E 与同温度下黑体辐射力 E_0 之比，用 ε 表示，其数学表达式为

$$\varepsilon = \frac{E}{E_0} = \frac{\int_0^\infty E_\lambda d\lambda}{\int_0^\infty E_{0\lambda} d\lambda} = \frac{\int_0^\infty E_\lambda d\lambda}{\sigma T^4} \quad (2.148)$$

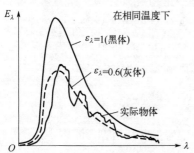

图2.23 同温度下黑体、灰体和实际物体 E_λ 比较

即实际物体 ε 表现为实际物体光谱辐射力曲线面积与同温度下黑体光谱辐射曲线面积之比，如图2.23所示。

可类似地定义实际物体单色黑度 ε_λ 为实际物体单色

辐射力 E_λ 与同温度、同波长黑体单色辐射力 $E_{0\lambda}$ 之比，即

$$\varepsilon_\lambda = \frac{E_\lambda}{E_{0\lambda}} \qquad (2.149)$$

实际物体 E_λ 与 λ、T 的变化关系，可以根据该物体辐射光谱实验进行测定。如果实验所得辐射光谱是连续的，且 $E_\lambda = f(\lambda)$ 又和同温度下黑体辐射光谱曲线相似，则称该物体为理想灰体，简称灰体。由图 2.23 可看出，灰体与黑体在同温度下单色辐射力有如下关系

$$\frac{E_{\lambda_1}}{E_{0\lambda_1}} = \frac{E_{\lambda_2}}{E_{0\lambda_2}} = \cdots = \frac{E_{\lambda_n}}{E_{0\lambda_n}} = \varepsilon_\lambda = 常数 \qquad (2.150)$$

即灰体 ε_λ 不随波长发生变化，则有 $\varepsilon_\lambda = \varepsilon$。

利用黑度概念，可将黑体辐射四次方定律应用于实际物体，即实际物体辐射力 E 可用下式表示

$$E = \varepsilon E_0 = \varepsilon \sigma T^4 = \varepsilon C_0 \left(\frac{T}{100}\right)^4 \qquad (2.151)$$

需指出，与黑体和灰体不同，一般工程材料 ε_λ 随 λ 变化，故实际物体 E 并不严格同 T 的 4 次方成正比。但对于大多数工程材料在热射线范围内可以近似作为灰体处理，仍认为其 E 与 T 的 4 次方成正比，而由此引起偏差放在 ε 中考虑，这给辐射传热计算带来很大便利。

材料黑度取决于物体种类、温度与表面状况，即物体黑度仅与物体本身性质有关，而与外界环境无关。由此可见，物体黑度是一个物性参数。不同种类物体黑度显然各不相同，一般非金属黑度较大，而金属黑度较小，如常温下白大理石黑度为 0.95，而镀锌钢板黑度仅 0.23。物体黑度也受温度影响，如氧化铝表面温度在 50℃、500℃ 的黑度分别为 0.2、0.3。表面粗糙程度对黑度影响也很大，表面粗糙或氧化的金属材料黑度是磨光表面数倍，如常温下无光泽黄铜黑度为 0.22，而磨光后仅 0.05。要准确描述表面状况很困难，因此在选用金属材料黑度时要特别注意。大部分非金属材料黑度一般在 0.85~0.95，且与表面状况（包括颜色）关系不大。在缺乏资料时，非金属材料黑度可取 0.90。材料黑度可由实验测定，更多情况下可查阅有关资料（如附录 C）。

若实际物体方向辐射力遵循兰贝特定律，该物体具有漫射表面性质，其定向黑度 ε_θ 与角度无关而等于常数。大量实验测定表明，实际物体沿各个方向辐射力往往只是近似地遵守兰贝特定律，有些物体甚至与兰贝特定律有很大偏差，但一般并不显著影响 ε_θ。高度磨光金属表面的半球平均黑度 ε 与法向黑度 ε_n 比值约为 1.20，而其他光滑表面物体约为 0.95，表面粗糙物体约为 0.98。因此，高度磨光金属表面除外，一般不考虑材料 E_θ 微小差别，而近似认为大多数工程材料也服从兰贝特定律。

（2）实际物体吸收

实际物体对投射辐射的吸收能力既与其本身物理特性有关，也与投射辐射波长分布、方向特性有关。对某一波长辐射能吸收的百分数称为单色吸收率 A_λ，其一般随 λ 变化。

投射辐射性质又取决于投射辐射温度，因此辐射源温度对物体 A 产生影响。设物体 1 本身温度为 T_1，投射物体 2（辐射源）温度为 T_2，根据吸收率定义，物体 1 对物体 2 投射辐射的总吸收率可写成

$$A = \frac{\int_0^\infty A_1(T_1) E_\lambda(T_1) d\lambda}{\int_0^\infty E_\lambda(T_2) d\lambda} \tag{2.152}$$

若辐射源为黑体，式（2.152）可写成

$$A = \frac{\int_0^\infty A_1(T_1) E_\lambda(T_1) d\lambda}{\sigma T_2^4} \tag{2.153}$$

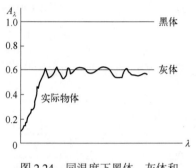

图 2.24 同温度下黑体、灰体和实际物体 A_λ 比较

由式（2.152）、式（2.153）可知，吸收率是温度 T_1 与 T_2 的函数，如果辐射来自非黑体源，即使温度 T_1、T_2 不变，同一物体总吸收率也会显著变化。但如果物体单色吸收率与波长无关，即 $A = A_\lambda = $ 常数，则不管投射辐射情况如何，物体总吸收率也为常数。换句话说，这时物体总吸收率只取决于物体本身性质与状况，而与外界情况无关。显然，灰体 A_λ 与波长无关，即 $A = A_\lambda = $ 常数，如图 2.24 所示。

（3）基尔霍夫定律

实际物体对投射辐射光谱的选择性吸收给实际物体辐射传热计算带来很大困难，基尔霍夫定律为解决这一困难奠定基础。

设有两平行无限大平壁（平壁 1 表面辐射的辐射能可认为完全落在平壁 2 表面），平壁 1 为黑体，其温度、辐射能、吸收率分别为 T_0、E_0、A_0（$A_0 = 1$）；平壁 2 用任意材质制成，其温度、辐射能、吸收率分别为 T_1、E_1、A_1，如图 2.25 所示。黑体 1 辐射的辐射能 E_0 被平壁 2 吸收 $A_1 E_0$，余下 $(1-A_1)E_0$ 被反射回黑体 1 表面，被黑体 1 全部吸收。同时，平壁 2 辐射的辐射能 E_1 被黑体 1 全部吸收。对平壁 2 而言，吸收能量是 $A_1 E_0$，而失去能量为 E_1，两者辐射传热量为

$$q = A_1 E_0 - E_1 \tag{2.154}$$

达到热平衡时，温度不再变化，因此平壁 2 辐射与吸收能量必然相等，即有

$$A_1 E_0 = E_1 \tag{2.155}$$

由于物体平壁 2 可用任意物体代替，即有

$$\frac{E_1}{A_1} = \frac{E_2}{A_2} = \frac{E_3}{A_3} = \cdots = \frac{E_n}{A_n} = E_0 \tag{2.156}$$

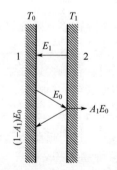

图 2.25 平行黑体与灰体间辐射传热

式（2.156）称为基尔霍夫定律表达式，它表明热平衡体系中任何物体辐射力与其吸收率之比恒等于同温度下黑体辐射力，且只与温度有关，而与物体性质无关。因为实际物体的吸收率小于 1，所以在温度相同时黑体辐射力最大。另外，在温度相同前提下，物体辐射力越大，其吸收率也越大，即善于辐射的物体也善于吸收。

将式（2.151）代入式（2.156），可得

$$A = \frac{E}{E_0} = \varepsilon \tag{2.157}$$

式（2.157）称为基尔霍夫恒等式，其意为热平衡条件下任何物体对黑体辐射的吸收率恒等于同温度下该物体黑度。

同理，基尔霍夫定律也适用于单色辐射，任何物体单色辐射力 E_λ 与同温度黑体单色辐射力 $E_{0\lambda}$ 之比，等于该物体单色吸收率 A_λ，即

$$A_\lambda = \frac{E_\lambda}{E_{0\lambda}} = \varepsilon_\lambda \tag{2.158}$$

灰体吸收率与黑度一样只取决于本身情况，也就是说当灰体温度一定时，其吸收率与黑度也是恒定的。此时，不论投射物是否为黑体，也不论是否处于热平衡状态，灰体吸收率恒等于同温度下黑度。

2.4.4 物体间辐射传热

许多工程技术采用辐射传热来实现热量传递，因此对辐射传热进行定量计算是一个重要的实际问题。然而，实际工程辐射传热问题非常复杂，除与物体表面温度与黑度有关外，还与物体尺寸、形状、相对位置等几何因素有关。

（1）角系数

当两个表面任意放置时，每个表面所辐射能量只有部分可达到另一个表面，其余部分则落在体系以外空间。为说明物体接受辐射能占总辐射能的份额，引入角系数。

两个任意放置的物体，由表面 i 投射到表面 j 的辐射能（包括反射部分）占离开表面 i 总辐射能的份额称为表面 i 对表面 j 的角系数 F_{ij}，其数学表达式为

$$F_{ij} = \frac{Q_{ij}}{J_i S_i} \tag{2.159}$$

设有彼此相距 r 的两微元表面 $\mathrm{d}S_i$、$\mathrm{d}S_j$（图 2.26），其温度分别为 T_i、T_j，两微元体间连线与法线 n_i、n_j 间夹角分别为 θ_i、θ_j，则离开微元 $\mathrm{d}S_i$ 的全部辐射能中达到 $\mathrm{d}S_j$ 的辐射能为

$$\mathrm{d}Q_{ij} = I_i \cos\theta_i \mathrm{d}S_i \mathrm{d}\Omega_{ji} \tag{2.160}$$

因 $\mathrm{d}\Omega_{ji} = \mathrm{d}S_j \cos\theta_j / r^2$ 与 $I_i = J_i/\pi$，则有

$$F_{ij} = \frac{1}{S_i} \int_{S_i} \int_{S_j} \frac{\cos\theta_i \cos\theta_j}{\pi r^2} \mathrm{d}S_i \mathrm{d}S_j \tag{2.161}$$

同理，离开微元 $\mathrm{d}S_j$ 所有辐射能中达到 $\mathrm{d}S_i$ 的份额为

$$F_{ji} = \frac{1}{S_j} \int_{S_i} \int_{S_j} \frac{\cos\theta_i \cos\theta_j}{\pi r^2} \mathrm{d}S_i \mathrm{d}S_j \tag{2.162}$$

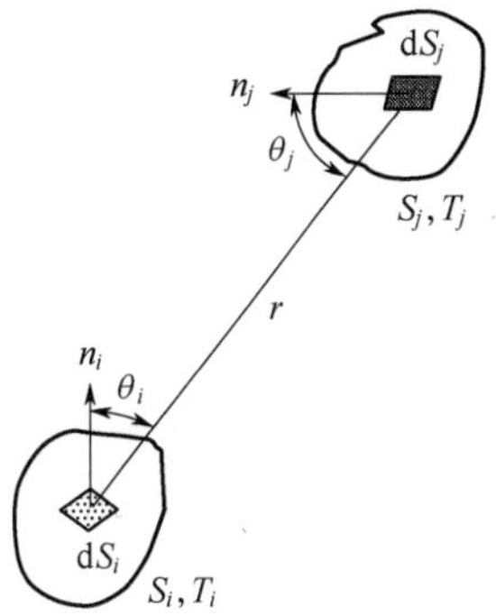

图 2.26 角系数定义

计算物体间辐射传热，首先要求角系数。角系数可用实验测定，也可利用简单几何关系

导出角系数基本性质，然后用代数法求解。角系数有如下性质。

① 相对性

如前所导出式（2.161）、式（2.162），显然有

$$F_{ij}S_i = F_{ji}S_j \tag{2.163}$$

② 自见性

自见性指一个物体表面投向自身表面的辐射能占总辐射能量的份额。对于平面或凸面，其自见性等于零，即 $F_{ii}=0$；而对于凹面，其自见性不为零，即 $F_{ii}\ne 0$。

③ 完整性

由 n 个物体组成的封闭体系（图 2.27），任一物体表面辐射的能量全部到达这 n 个物体表面，以表面 i 为例，有

$$Q_i = Q_{i1} + Q_{i2} + \cdots + Q_{ii} + \cdots + Q_{in}$$

两边同时除以 Q_i，得

$$\frac{Q_{i1}}{Q_i} + \frac{Q_{i2}}{Q_i} + \cdots + \frac{Q_{ii}}{Q_i} + \cdots + \frac{Q_{in}}{Q_i} = 1 \tag{2.164}$$

则角系数的完整性可表示为

$$\sum_{j=1}^{n=1} F_{ij} = F_{i1} + F_{i2} + \cdots + F_{ii} + \cdots + F_{in} = 1 \tag{2.165}$$

④ 分解性

当两个表面 S_1 与 S_2 间进行辐射传热时，若把 S_1 分解成 S_3 与 S_4 [图 2.28（a）]，则有

$$F_{12}S_1 = F_{32}S_3 + F_{42}S_4 \tag{2.166}$$

若把 S_2 分解成 S_5 与 S_6 [图 2.28（b）]，则有

$$F_{12}S_1 = F_{15}S_1 + F_{16}S_1 \tag{2.167}$$

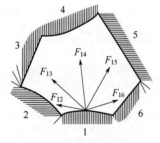

图 2.27 角系数完整性

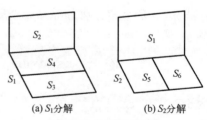

图 2.28 角系数分解性

（2）平行平壁间辐射传热

① 平行黑体间辐射传热

设有两平行无限大黑体平壁，其表面温度分别为 T_1、T_2，且 $T_1>T_2$，相应辐射力分别为 E_{01}、E_{02}，如图 2.29 所示。由于两平壁均为黑体，平壁 1 所辐射能量 E_{01} 全部被平壁 2 吸收，平壁 2 所辐射能量 E_{02} 全部被平壁 1 吸收，故辐射传热的最终结果是平壁 1 净给平壁 2 的热流密度为

$$q_{12} = E_{01} - E_{02} \tag{2.168}$$

或者有

$$q_{12} = \sigma\left(T_1^4 - T_2^4\right) = C_0\left[\left(\frac{T_1}{100}\right)^4 - \left(\frac{T_2}{100}\right)^4\right] \tag{2.169}$$

② 平行灰体间辐射传热

如果两个平壁都是灰体，那么情况就复杂得多。如图 2.30 所示，两灰体平壁平行放置，平壁尺寸比它们间距大很多，以致一个表面所辐射能量全部落在另一个表面上，但只有部分被吸收，另一部分被反射，反射部分被原表面部分吸收与反射，热交换过程就是这样多次吸收与反射的复杂过程。

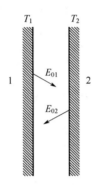

图 2.29　平行黑体间辐射传热

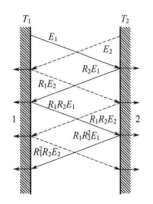

图 2.30　平行灰体间辐射传热

平壁 1 表面的有效辐射 J_1 应为本身辐射 E_1 和全部反射辐射之和，其包括

$$E_1\left(1 + R_1R_2 + R_1^2R_2^2 + \cdots\right)$$

及

$$R_1E_2\left(1 + R_1R_2 + R_1^2R_2^2 + \cdots\right)$$

平壁 1 表面的有效辐射 J_1 应为上述两个无穷级数所表示的能量总和，即

$$J_1 = \frac{E_1}{1 - R_1R_2} + \frac{R_1E_2}{1 - R_1R_2} = \frac{E_1 + R_1E_2}{1 - R_1R_2} \tag{2.170}$$

同理，平壁 2 表面的有效辐射 J_2 为

$$J_2 = \frac{E_2 + R_2E_1}{1 - R_1R_2} \tag{2.171}$$

若平壁 1 表面温度 T_1 大于平壁 2 表面温度 T_2，单位时间内两表面单位面积的辐射传热密度 q_{12} 应为其有效辐射之差，即

$$q_{12} = J_1 - J_2 \tag{2.172}$$

对于灰体 $A = \varepsilon$ 且 $A+R = 1$，式（2.172）变为

$$q_{12} = \frac{E_{01} - E_{02}}{\frac{1}{\varepsilon_1} + \frac{1}{\varepsilon_2} - 1} = \frac{C_0\left[\left(\frac{T_1}{100}\right)^4 - \left(\frac{T_2}{100}\right)^4\right]}{\frac{1}{\varepsilon_1} + \frac{1}{\varepsilon_2} - 1} \qquad (2.173)$$

令 $\varepsilon_s = \dfrac{1}{\dfrac{1}{\varepsilon_1} + \dfrac{1}{\varepsilon_2} - 1}$，则有

$$q_{12} = \varepsilon_s (E_{01} - E_{02}) = \varepsilon_s \sigma (T_1^4 - T_2^4) = \varepsilon_s C_0\left[\left(\frac{T_1}{100}\right)^4 - \left(\frac{T_2}{100}\right)^4\right] \qquad (2.174)$$

式中　ε_s——两平壁组成辐射传热体系的系统黑度，其中ε_1、ε_2为两平壁黑度。

比较式（2.169）与式（2.174）可看出，系统黑度指其他情况相同时，灰体间辐射传热量与黑体间辐射传热量之比，ε_1与ε_2愈高，ε_s愈大，灰体愈接近黑体，因此可认为系统黑度是因实际表面为非黑体而引入的一个修正系数。

（3）任意两物体间辐射传热

两个灰体表面组成封闭系统的辐射传热，是灰体辐射传热中最简单的。两个灰体表面构成封闭系统的几种相对位置，如图2.31（a）所示。

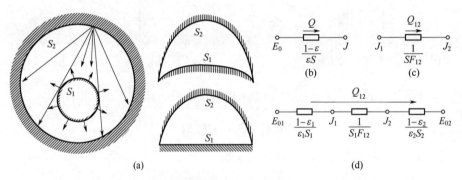

图 2.31　两灰体表面构成封闭系统的几种相对位置（a）、表面辐射热阻（b）、
空间辐射热阻（c）及热路图（d）

① 表面辐射热阻

灰体单位时间内单位表面积净辐射热量 q，为该表面有效辐射 J 与投射辐射 G 之差，也可表示为该表面的本身辐射 E 与吸收辐射 AG 之差，即

$$q = J - G \qquad (2.175\text{a})$$

$$q = E - AG \qquad (2.175\text{b})$$

将式（2.175a）代入式（2.175b），并消去投射辐射 G，可得有效辐射关系式

$$J = \frac{E}{A} - q\left(\frac{1}{A} - 1\right) \qquad (2.176)$$

对于灰体 $A = \varepsilon$ 且 $E = \varepsilon E_0$，则式（2.176）可表示为

$$J = E_0 - q\left(\frac{1}{\varepsilon} - 1\right) \tag{2.177}$$

利用 $Q = qS$，则式（2.177）可表示为

$$Q = \frac{E_0 - J}{\dfrac{1-\varepsilon}{\varepsilon S}} \tag{2.178}$$

式中 $(1-\varepsilon)/(\varepsilon S)$——辐射能流出表面所遇阻力，称为表面辐射热阻［图2.31（b）］，其与表面状况有关。

② 空间辐射热阻

面积分别为 S_1、S_2 两灰体，其有效辐射分别为 J_1、J_2，相互间角系数分别为 F_{12}、F_{21}，物体表面1辐射到表面2的辐射能为 $J_1 S_1 F_{12}$，而物体表面2辐射到表面1的辐射能为 $J_2 S_2 F_{21}$。若 $T_1 > T_2$，则两表面的辐射传热量为

$$Q_{12} = J_1 S_1 F_{12} - J_2 S_2 F_{21} \tag{2.179}$$

根据角系数相对性，式（2.179）可表示为

$$Q_{12} = \frac{J_1 - J_2}{\dfrac{1}{S_1 F_{12}}} = \frac{J_1 - J_2}{\dfrac{1}{S_2 F_{21}}} \tag{2.180}$$

式中 $\dfrac{1}{S_1 F_{12}}$（或 $1/\dfrac{1}{S_2 F_{21}}$）——表面辐射能经空间传递到另一表面所遇阻力，称为空间辐射热阻［图2.31（c）］，其与两表面空间位置决定的角系数有关。

③ 封闭系统两灰体间辐射传热

将式（2.177）代入式（2.179），利用角系数相对性可得两灰体间辐射传热量 Q_{12} 为

$$Q_{12} = \frac{(E_{01} - E_{02}) S_1 F_{12}}{1 + F_{12}\left(\dfrac{1}{\varepsilon_1} - 1\right) + F_{21}\left(\dfrac{1}{\varepsilon_2} - 1\right)} \tag{2.181}$$

将式（2.181）除以 $S_1 F_{12}$，整理得

$$Q_{12} = \frac{E_{01} - E_{02}}{\dfrac{1-\varepsilon_1}{\varepsilon_1 S_1} + \dfrac{1}{S_1 F_{12}} + \dfrac{1-\varepsilon_2}{\varepsilon_2 S_2}} \tag{2.182}$$

从式（2.182）可看出，两灰体间辐射传热可利用1、2表面辐射热阻与两表面间空间辐射热阻串联的热路图［图2.31（d）］进行计算。

对于几种经常碰到的特殊相对位置情况，可以得出简化的表达式。

若 S_1 为非凹面，即 $F_{11} = 0$ 或者 $F_{12} = 1$，式（2.181）可简化为

$$Q_{12} = \frac{(E_{01} - E_{02}) S_1}{\dfrac{1}{\varepsilon_1} + \dfrac{S_1}{S_2}\left(\dfrac{1}{\varepsilon_2} - 1\right)} \tag{2.183}$$

该式是以被包围的表面 S_1 为核算面积的辐射传热计算式。

若 $S_1 \ll S_2$ 或者 $S_1/S_2 \to 0$，式（2.183）可简化为

$$Q_{12} = \varepsilon_1 (E_{01} - E_{02}) S_1 \tag{2.184a}$$

凡是被包围物体表面积比腔体内表面积小很多的情况，均可按式（2.184a）计算。

若 $S_1 \approx S_2$ 或者 $S_1/S_2 \to 1$，式（2.183）可简化为

$$Q_{12} = \frac{(E_{01} - E_{02}) S_1}{\dfrac{1}{\varepsilon_1} + \dfrac{1}{\varepsilon_2} - 1} \tag{2.184b}$$

该式适合两个直径几乎一样的同心球、无限长同心圆柱、无限大平壁。

特别指出：多个表面组成封闭体系的辐射传热要复杂得多，但仍可用网络法求解，具体解法可参考有关传热学资料。

2.4.5 辐射传热强化与削弱

（1）辐射传热强化

在一些特定热量传递场合，辐射传热强化具有非常重要的作用，例如太阳能利用。可以通过以下几种途径实现辐射传热强化。

① 表面改性处理

a. 表面粗糙化：这是提高表面黑度的有效方法，实质上是使表面形成缝隙、凹坑以增强对热辐射吸收能力。

b. 表面氧化：金属材料表面氧化膜对黑度影响很大，特别是当氧化膜厚度超过 0.2μm 后，黑度增加很快。这一特点使高温下易氧化金属表面黑度显著增加。

c. 表面涂料：许多涂料能有效提高表面黑度，如碳化硅系涂料、三氧化二铁系涂料、稀土系涂料等。

② 添加固体颗粒

气流中适量添加微小固体颗粒，不仅可使气流扰动增强以强化气体与固体表面对流传热，而且又增强气体与固体表面辐射传热。这种增强气体辐射传热能力措施对有辐射能力的烟气和无辐射能力的空气都有效果，其强化传热效果主要取决于固体颗粒在气体中含量、颗粒尺寸及其表面辐射特征以及气体流态、流道形状等，这种传热方式在流化床反应器、流化干燥设备中非常重要。

③ 使用光谱选择性涂料

某些涂料对短波具有强烈的吸收性能而对长波只有微弱的辐射性能，这种涂料称为光谱选择性涂料。将这种涂料涂在太阳能利用设备（如真空太阳能热水器的真空管）表面，可使设备表面尽可能多地吸收太阳能，而本身辐射的能量较少，从而大大提高太阳能利用率。

（2）辐射传热削弱

削弱物体表面辐射传热除可采用与强化辐射传热相反措施外，在工程应用中一种最有效的削弱辐射传热措施就是采用辐射屏蔽技术。

如图 2.32（a）所示，设有两无限大平壁，其温度和黑度分别为 T_1、ε_1 和 T_2、ε_2，由热路图［图 2.31（d）］可知平壁 1、2 间辐射传热密度 q_{12} 为

$$q_{12} = \frac{Q_{12}}{S} = \frac{E_{01} - E_{02}}{\dfrac{1-\varepsilon_1}{\varepsilon_1} + \dfrac{1}{F_{12}} + \dfrac{1-\varepsilon_2}{\varepsilon_2}} \quad (2.185)$$

因为 $F_{12} = 1$，可得

$$q_{12} = \frac{Q_{12}}{S} = \frac{E_{01} - E_{02}}{\dfrac{1}{\varepsilon_1} + \dfrac{1}{\varepsilon_2} - 1} \quad (2.186)$$

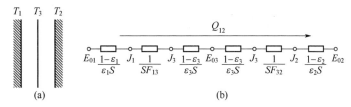

图 2.32　有遮板时辐射传热（a）及热路图（b）

若在两平壁间加入一黑度 ε_3 的遮热板，根据热路图 [图 2.32（b）]，此时辐射传热密度 q_{132} 为

$$q_{132} = \frac{Q_{132}}{S} = \frac{E_{01} - E_{02}}{\dfrac{1-\varepsilon_1}{\varepsilon_1} + \dfrac{1}{F_{13}} + \dfrac{1-\varepsilon_3}{\varepsilon_3} + \dfrac{1-\varepsilon_3}{\varepsilon_3} + \dfrac{1}{F_{32}} + \dfrac{1-\varepsilon_2}{\varepsilon_2}} \quad (2.187a)$$

因为 $F_{13} = F_{32} = 1$，上式整理得

$$q_{132} = \frac{E_{01} - E_{02}}{\left(\dfrac{1}{\varepsilon_1} + \dfrac{1}{\varepsilon_2} - 1\right) + \left(\dfrac{2}{\varepsilon_3} - 1\right)} \quad (2.187b)$$

与无遮热板的辐射传热相比，单位面积辐射热阻增加 $(2/\varepsilon_3 - 1)$，从而使平壁1、2间辐射传热量大为降低。显然，遮热板黑度 ε_3 越小，这个附加热阻就越大，辐射传热削弱得越厉害。

若 $\varepsilon_1 = \varepsilon_2 = \varepsilon_3 = \varepsilon$，则无遮热板的单位面积辐射热阻为 $(2/\varepsilon_3 - 1)$，有遮热板的单位面积热阻为 $2(2/\varepsilon - 1)$，即热阻增加一倍，而平壁1、2间辐射传热量减少一半。若平壁间设置 n 块遮热板，则平壁间辐射传热量可减少为原来的 $1/(n+1)$。

辐射屏蔽技术在工程上应用实例如下。

① 减少汽轮机内、外套管间辐射传热：汽轮机内套管与高温蒸汽接触，温度在 800K 左右，遮热套管可大大减少向外套管的传热量。另外，大型汽轮机高压主汽门、中压联合汽门的阀杆上部装有遮热套管，燃气轮机进气部分装有遮热衬管以减少辐射热量。

② 用于储存低温液体的超级容器绝热：为提高绝热效果以减少低温液体沸腾蒸发量，采用表面黑度 0.02~0.04 的金属镀膜（厚 10~50μm）为遮热板，各层遮热板间以导热系数很小的材料作为分隔层，并抽去其中空气。

③ 用于超级管道绝热：埋藏于地下数千米深处的石油黏度很大，不易从油井流出。这时可采用向油层注射高温高压水蒸气的方法，一方面使油层温度升高，石油黏度下降而容易

流动；另一方面可利用水蒸气压力使石油喷出。这时，用于向石油注射水蒸气的管道不能采用常规绝热措施，为此设计多层遮热罩与间隔材料的超级绝热管道。

④ 用于提高温度测量精度：若用裸露热电偶直接测量炉膛中高温烟气温度，当热电偶读数稳定时必有"烟气传给热电偶的热量 = 热电偶对炉壁的辐射传热量"，炉壁温度越低，

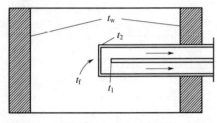

图 2.33　遮热罩抽气式热电偶测温示意图

热电偶对炉壁传热量越大，热电偶与烟气温差就越大。将热电偶置于遮热罩中（图 2.33），使得遮热罩温度高于炉壁温度，此时热电偶只向遮热罩辐射传热，热电偶的能量平衡关系"烟气传给热电偶的热量 = 热电偶对遮热罩的辐射传热量"。由于遮热罩温度远高于炉壁温度，热电偶读数升高，其测得温度更接近烟气温度。为使遮热罩起有效的辐射屏蔽作用，热电偶离遮热罩端口距离应为 $2\sim 2.2d$。同时，抽气可以提高气体流速，增强气体与测温元件间对流传热以提高测温精度。

例 [2.8]

如图 2.34 所示，有半径 $r_1 = 20\text{mm}$ 输送低温流体管道，其外表面温度 $T_1 = 77\text{K}$、黑度 $\varepsilon_1 = 0.25$。为减少环境向流体传热，在管道外同心套半径 $r_2 = 40\text{mm}$ 套管，并将形成环形空间抽成真空，若套管内壁温度 $T_2 = 300\text{K}$、黑度 $\varepsilon_2 = 0.4$。① 求此时低温流体热损失。② 为进一步减少传热量，再同心套半径 $r_3 = 30\text{mm}$ 薄壁套管，其两侧黑度 $\varepsilon_3 = 0.05$，求此时低温流体热损失及薄壁套管温度。③ 若在管道外敷设导热系数 $k = 0.03\text{W} \cdot \text{m}^{-1} \cdot \text{K}^{-1}$ 的保温材料隔热，要达到与两只套管相同隔热效果，保温层厚度（保温层外壁温度 $T_0 = 300\text{K}$）应为多少？

【分析】假想从足够长输送管道中截取一段长度为 l 的管道为研究对象，内管外表面与外管内表面组成封闭空腔，可用封闭系统两灰体间辐射传热计算式 [式（2.183）] 求解低温流体热损失。利用圆筒壁导热公式，可计算出保温层厚度。

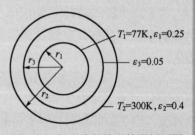

图 2.34　低温流体输送管道剖面图

【题解】① 从足够长管道中截取一段长度为 l 的管道，可得长度 l 的管道内外管辐射面积 S_1、S_2 分别为 $2\pi r_1 l$、$2\pi r_2 l$，则内管辐射给外管的热量 Q_{21} 为

$$Q_{21} = \frac{(E_{02} - E_{01})S_1}{\dfrac{1}{\varepsilon_1} + \dfrac{S_1}{S_2}\left(\dfrac{1}{\varepsilon_2} - 1\right)} = \frac{2\sigma(T_2^4 - T_1^4)\pi r_1 l}{\dfrac{1}{\varepsilon_1} + \dfrac{r_1}{r_2}\left(\dfrac{1}{\varepsilon_2} - 1\right)}$$

单位长度内管辐射给外管的热量 $q_{21,l}$ 为

$$q_{21,l} = \frac{2\sigma(T_2^4 - T_1^4)\pi r_1}{\dfrac{1}{\varepsilon_1} + \dfrac{r_1}{r_2}\left(\dfrac{1}{\varepsilon_2} - 1\right)} = \frac{2 \times 5.67 \times 10^{-8} \times (300^4 - 77^4) \times 3.14 \times 0.02}{\dfrac{1}{0.25} + \dfrac{0.02}{0.04} \times \left(\dfrac{1}{0.4} - 1\right)} = 12.1(\text{W} \cdot \text{m}^{-1})$$

② 加入薄壁套管后，根据热路图可得低温流体热损失 Q_{231} 为

$$Q_{231} = \frac{E_{02} - E_{01}}{\dfrac{1-\varepsilon_1}{\varepsilon_1 S_1} + \dfrac{1}{S_1 F_{13}} + \dfrac{2(1-\varepsilon_3)}{\varepsilon_3 S_3} + \dfrac{1}{S_3 F_{32}} + \dfrac{1-\varepsilon_2}{\varepsilon_2 S_2}}$$

因 S_1、S_3 为凸面，则 $F_{13}=1$、$F_{32}=1$，上式可简化为

$$Q_{231} = \frac{2\pi l \sigma (T_2^4 - T_1^4)}{\dfrac{1}{\varepsilon_1 r_1} + \dfrac{2}{\varepsilon_3 r_3} - \dfrac{1}{r_3} + \dfrac{1}{\varepsilon_2 r_2} - \dfrac{1}{r_2}}$$

单位长度低温流体热损失 q_{231} 为

$$q_{231,l} = \frac{2\pi \sigma (T_2^4 - T_1^4)}{\dfrac{1}{\varepsilon_1 r_1} + \dfrac{2}{\varepsilon_3 r_3} - \dfrac{1}{r_3} + \dfrac{1}{\varepsilon_2 r_2} - \dfrac{1}{r_2}} = \frac{2 \times 3.14 \times 5.67 \times 10^{-8} \times (300^4 - 77^4)}{\dfrac{1}{0.25 \times 0.02} + \dfrac{2}{0.05 \times 0.03} - \dfrac{1}{0.03} + \dfrac{1}{0.4 \times 0.04} - \dfrac{1}{0.04}}$$

$$= 1.87 \, (\text{W} \cdot \text{m}^{-1})$$

加入薄壁套管后，低温流体热损失为原来的 $1.87/12.1 = 0.15$，热损失大大降低。根据热路图，可得

$$Q_{23} = \frac{E_{02} - E_{03}}{\dfrac{1-\varepsilon_3}{\varepsilon_3 S_3} + \dfrac{1}{S_3 F_{32}} + \dfrac{1-\varepsilon_2}{\varepsilon_2 S_2}}$$

单位长度低温流体热损失为

$$q_{231,l} = q_{23,l} = \frac{2\pi \sigma (T_2^4 - T_3^4)}{\dfrac{1}{\varepsilon_3 r_3} + \dfrac{1}{\varepsilon_2 r_2} - \dfrac{1}{r_2}} = \frac{2 \times 3.14 \times 5.67 \times 10^{-8} \times (300^4 - T_3^4)}{\dfrac{1}{0.05 \times 0.03} + \dfrac{1}{0.4 \times 0.04} - \dfrac{1}{0.04}} = 1.87 \, (\text{W} \cdot \text{m}^{-1})$$

解得 $T_3 = 257.58 \, (\text{K})$

③ 保温材料热流密度应为

$$q_{231,l} = q_{01,l} = \frac{2\pi k (T_0 - T_1)}{\ln \dfrac{r_1 + \delta}{r_1}} = \frac{2 \times 3.14 \times 0.03 \times (300 - 77)}{\ln \dfrac{0.02 + \delta}{0.02}} = 1.87 \, (\text{W} \cdot \text{m}^{-1})$$

解得 $\delta = 1.14 \times 10^8 \, (\text{m})$

【提示】用普通绝热材料实现低温管道绝热是行不通的，辐射屏蔽技术显示出巨大优势。

例[2.9]

如图 2.33 所示，用裸露热电偶测得炉膛烟气温度 $t_1 = 792\,℃$，炉壁温度 $t_w = 600\,℃$，烟气对热电偶表面的对流传热系数 $h = 58.2\,\text{W} \cdot \text{m}^{-2} \cdot ℃^{-1}$，热电偶表面黑度 $\varepsilon_1 = 0.3$，求烟气实际温度与测温偏差。

【分析】 烟气以热对流方式将热量传给热电偶,同时热电偶又以辐射方式将热量传给炉壁。由于热电偶工作端为凸面,其表面积 S_1 相对于炉壁面积 S_2 小得多,即 $S_1/S_2 \to 0$,因此其辐射传热密度 $q_r = \varepsilon_1 \sigma (T_1^4 - T_w^4)$。

【题解】 当热电偶达到某一平衡温度(即指示温度),热电偶对流受热量等于其辐射散热量,即

$$h(t_f - t_1) = \varepsilon_1 \sigma (T_1^4 - T_w^4)$$

烟气实际温度

$$t_f = t_1 + \frac{\varepsilon_1 \sigma}{h}(T_1^4 - T_w^4) = 792 + \frac{0.3 \times 5.67 \times 10^{-8}}{58.2} \times \left[(792+273)^4 - (600+273)^4\right] = 998(\text{℃})$$

【注意】 测温绝对偏差为 206℃,相对偏差为 26%,这么大的偏差是不允许的。为减少测温偏差,行之有效的方法是采用遮热罩抽气式热电偶。

例[2.10]

如图 2.33 所示,给热电偶加表面黑度也为 0.3 的遮热罩,由于抽气作用,炉壁温度 $t_w = 600$℃,对流传热系数增大至 $h = 116 \text{W} \cdot \text{m}^{-2} \cdot \text{℃}^{-1}$,当烟气实际温度仍为 998℃ 时,求此时热电偶指示温度。

【分析】 对遮热罩来讲,热电偶辐射给它的热量与烟气给它的热量相比可忽略不计,因此遮热罩的能量平衡与上题中对热电偶的能量平衡关系相似。

【题解】 烟气以对流方式传给遮热罩内、外两表面的热流密度等于遮热罩以辐射方式传给炉壁的热流密度,即

$$2h(t_f - t_2) = \varepsilon_1 \sigma (T_2^4 - T_w^4) = 2 \times 116 \times (998 - t_2) = 0.3 \times 5.67 \times 10^{-8} \times \left[(t_2+273)^4 - (873)^4\right]$$

解得

$$t_2 = 901(\text{℃})$$

另外,烟气对热电偶的对流传热密度等于热电偶对遮热罩的辐射传热密度,即

$$h(t_f - t_1) = \varepsilon \sigma (T_1^4 - T_2^4) = 116 \times (998 - t_1) = 0.3 \times 5.67 \times 10^{-8} \times \left[(t_1+273)^4 - (901+273)^4\right]$$

解得热电偶指示温度

$$t_1 = 950(\text{℃})$$

【注意】 此时测温绝对偏差为 48℃,相对偏差为 5.05%,与裸露热电偶相比,测温精度大为提高。为进一步提高精度,可采用多层遮热罩(但一般最多为 4 层),以提高最内层遮热罩温度。采用抽气措施,使表面传热系数提高,在传热量不变前提下,使得 $(t_f - t_1)$ 与 $(t_f - t_2)$ 都减小,从而提高 t_1 与 t_2 以提升测温精度。

2.4.6 气体辐射

前面讨论的固体表面辐射传热均未涉及固体表面间气体介质对辐射传热的影响。事实上,不是所有气体介质既不吸收也不辐射能量。工业常见温度范围内,单原子、对称型双原子气体(如 H_2、O_2、N_2)及空气的热射线吸收与辐射都很弱,可认为其是透明体。但多原子、非对称型双原子气体(如 H_2O、CO_2、SO_2、CH_4、CO、NO 等)都具有相当大辐射与吸收能力,这些气体会对固体表面间辐射传热产生影响,而且这些气体也会与包围它们的固体表面(包壁)进行辐射传热。

工程上常遇到燃油、燃煤及燃气燃烧后产生烟气混合气体与包壁间辐射传热,而这些混合气体中具有辐射能力的气体主要为 H_2O、CO_2,因此本节气体辐射所有讨论与计算只涉及这两种气体及包含这两种气体的混合气体。

(1) 气体辐射特点

① 气体辐射与吸收具有选择性

固体具有完整的辐射光谱,它能够辐射与吸收 $0\sim\infty$ 波长范围辐射能;而气体只能辐射与吸收某一波长间隔 $\Delta\lambda$ 辐射能,亦即只能辐射与吸收散布在光谱不同部位所谓"光带"那部分能量,对于光带以外其他波长辐射能,气体则变成透明体。由此可见,气体辐射与吸收具有选择性。例如,臭氧几乎能全部吸收波长小于 $0.3\mu m$ 的紫外线,对于 $0.3\sim0.4\mu m$ 间波长也有较强吸收,因此大气层中臭氧能保护人类免受紫外线伤害。CO_2 主要光带有三段,即 $2.65\sim2.80\mu m$、$4.15\sim4.45\mu m$、$13\sim17\mu m$,而 H_2O 主要光带也有三段,即 $2.55\sim2.84\mu m$、$5.6\sim7.6\mu m$、$12\sim30\mu m$。可以看出,CO_2 和 H_2O 的光带均位于红外线区域,而且有两处重叠。由于辐射对波长具有选择性,气体不是灰体。

② 气体辐射与吸收在整个气体层进行

固体辐射与吸收在很薄表层进行,而气体辐射与吸收则在整个气体层进行。当热射线穿过气体层时,沿途被气体分子吸收而减弱,其减弱程度取决于沿途所遇到分子数,遇到分子数愈多,被吸收辐射能也愈多,所以射线减弱程度与射线穿过气体层路程长短以及气体分压大小有关。

(2) 气体吸收率与黑度

① 气体吸收定律

如图 2.35 所示,若投射到气体界面 $x=0$ 处单色辐射强度为 $I_{\lambda 0}$,经过一段距离 x 后单色辐射强度减弱到 $I_{\lambda x}$,再经过微元气层 dx 后,单色辐射强度减少量为 $dI_{\lambda x}$。因气体吸收作用,单色辐射强度相对减少量 $dI_{\lambda x}/I_{\lambda x}$ 正比于气层厚度 dx,即

$$dI_{\lambda x} = -k_\lambda I_{\lambda x} dx \quad (2.188)$$

式中 k_λ——1 个大气压下光谱减弱系数,其取决于气体种类、密度、波长。

当吸收性气体温度与压强为常数时,即 k_λ 不变,对式 (2.188) 积分可得穿过气层厚度 δ 的单色辐射强度 $I_{\lambda\delta}$

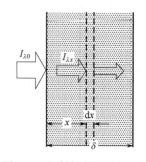

图 2.35 辐射能在气层中传递

$$\int_{I_{\lambda 0}}^{I_{\lambda \delta}} \frac{\mathrm{d}I_{\lambda x}}{I_{\lambda x}} = -\int_0^{\delta} k_\lambda \mathrm{d}x$$

整理得

$$I_{\lambda\delta} = I_{\lambda 0} \mathrm{e}^{-k_\lambda \delta} \tag{2.189}$$

式（2.189）称为比尔-朗伯（Beer-Lambert）定律，它表明单色辐射强度在吸收性气体中传播时按指数规律衰减。

② 气体吸收率与黑度

根据透过率定义可知，$I_{\lambda\delta}/I_{\lambda 0}$ 正是气层厚度为 δ 的单色透过率，即

$$D_{\lambda\delta} = \mathrm{e}^{-k_\lambda \delta} \tag{2.190}$$

一般认为气体对辐射没有反射能力，即 $A+D=1$，于是可得气层单色吸收率

$$A_{\lambda\delta} = 1 - \mathrm{e}^{-k_\lambda \delta} \tag{2.191a}$$

基于基尔霍夫定律，则气层单色黑度为

$$\varepsilon_{\lambda\delta} = 1 - \mathrm{e}^{-k_\lambda \delta} \tag{2.191b}$$

工程计算中，重要的是确定吸收性气体所有光带范围内辐射能的总和，显然应用上式来计算其黑度与吸收率是十分困难的。因此，不得不借助实验来测定吸收性气体辐射力 E_g，再与同温度下黑体辐射力 E_0 相比，从而求得其黑度，即 $\varepsilon_g = E_g/E_0$。由此可见，气体黑度与气体种类、压强（包括总压强、各组成气体分压）、温度、平均射线行程等因素有关。1939 年沙克利用哈杰利与埃克尔等实验数据，提出用以下公式来计算 CO_2 与 H_2O 辐射力。

$$E_{CO_2} = 4.07 \left(p_{CO_2}\delta\right)^{1/3} \left(\frac{T_g}{100}\right)^{3.5} \tag{2.192}$$

$$E_{H_2O} = 4.07 \left(p_{H_2O}\delta\right)^{1/3} \left(\frac{T_g}{100}\right)^{3} \tag{2.193}$$

式中　　p_{CO_2}、p_{H_2O} ——CO_2、H_2O 气体分压，Pa；

T_g——气体温度，K；

δ——气层有效厚度，或称气体平均射线行程，m。

几种典型形状包壁中气体对整个包壁或指定表面平均射线行程列于表 2.10，对于一般形状包壁中气体平均射线行程可按下式计算。

$$\delta = 3.6 \frac{V}{S} \tag{2.194}$$

式中　　V——气体体积，m³；

S——气体表面积，m²。

表 2.10　几种典型容积形状气体平均射线行程 δ

气体容积形状	特性尺度	受气体辐射的位置	δ
球	直径 d	整个包壁或壁上任何地方	$0.65d$
立方体	边长 a	整个包壁或任一壁面	$0.60a$

续表

气体容积形状	特性尺度	受气体辐射的位置	δ
高度等于直径的圆柱体	直径 d	底面圆形	$0.71d$
		整个包壁	$0.60d$
两无限大平行平壁间	平壁间距 a	平壁	$1.80a$
无限长圆柱体	直径 d	整个包壁	$0.90d$
高度为圆直径两倍的圆柱体	直径 d	上下底面	$0.60d$
		侧壁	$0.76d$
		整个包壁	$0.73d$
1×1×4 立方体	短边 b	1×4 表面	$0.82b$
		1×1 表面	$0.71b$
		整个包壁	$0.81b$
叉排或顺排管束间	节距 s_1、s_2,外径 d	管束表面	$0.9d\left(\dfrac{4s_1 s_2}{\pi d^2}-1\right)$

实际计算中,仍以四次方定律为基础,由此引起误差在气体黑度中加以修正,即

$$E_g = \varepsilon_g E_0 = \varepsilon_g \sigma T_g^4 \tag{2.195}$$

式中 ε_g ——气体黑度。

当气体中同时有 CO_2 与 H_2O 时,气体黑度按下式计算。

$$\varepsilon_g = C_{H_2O}\varepsilon^*_{H_2O} + C_{CO_2}\varepsilon^*_{CO_2} - \Delta\varepsilon \tag{2.196}$$

式中, $\varepsilon^*_{H_2O}$、$\varepsilon^*_{CO_2}$ 及修正系数 C_{H_2O}、C_{CO_2} 可查阅传热学相关教材获得;$\Delta\varepsilon$ 为 CO_2 与 H_2O 辐射光带重叠而引入的修正量,一般不超过 4%,工程计算可忽略不计。

现在着重讨论气体黑度与吸收率关系。基尔霍夫定律指出,任何物体对黑体辐射的吸收率等于同温度下该物体的黑度。对于气体,当投射物为黑体且热平衡条件下也服从上述关系,即 $A_g = \varepsilon_g$。但当气体温度与壁面温度不相同时,即处于热辐射非平衡状态,由于气体辐射具有强烈光谱选择性,故气体不能当作灰体处理。因此,气体吸收率不仅取决于本身状况(即气体种类、温度等),也取决于投射物形状与温度,即 $t_g \neq t_w$,则 $A_g \neq \varepsilon_g$。此时,气体对温度为 T_w 的包壁所发出辐射能的总吸收率 A_g 可按下式计算。

$$A_g = C_{H_2O}A^*_{H_2O} + C_{CO_2}A^*_{CO_2} - \Delta A \tag{2.197}$$

式中,$\Delta A = [\Delta\varepsilon]_{T_w}$,而 $A^*_{H_2O}$、$A^*_{CO_2}$ 按霍特尔经验公式计算,即

$$A^*_{H_2O} = \varepsilon^*_{H_2O}\left(T_w, p_{H_2O}\delta\frac{T_w}{T_g}\right)\left(\frac{T_g}{T_w}\right)^{0.45} \tag{2.198}$$

$$A_{CO_2}^* = \varepsilon_{CO_2}^*\left(T_w, p_{CO_2}\delta\frac{T_w}{T_g}\right)\left(\frac{T_g}{T_w}\right)^{0.65} \quad (2.199)$$

式（2.198）、式（2.199）中 $\varepsilon_{H_2O}^*$、$\varepsilon_{CO_2}^*$ 查取方式与式（2.196）相似，但横坐标按 T_w（而不是 T_g）确定，这是因为气体吸收是来自温度为 T_w 包壁所发出的辐射能，而且图线上参数 $p_{H_2O}\delta$ 或 $p_{CO_2}\delta$ 还要再乘修正系数 T_w/T_g。

（3）气体与包壁间辐射传热

管道内有高温气体流动时，气体与管壁间会发射辐射传热；窑炉内烟气与周围受热面或壁面间也会发生辐射传热，其可分以下两种情况。

① 包壁是黑体

假设温度为 T_w 的黑体壁面包围温度为 T_g 的吸收性气体，气体黑度、吸收率分别为 ε_g、A_g，气体与包壁间辐射热流密度 q_{gw} 可按气体辐射能量 E_g 与气体吸收包壁表面辐射能 $A_g E_w$ 差额进行计算，即

$$q_{gw} = E_g - A_g E_w = \sigma(\varepsilon_g T_g^4 - A_g T_w^4) \quad (2.200)$$

② 包壁是灰体

当包围气体的壁面不是黑体，而是黑度 ε_w 的灰体时，气体辐射到包壁的能量只有部分被吸收，而其余部分被反射；被反射部分又被气体部分吸收，其余部分穿透气层再投射到包壁上，如此无限往返并逐渐削弱，直至达到热平衡。用有效辐射概念来分析，气体辐射热流密度 q_g 等于气体有效辐射 J_g 与投射辐射 G 差额，即

$$q_g = J_g - G = \varepsilon_g E_{0g} - A_g G \quad (2.201)$$

消去 G，可得气体有效辐射 J_g

$$J_g = \frac{\varepsilon_g E_{0g}}{A_g} + \left(\frac{A_g - 1}{A_g}\right) q_g \quad (2.202a)$$

同理，包壁有效辐射 J_w 为

$$J_w = \frac{\varepsilon_w E_{0w}}{A_w} + \left(\frac{A_w - 1}{A_w}\right) q_w \quad (2.202b)$$

气体对包壁的净辐射热流密度 q_{gw} 等于气体与包壁的有效辐射之差，即

$$q_{gw} = J_g - J_w = \frac{\varepsilon_g E_{0g}}{A_g} + \left(\frac{A_g - 1}{A_g}\right) q_g - \frac{\varepsilon_w E_{0w}}{A_w} - \left(\frac{A_w - 1}{A_w}\right) q_w \quad (2.203)$$

由于封闭系统中只有气体与包壁，所以气体失去的热量必等于包壁得到的热量，亦等于气体对包壁净辐射热量，即 $q_{gw} = q_g = q_w$，式（2.203）整理可得

$$q_{gw} = \frac{\sigma}{1 + \frac{1}{A_g} - \frac{1}{A_w}}\left(\frac{\varepsilon_g}{A_g} T_g^4 - \frac{\varepsilon_w}{A_w} T_w^4\right) \quad (2.204)$$

因 $A_w = \varepsilon_w$，上式可写成

$$q_{\mathrm{gw}} = \frac{\sigma}{1+\dfrac{1}{A_{\mathrm{g}}}-\dfrac{1}{\varepsilon_{\mathrm{w}}}}\left(\frac{\varepsilon_{\mathrm{g}}}{A_{\mathrm{g}}}T_{\mathrm{g}}^{4}-T_{\mathrm{w}}^{4}\right) \quad (2.205)$$

工程近似计算中可认为 $A_{\mathrm{g}} \approx \varepsilon_{\mathrm{g}}$，于是上式可简化为

$$q_{\mathrm{gw}} = \frac{\sigma}{1+\dfrac{1}{\varepsilon_{\mathrm{g}}}-\dfrac{1}{\varepsilon_{\mathrm{w}}}}(T_{\mathrm{g}}^{4}-T_{\mathrm{w}}^{4}) \quad (2.206)$$

2.4.7 火焰辐射

净化的气体燃料完全燃烧时，其燃烧产物主要成分是 CO_2、H_2O、N_2，固体颗粒很少。由于 CO_2、H_2O 辐射光谱中不包括可见光谱，所以火焰颜色略带蓝色而近于无色，其亮度很小、黑度较小，这类火焰称为暗焰或不发光火焰。不发光火焰辐射与吸收具有选择性，属于气体辐射范围，可以用气体辐射有关公式计算黑度与吸收率。

如果是发生炉煤气、重油或煤粉等燃料在燃烧室或窑炉内燃烧，其燃烧产物不仅含有 CO_2、H_2O 等吸收性气体，还有悬浮灰分、炭黑、焦炭等固体颗粒。由于固体辐射光谱是连续的，它包含可见光谱，火焰有一定颜色，其亮度较大、黑度较大，这类火焰称为辉焰或发光火焰。

火焰辐射是一种十分复杂的现象，影响其辐射与吸收因素很多，要理论分析得到一个计算火焰黑度公式是困难的。为把复杂问题简单化，热工计算中仍采用气体黑度公式形式来计算火焰黑度，即

$$\varepsilon_{\mathrm{f}} = \beta(1-\mathrm{e}^{-k_{\mathrm{f}}\delta}) \quad (2.207)$$

式中 k_{f}——辐射能在火焰中减弱系数，当 $\delta > 2.5\mathrm{m}$ 时 $k_{\mathrm{f}} = 1$；

β——与火焰在窑炉内充满程度、温度场相关的特性系数。对不发光火焰，$\beta = 1$；对液体燃料燃烧产生的发光火焰，$\beta = 0.75$；对固体燃料燃烧产生的发光火焰，$\beta = 0.65$。

对于不发光火焰

$$k_{\mathrm{f}} = k_{\mathrm{g}}(p_{CO_2} + p_{H_2O}) \quad (2.208)$$

式中 k_{g}——辐射能在气体中减弱系数，其可按下式计算。

$$k_{\mathrm{g}} = \frac{0.8+1.6 p_{CO_2}}{\sqrt{p_{\mathrm{g}}\delta}}(1-0.38\times 10^{-3}T) \quad (2.209)$$

式中 p_{g}——CO_2 和 H_2O 分压之和，Pa；

T——混合气体温度，K。

对于发光火焰

$$k_{\mathrm{f}} = 1.6\frac{T_{\mathrm{f}}''}{1000} - 0.5 \quad (2.210)$$

式中　T_f''——烟气出窑炉时温度，K。

表 2.11 列出几种燃料火焰黑度近似值，火焰黑度也可以实验测定。

表 2.11　几种燃料火焰黑度 ε_f

燃料种类		平均射线行程 δ			
		1m	1.5m	2~3m	∞
高炉煤气		0.15	0.20	0.30~0.35	—
天然气	无焰燃烧	—	—	0.20	—
	有焰燃烧	—	—	0.06~0.70	—
高炉煤气与焦炉煤气的混合气		0.20	0.25	—	—
净化发生炉煤气		0.20	0.25	0.32~0.35	—
挥发分含量高的固体燃料		0.30	0.35	0.50~0.60	0.70
未净化发生炉煤气		0.25	0.30	0.40~0.50	—
重油		0.30	0.40	0.70~0.80	0.85

当发光火焰被固体壁面包围时，火焰与包壁间净辐射热流密度 q_{fw} 可按如下经验公式计算。

$$q_{fw} = \frac{\sigma}{1 + \frac{1}{\varepsilon_f} - \frac{1}{\varepsilon_w}}(T_f^4 - T_w^4) \qquad (2.211)$$

式中　ε_w——包壁表面黑度，无量纲；

　　　ε_f——火焰黑度，无量纲；

　　　σ——斯特藩-玻尔兹曼常数，其值为 $5.67 \times 10^{-8} W \cdot m^{-2} \cdot K^{-4}$；

　　　T_w——包壁平均温度，K；

　　　T_f——火焰平均温度，K。

在窑炉内，若存在火焰、炉壁与物料，情况就更复杂。假如炉壁表面温度与物料表面温度接近，黑度也接近，则可将炉壁与物料看成同一种物体来考虑，可用式（2.211）来计算。

2.5　综合传热与换热器

主要从研究方法方面考虑，将传热过程划分为三种基本现象——导热、对流传热与辐射传热，实际上这三种现象可能同时发生。将几种传热方式同时起作用的过程称为综合传热，在生产实践中存在许多综合传热现象，例如窑炉内火焰与物料间热交换，热气体通过炉壁向外界散热，换热器内冷、热流体间热交换等。

2.5.1 综合传热过程

稳定状态下不论是什么方式组合的传热过程，总可以认为基本过程是互不影响地独立进行，其综合作用结果可认为是它们单独作用的总和，例如同时存在对流传热与辐射传热情况下，单位面积物体表面综合传热热流密度 q 可表示为

$$q = q_c + q_r = h_c(t_f - t_w) + \varepsilon\sigma(T_f^4 - T_w^4) \tag{2.212}$$

式中　q_c——对流传热热流密度，$W \cdot m^{-2}$；
　　　q_r——辐射传热热流密度，$W \cdot m^{-2}$；
　t_w、T_w——固体壁面温度，℃、K；
　t_f、T_f——与固体壁面进行对流传热的流体温度，℃、K；
　　　h_c——对流传热系数，$W \cdot m^{-2} \cdot ℃^{-1}$ 或者 $W \cdot m^{-2} \cdot K^{-1}$；
　　　ε——固体壁面黑度；
　　　σ——斯特藩-玻尔兹曼常数，其值为 5.67×10^{-8} $W \cdot m^{-2} \cdot K^{-4}$。

令 $h_r = \dfrac{\varepsilon\sigma(T_f^4 - T_w^4)}{t_f - t_w}$，则有

$$\begin{aligned} q &= q_c + q_r = h_c(t_f - t_w) + h_r(t_f - t_w) \\ &= (h_c + h_r)(t_f - t_w) = h(t_f - t_w) \end{aligned} \tag{2.213}$$

式中　h_r——辐射传热系数，$W \cdot m^{-2} \cdot K^{-1}$；
$h\,(=h_c+h_r)$——综合传热系数，$W \cdot m^{-2} \cdot K^{-1}$。

工程上很多情况下（一般工业设备、管道散热等），辐射传热与对流传热具有同样量级，二者同等重要，顾此失彼会造成显著偏差。在某些情况下，一种传热起主导作用，另一种起次要作用，这时综合传热量可按起主导作用的传热量计算。如次要传热量不能忽略，有时将起主导作用的传热量按经验修正即得综合传热量。

（1）平壁综合传热

如图 2.36 所示，某多层平壁由三种材料组成，其厚度和导热系数分别为 δ_1 和 k_1、δ_2 和 k_2、δ_3 和 k_3，在多层平壁两侧有恒定温度 t_1、t_2（$t_1 > t_2$）的热、冷流体，其与壁面间综合传热系数分别为 h_1、h_2，则热流体通过多层平壁给冷流体传热包括以下三个过程。

① 热流体以对流、辐射方式传给壁面

$$q_1 = h_1(t_1 - t_{w1}) \text{ 或 } t_1 - t_{w1} = \frac{1}{h_1}q_1 \tag{2.214}$$

② 热流以导热方式流过各层平壁

$$q_2 = \frac{k_1}{\delta_1}(t_{w1} - t_{w2}) \text{ 或 } t_{w1} - t_{w2} = \frac{\delta_1}{k_1}q_2 \tag{2.215}$$

$$q_3 = \frac{k_2}{\delta_2}(t_{w2} - t_{w3}) \text{ 或 } t_{w2} - t_{w3} = \frac{\delta_2}{k_2}q_3 \tag{2.216}$$

$$q_4 = \frac{k_3}{\delta_3}(t_{w3} - t_{w4}) \text{ 或 } t_{w3} - t_{w4} = \frac{\delta_3}{k_3}q_4 \tag{2.217}$$

③ 热流体以对流、辐射方式传给壁面

$$q_5 = h_2(t_{w4} - t_2) \text{ 或 } t_{w4} - t_2 = \frac{1}{h_2}q_5 \qquad (2.218)$$

稳态传热时，有 $q_1 = q_2 = q_3 = q_4 = q_5 = q$。将式（2.214）至式（2.218）相加可得

$$q = \frac{t_1 - t_2}{\frac{1}{h_1} + \frac{\delta_1}{k_1} + \frac{\delta_2}{k_2} + \frac{\delta_3}{k_3} + \frac{1}{h_2}} \qquad (2.219)$$

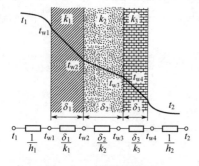

图 2.36 多层平壁综合传热及热路图

若令 $H = \dfrac{1}{\dfrac{1}{h_1} + \dfrac{\delta_1}{k_1} + \dfrac{\delta_2}{k_2} + \dfrac{\delta_3}{k_3} + \dfrac{1}{h_2}}$，并称其为总传热系数，表示热流体对冷流体传热能力大小，则得

$$q = H(t_1 - t_2) \qquad (2.220)$$

总传热系数的倒数称为单位面积总热阻，即

$$\sum R'_t = \frac{1}{H} = \frac{1}{h_1} + \frac{\delta_1}{k_1} + \frac{\delta_2}{k_2} + \frac{\delta_3}{k_3} + \frac{1}{h_2} \qquad (2.221)$$

式中，$\dfrac{1}{h_1}$ 与 $\dfrac{1}{h_2}$ 称为单位面积外热阻；$\dfrac{\delta_1}{k_1} + \dfrac{\delta_2}{k_2} + \dfrac{\delta_3}{k_3}$ 称为单位面积内热阻。根据热路图（图2.36）可知，外热阻与内热阻串联得到总热阻。

例 [2.11]

一窑炉窑墙由厚度 $\delta = 345\text{mm}$ 的黏土耐火砖（$\rho = 1900\text{kg}\cdot\text{m}^{-3}$）砌筑而成，若热烟气温度 $t_g = 1400℃$，室外空气温度 $t_a = 25℃$，热烟气与内壁间传热系数 $h_1 = 82\text{W}\cdot\text{m}^{-2}\cdot℃^{-1}$，外壁与空气间传热系数 $h_2 = 23\text{W}\cdot\text{m}^{-2}\cdot℃^{-1}$，求每小时单位面积窑墙散热量。

【分析】根据传热公式，温差已知情况下求解散热量，关键在于总热阻。基于热路图，总热阻为外热阻与内热阻串联，其中内热阻求解涉及黏土耐火砖导热系数，而其是温度的函数，这就需要知道窑墙内外壁的平均温度，因此需采用试算法进行求解。

【题解】假定窑炉内壁温度 $t_{w1} = 1350℃$，外壁温度 $t_{w2} = 200℃$，则炉壁平均温度 $t_w = (1350+200)/2 = 775(℃)$。

查阅附录B.3，可得此平均温度下黏土耐火砖导热系数

$$k = 0.698 + 0.64 \times 10^{-3} t = 0.698 + 0.64 \times 10^{-3} \times 775 = 1.194 (\text{W}\cdot\text{m}^{-1}\cdot℃^{-1})$$

总传热系数为

$$H = \frac{1}{\dfrac{1}{h_1} + \dfrac{\delta_1}{k_1} + \dfrac{1}{h_2}} = \frac{1}{\dfrac{1}{82} + \dfrac{0.345}{1.194} + \dfrac{1}{23}} = 2.90 (\text{W}\cdot\text{m}^{-2}\cdot℃^{-1})$$

每小时单位面积窑墙的散热密度 q 为

$$q = H(t_g - t_a) = 2.90 \times (1400 - 25) = 3987.5 \, (\text{W} \cdot \text{m}^{-2})$$

此热流下窑墙内外壁温度分别为

$$t_{w1} = t_g - \frac{q}{h_1} = 1400 - \frac{3987.5}{82} = 1351.37 \, (\text{℃})$$

$$t_{w2} = t_a + \frac{q}{h_2} = 25 + \frac{3987.5}{23} = 198.37 \, (\text{℃})$$

可见，核校温度与假定温度偏差为 1.63℃，相对偏差小于 1%，故不需再进行计算。

（2）圆筒壁综合传热

当参与传热的间壁是圆筒壁时，由于圆筒壁内外侧面积不相等，所以不同侧面传热系数表示方法也不同，但圆筒壁的综合传热分析方法与平壁是一样的。

如图 2.37 所示，在长为 l、内外半径分别为 r_1 与 r_2、导热系数为 k 的圆筒壁两侧有恒定温度 t_1 与 t_2（$t_1 > t_2$）的热冷流体，其与壁面间综合传热系数分别为 h_1 和 h_2，根据热路图，稳态传热时热流体通过圆筒壁传给冷流体的热量 Q 为

$$Q = \frac{t_1 - t_2}{\frac{1}{2\pi r_1 l h_1} + \frac{1}{2\pi l k} \ln \frac{r_2}{r_1} + \frac{1}{2\pi r_2 l h_2}} \qquad (2.222)$$

单位长度圆筒壁传热的热流密度 q_l 为

$$q_l = \frac{t_1 - t_2}{\frac{1}{2\pi r_1 h_1} + \frac{1}{2\pi k} \ln \frac{r_2}{r_1} + \frac{1}{2\pi r_2 h_2}} \qquad (2.223)$$

相应单位长度总传热系数 H_l 为

$$H_l = \frac{1}{\frac{1}{2\pi r_1 h_1} + \frac{1}{2\pi k} \ln \frac{r_2}{r_1} + \frac{1}{2\pi r_2 h_2}} \qquad (2.224)$$

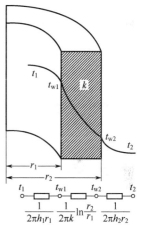

图 2.37 圆筒壁综合传热及热路图

单位长度总热阻 $R_{t,l}$ 为

$$R_{t,l} = \frac{1}{H_l} = \frac{1}{2\pi r_1 h_1} + \frac{1}{2\pi k} \ln \frac{r_2}{r_1} + \frac{1}{2\pi r_2 h_2} \qquad (2.225)$$

例 [2.12]

有一外径 $d_1 = 160\text{mm}$、内径 $d_2 = 150\text{mm}$ 的热水管，周围空气温度 $t_1 = 20℃$，热水管平均温度 $t_2 = 90℃$，管外表面传热系数 $h_1 = 15\text{W} \cdot \text{m}^{-2} \cdot ℃^{-1}$，管内表面传热系数 $h_2 = 1200\text{W} \cdot \text{m}^{-2} \cdot ℃^{-1}$，管壁导热系数 $k = 60\text{W} \cdot \text{m}^{-1} \cdot ℃^{-1}$，管外表面黑度 $\varepsilon = 0.90$，求：①每米长度热水管热损失 q_l，②管外表面辐射传热系数 h_{r1} 与对流传热系数 h_{c1}。

【分析】 基于热路图可求得总热阻，从而求得热水管热损失；然后利用管外表面向周围空气散热计算式，可求得管外壁温度，再利用辐射传热计算式求得辐射传热系数与对流传热系数。

【题解】 ① 每米长度热水管热损失 q_l 为

$$q_l = \frac{t_1 - t_2}{\frac{1}{\pi d_1 h_1} + \frac{1}{2\pi k}\ln\frac{d_1}{d_2} + \frac{1}{\pi d_2 h_2}}$$

$$= \frac{90 - 20}{\frac{1}{3.14 \times 0.16 \times 15} + \frac{1}{2 \times 3.14 \times 60} \times \ln\frac{0.16}{0.15} + \frac{1}{3.14 \times 0.15 \times 1200}} = 519.92 \, (W \cdot m^{-1})$$

② 稳态传热时单位长度热流密度相等，即

$$q_l = \pi d_1 h_1 (t_{w1} - t_1) = 3.14 \times 0.16 \times 15 \times (t_{w1} - 20) = 519.92$$

解得管外壁温度

$$t_{w1} = 88.99 \, (℃)$$

管外表面向周围空气辐射的热流密度 q_{r1} 为

$$q_{r1} = \varepsilon\sigma(T_{w1}^4 - T_1^4) = 0.90 \times 5.67 \times 10^{-8} \times [(88.99 + 273)^4 - (20 + 273)^4] = 500.22 \, (W \cdot m^{-1})$$

管外表面辐射传热系数 h_{r1} 为

$$h_{r1} = \frac{q_{r1}}{(t_{w1} - t_1)} = \frac{500.22}{88.99 - 20} = 7.25 \, (W \cdot m^{-2} \cdot ℃^{-1})$$

管外表面与周围空气间对流传热系数 h_{c1} 为

$$h_{c1} = h_1 - h_{r1} = 15 - 7.25 = 7.75 \, (W \cdot m^{-2} \cdot ℃^{-1})$$

2.5.2 换热器

许多工业部门为了不同工业目的，常需将热流体热量传给冷流体，用来实现这种传热过程的设备称为换热器。

（1）换热器种类

由于应用场合、工艺要求及设计方案不同，工程上应用的换热器种类很多，这些换热器可按工作原理、结构与流动形式进行分类。按工作原理分为以下几类。

① 混合式换热器

在换热器中冷热流体混合而将热量传给冷流体，因此这种换热器又称直接接触式换热器，例如将锅炉中水蒸气直接通入待加热的浴池，将水变成水滴与冷空气直接接触使水冷却的冷却塔。混合式换热器中发生的热量传递并不属于传热过程。

② 蓄热式（或回热式）换热器

在换热器中冷热流体周期性交替地流过固体壁面，固体壁面将蓄积热量传给冷流体，例如在空气分离装置、炼铁高炉及炼钢转炉中预冷或预热空气。这种换热器的传热过程是非稳态的。

③ 间壁式换热器

工程上很多情况下只要求热流体将热量传给冷流体，而不允许两流体相互混合，间壁式换热器能满足这一要求。在换热器中用固体间壁将冷热流体隔开，并实现热量从热流体向冷流体传递，例如热力发电厂中加热器、冷凝器、冷油器、空气冷却器及各种制冷机组蒸发器、冷凝器等。

由于间壁式换热器在工程使用中占据绝对地位，本节只介绍间壁式换热器。间壁式换热器按其构型，可分为以下四种。

① 套管式换热器

这种换热器由直径不同的同心套管组成，一种流体在内管流动，另一种流体在两管间环形通道流动，这是一种结构最简单的换热器。按照两种流体相对流动方向不同，这种换热器还可进一步分类。如图 2.38 所示，若两种流体流动方向一致，称为顺流式套管换热器；若两种流体流动方向相反，称为逆流式套管换热器。图中 t_h 表示热流体温度，t_c 表示冷流体温度，"′"表示进口，"″"表示出口。由图可看出，顺流式换热器冷流体预热的最高温度低于热流体出口温度，而逆流式换热器能把冷流体预热到较高温度，在极限情况下可预热到热流体出口温度，因此可以更好地利用热能。

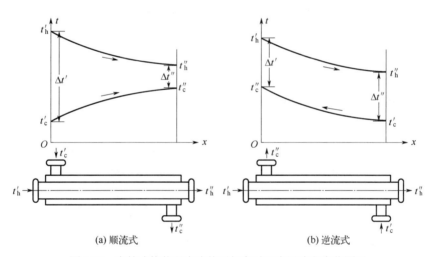

图 2.38 套管式换热器中流体无相变时温度沿流程变化图示

套管式换热器由于传热面积不宜做得太大，因而只能应用于一些特殊场合，如要求传热量不大、流体流量较小或流体压力很高。

② 壳管式换热器

壳管式换热器主要由管束与外壳两部分组成，在管束管内流动的流体称为管侧流体，其从换热器一端流向另一端称为一个管程；在管外侧与外壳内表面所形成空间内流动的流体称为壳侧流体，其从换热器一端流向另一端称为一个壳程。例如，1-2 型壳管式换热器，其中 1 表示壳侧流体为一个壳程的流动，2 表示管侧流体为两个管程的流动。类似地，2-4 型壳管式换热器可看作由两个 1-2 型壳管式换热器串联而成。

在相同壳侧流体流速下,壳侧流体横向冲刷管束外部的传热效果要比顺着管束纵向冲刷好很多,因此在换热器内加装一定数量折流板可改变壳侧流体流向、减小管束振动、增强传热效果,不利的是增加壳侧流体流动阻力。

壳管式换热器由于能处理的流体流量大、传热量多、结构简单、运行可靠,因此在热力发电、暖通空调、化工及石化等领域得到广泛使用。

③ 肋片(或翅片)管式换热器

这种换热器在管外加有肋片,管外热阻减小,从而强化传热。需注意的是,应保证管外壁与肋基良好、紧密接触以消除接触热阻,否则肋片强化传热作用会急剧下降,例如汽车内燃机冷却水箱。

④ 板式换热器

板式换热器由许多几何结构相同的平行薄板相互叠压而成,两相邻薄板用密封垫片隔开,形成两种流体间隔流动通道。为强化传热并增加薄板刚度,常在薄板上压制各种花纹。这种换热器由于板间流体流动紊流度大,传热系数可达 $6000W \cdot m^{-2} \cdot ℃^{-1}$;而且板间距小,其单位体积传热面积大,可达 $5000m^2 \cdot m^{-3}$,属于高效换热器。这种换热器很容易拆卸清洗,可用于易沉积污垢流体场合,但其密封垫片容易老化、薄板容易穿孔(最终引起两种流体混合)。

除在套管式换热器中介绍的两种流体间顺流、逆流式流动外,在间壁式换热器中还会出现许多不同流动方式,如图 2.39 所示。例如,1-2 型壳管式换热器中壳侧流体与管侧流体间既有顺流,又有逆流,甚至还包括流向相互垂直的正交流。

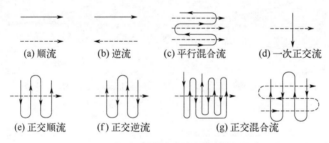

图 2.39 间壁式换热器中流体流动方式

(2)换热器传热计算

换热器传热计算需解决的问题:a. 建立传热速率方程;b. 计算传热系数;c. 计算平均温度差。这些是换热器设计的基础。下面以套管式换热器为例进行传热计算。

① 换热器传热速率方程

因换热器中流体在管长不同位置的温度不同,两侧流体温差也不尽相同,所以必须在流体流动方向上取微元 dl 进行分析(图 2.40)。假设套管式换热器间壁半径分别为 r_1、r_2,间壁两侧流体温度分别为 t_h、$t_c(t_h > t_c)$,间壁导热系数为 k,热冷流体与壁面间传热系数分别为 h_1、h_2,在稳定传热情况下,由式(2.223)、式(2.224)可得微元管段传热速率方程

$$dQ = H_l(t_h - t_c)_x dl \tag{2.226}$$

式中,H_l 为微元管段单位长度传热系数,一般情况下 H_l 随 l 变化。为使问题简化,令 H_l 为常数,将式(2.226)积分可得

$$Q = \int_0^L H_l(t_h - t_c)_x \mathrm{d}l = H_l \int_0^L (t_h - t_c)_x \mathrm{d}l = \Delta t_{av} H_l L \qquad (2.227)$$

式中 Δt_{av} ——换热器冷热流体的平均温度差，℃。

② 换热器平均温度差

在前述各节计算中，温度差 Δt 是作为定值来处理的，即壁面两侧温度不变。然而，换热器中冷热流体沿管长热交换，其温度沿流动方向不断发生变化，因此在换热器传热计算时，首先应确定冷热流体间平均温度差 Δt_{av}。

如图 2.41 所示，在顺流式套管换热器管长 L_x 处取微元段 $\mathrm{d}l$，热流体放出热量 $\mathrm{d}Q$，温度下降 $\mathrm{d}t_h$，则有

$$\mathrm{d}Q = -q_{m_h} C_{p_h} \mathrm{d}t_h \qquad (2.228)$$

而冷流体接受热量后温度上升 $\mathrm{d}t_c$，当不考虑热损失时，则有

$$\mathrm{d}Q = q_{m_c} C_{p_c} \mathrm{d}t_c \qquad (2.229)$$

式中 q_{m_h}、q_{m_c} ——热、冷流体质量流量，$kg \cdot s^{-1}$；
C_{p_h}、C_{p_c} ——热、冷流体比定压热容，$kJ \cdot kg^{-1} \cdot ℃^{-1}$。

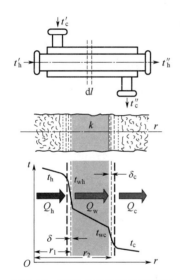

图 2.40 顺流式换热器传热过程

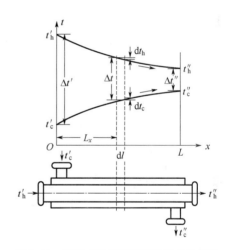

图 2.41 顺流式换热器平均温度差的推导

将式（2.228）减式（2.229），可得

$$\mathrm{d}t_h - \mathrm{d}t_c = \mathrm{d}(t_h - t_c)_x = -\mathrm{d}Q \left(\frac{1}{q_{m_h} C_{p_h}} + \frac{1}{q_{m_c} C_{p_c}} \right) \qquad (2.230)$$

为简化计算，令 $\mu = \dfrac{1}{q_{m_h} C_{p_h}} + \dfrac{1}{q_{m_c} C_{p_c}}$ 为常数，式（2.230）可简化为

$$\mathrm{d}(t_h - t_c)_x = -\mu \mathrm{d}Q \qquad (2.231)$$

将式（2.226）代入式（2.231），整理得

$$\frac{\mathrm{d}(t_\mathrm{h}-t_\mathrm{c})_x}{(t_\mathrm{h}-t_\mathrm{c})_x}=\frac{\mathrm{d}(\Delta t)_x}{\Delta t_x}=-\mu H_l \mathrm{d}l \tag{2.232}$$

将式（2.232）由 0 至 L_x 积分，即有

$$\int_{\Delta t'}^{\Delta t_x}\frac{\mathrm{d}(\Delta t)_x}{\Delta t_x}=-\mu H_l\int_0^{L_x}\mathrm{d}l$$

$$\ln\frac{\Delta t_x}{\Delta t'}=-\mu H_l L_x$$

或

$$\Delta t_x = \Delta t' \mathrm{e}^{-\mu H_l L_x} \tag{2.233}$$

式（2.232）表明冷热流体温差沿管长变化规律为指数函数关系。

将式（2.233）代入式（2.227），可得

$$\Delta t_\mathrm{av}=\frac{1}{L}\int_0^L(t_\mathrm{h}-t_\mathrm{c})_x\mathrm{d}l=\frac{1}{L}\int_0^L\Delta t'\mathrm{e}^{-\mu H_l L_x}\mathrm{d}l$$

$$=-\frac{\Delta t'}{\mu H_l L}(\mathrm{e}^{-\mu H_l L}-1) \tag{2.234}$$

再将式（2.232）由 0 至 L 积分，即有

$$\int_{\Delta t'}^{\Delta t''}\frac{\mathrm{d}(\Delta t)_x}{\Delta t_x}=-\mu H_l\int_0^L \mathrm{d}l$$

$$\ln\frac{\Delta t''}{\Delta t'}=-\mu H_l L$$

或

$$\frac{\Delta t''}{\Delta t'} = \mathrm{e}^{-\mu H_l L} \tag{2.235}$$

将式（2.235）代入将式（2.234），整理得

$$\Delta t_\mathrm{av}=\frac{\Delta t'-\Delta t''}{\ln\frac{\Delta t'}{\Delta t''}}=\frac{(t'_\mathrm{h}-t'_\mathrm{c})-(t''_\mathrm{h}-t''_\mathrm{c})}{\ln\frac{(t'_\mathrm{h}-t'_\mathrm{c})}{(t''_\mathrm{h}-t''_\mathrm{c})}} \tag{2.236}$$

采用同样方法也可推导出与式（2.236）相同的逆流式对数平均温度差，但各项所代表意义不同。参照图2.38，逆流式对数平均温度差Δt_av应为

$$\Delta t_\mathrm{av}=\frac{\Delta t'-\Delta t''}{\ln\frac{\Delta t'}{\Delta t''}}=\frac{(t'_\mathrm{h}-t''_\mathrm{c})-(t''_\mathrm{h}-t'_\mathrm{c})}{\ln\frac{(t'_\mathrm{h}-t''_\mathrm{c})}{(t''_\mathrm{h}-t'_\mathrm{c})}} \tag{2.237}$$

在推导换热器平均温度差时，假定流体热容量（$q_m C$）及传热系数 H_l 为常数，但在实际换热器中，由于进口不稳定段的影响及流体比热容、黏度、导热系数都随温度变化，所以对数平均温度差也是近似结果，但对工程计算已足够准确。

工程上有时为简化计算，在误差允许范围内，常用算术平均温度差计算，其为换热器进、

出口两端温差的算术平均值，即

$$\Delta t_{av} = \frac{\Delta t' + \Delta t''}{2} \tag{2.238}$$

当 $\frac{\Delta t'}{\Delta t''} < 2$，算术平均温差与对数平均温差相差不到4%，在工程上是允许的。

对于正交流式换热器，其平均温度差的计算方法，可先按逆流式计算，再乘以温度修正系数 $C_{\Delta t}$，即

$$\Delta t_{av} = C_{\Delta t} \frac{\Delta t' - \Delta t''}{\ln \frac{\Delta t'}{\Delta t''}} \tag{2.239}$$

$C_{\Delta t}$ 反映正交流动时温度接近逆流温度的程度，它是两个无量纲量 Φ 与 Ψ 的函数（可参阅有关设计手册获得）。

$$\Phi = \frac{t_c'' - t_c'}{t_h' - t_c'} = \frac{冷流体的加热度}{两流体的进口温度差} \tag{2.240}$$

$$\Psi = \frac{t_h' - t_h''}{t_c'' - t_c'} = \frac{热流体的冷却度}{冷流体的加热度} \tag{2.241}$$

③ 换热器传热系数

换热器传热计算中，传热系数仍可按综合传热进行计算。由于传热系数受温度影响，可用换热器始端与终端传热系数的算术平均值来计算，即

$$H_l = \frac{H_{l1} + H_{l2}}{2} \tag{2.242}$$

式中　H_{l1}、H_{l2}——换热器始端与终端传热系数，$W \cdot m^{-2} \cdot ℃^{-1}$。

换热器运行一段时间后，由于各种原因会在传热壁面一侧或两侧产生污垢，例如锅炉炉膛水冷壁管外表面由于炉膛烟气中灰尘沉积而产生灰层，如果冷却水品质不良，内表面由于水不断蒸发而形成水垢。

传热壁面积存污垢，除原有传热热阻之外会形成附加热阻，该热阻称为污垢热阻。在换热器中产生污垢热阻对设备运行是不利的，会使传热系数降低。

换热器表面污垢热阻不仅与流体种类、流速、温度、清洁程度有关，还与传热面材料、光滑程度、清洗方法与清洗周期有关。对于一定流体，增加流速可减少污垢在壁面沉积，降低污垢热阻。污垢层即使很薄也会产生相当大热阻，使总传热系数降低。

计算 H_l 值时，必须考虑污垢热阻，污垢层厚度及其导热系数均很难精确测定，故污垢热阻大多根据经验数据加以确定，设计与操作换热器时应考虑定期清洗。

④ 换热器器壁温度核算

换热器器壁温度高低决定换热器选材并影响换热器使用寿命，因此在设计换热器时，必须对器壁温度进行核算。

根据稳态传热原理，热流体传给器壁的热量应等于器壁传给冷流体的热量，即

$$q_l = h_1(t_h - t_{wh}) \tag{2.243}$$

$$q_l = h_2(t_{wc} - t_c) \tag{2.244}$$

由 $q_l = H_l(t_h - t_c)$ 及上两式，可得

$$t_{wh} = t_h - \frac{q_l}{h_1} = t_h - \frac{H_l(t_h - t_c)}{h_1} \tag{2.245}$$

$$t_{wc} = t_c + \frac{q_l}{h_2} = t_c + \frac{H_l(t_h - t_c)}{h_2} \tag{2.246}$$

如果器壁热阻很小，可认为 $t_{wh} = t_{wc} = t_w$，则有

$$\frac{t_w - t_c}{t_h - t_c} = \frac{1}{1 + \frac{h_2}{h_1}} \tag{2.247}$$

从式（2.247）可看出，当 h_2/h_1 增大，器壁温度 t_w 显著降低。另外，提高冷流体流速，可降低器壁温度，因此喷流换热器器壁温度较其他型式换热器低。

本章小结

热量传递推动力是温差或温度梯度，其三种基本方式为导热、热对流、热辐射，三种方式传热机理与规律均不相同。

傅里叶定律是描述固体单向稳态导热现象的基本定律。在此基础上，结合能量守恒定律建立导热微分方程，并给出几种常见定解条件。通过对平壁、圆筒壁一维稳态导热分析求解，引入热阻概念，得到单层、多层平壁、圆筒壁一维稳态导热的温度分布规律与热量计算方法。

对流传热是由流体在运动过程中质点发生相对位移而引起的热量转移，其不仅取决于热现象，也取决于流体动力学现象。热边界层是影响对流传热的一个重要因素，利用边界层理论与热阻概念，可理解影响对流传热有关物理量之间的内在关系。研究对流传热现象关键在于确定各种条件下对流传热系数，利用相似理论可得描述无相变对流传热准数方程，从而得到对流传热系数。

辐射传热是物体向外辐射能量同时，也会不断吸收周围其他物体投射辐射的能量，并将其转变为热力学能的传热过程。普朗克定律描述不同温度下黑体单色辐射力随波长的变化规律，斯特藩-玻尔兹曼定律、基尔霍夫定律、兰贝特定律则分别对黑体辐射力与温度、吸收率之间关系及在辐射表面各个方向变化规律进行描述，其中斯特藩-玻尔兹曼定律是辐射传热的基础。利用角系数与热阻概念，可对物体间辐射传热进行分析求解。气体辐射与固体、液体辐射相比有它的特点，但描述方法与固体辐射相同。

对于综合传热过程，利用热阻热路图，对传热问题进行求解。换热器是两种流体相互换热的设备，其平均温度差、传热系数、壁面温度是重要的热力学参数。

本章符号说明

符号	物理意义	计量单位
a	导温系数或热扩散系数	$m^2 \cdot s^{-1}$
A	吸收率	无量纲
b	常数	无量纲
C	常数、修正系数	无量纲
C_p	比定压热容	$J \cdot kg^{-1} \cdot ℃^{-1}$
d	圆管管径	m
D	透过率	无量纲
$\boldsymbol{e_n}$	法线方向单位矢量	无量纲
E	辐射力	$W \cdot m^{-2}$
F	角系数	无量纲
g	重力加速度	$m \cdot s^{-2}$
G	投射辐射	$W \cdot m^{-2}$
h	对流传热系数	$W \cdot m^{-2} \cdot ℃^{-1}$
$\bar{h}$	平均对流传热系数	$W \cdot m^{-2} \cdot ℃^{-1}$
H	总传热系数	$W \cdot m^{-2} \cdot ℃^{-1}$
H_l	单位长度传热系数	$W \cdot m^{-1} \cdot ℃^{-1}$
I	辐射强度	$W \cdot m^{-2}$
J	有效辐射	$W \cdot m^{-2}$
k	导热系数或热导率	$W \cdot m^{-1} \cdot ℃^{-1}$ 或 $W \cdot m^{-1} \cdot K^{-1}$
l	传热表面几何尺寸	m
l_t	热边界层入口段长度	m
L	润湿周边长	m
M_i	混合物中 i 组分摩尔质量	$kg \cdot mol^{-1}$
n	常数或指数	无量纲
n_i	混合物中 i 组分摩尔分数	无量纲
N	管排数	无量纲
q	热流密度	$W \cdot m^{-2}$
q_l	单位长度热流密度	$W \cdot m^{-1}$
q_m	凝液质量流量	$kg \cdot s^{-1}$
q_V	单位体积发热量	$W \cdot m^{-3}$
Q	热流量	W
r	半径	m
R	反射率	无量纲
R_t	热阻	$℃ \cdot W^{-1}$

续表

符号	物理意义	计量单位
R_t'	单位面积热阻	$m^2 \cdot ℃ \cdot W^{-1}$
$R_{t,l}$	单位长度总热阻	$m \cdot ℃ \cdot W^{-1}$
s	间距	m
S	面积	m^2
t	温度	℃
T	热力学温度	K
u	流速	$m \cdot s^{-1}$
w_i	有机化合物或混合物中 i 组分质量分数	无量纲
x	离平板前缘的距离	m
x, y, z	直角坐标	无量纲
β	火焰特性系数	无量纲
γ	蒸汽冷凝潜热	$kJ \cdot kg^{-1}$
δ	流动边界层厚度、壁厚或射线行程	m
δ_t	热边界层厚度	m
Θ	气-液界面表面张力	$N \cdot m^{-1}$
σ	斯特藩-玻尔兹曼常数	$W \cdot m^{-2} \cdot K^{-4}$
ε	黑度	无量纲
λ	波长	μm
μ	流体动力黏度	$Pa \cdot s$
μ_f	流体温度下动力黏度	$Pa \cdot s$
μ_w	壁面温度下动力黏度	$Pa \cdot s$
ν	流体运动黏度系数	$m^2 \cdot s^{-1}$
Φ	传热表面几何形状因素	无量纲
ρ	密度	$kg \cdot m^{-3}$
Ω	立体角	sr
τ	时间	s

准数	说明	计量单位
Fo	傅里叶数	无量纲
Fr	弗鲁德数	无量纲
Gr	格拉晓夫数	无量纲
Nu	努塞特数	无量纲
Pe	贝克利数	无量纲
Pr	普朗特数	无量纲
Re	雷诺数	无量纲

下标	说明
0	0℃或黑体
1, 2	端面或截面
∞	主流
a	空气
av	平均温度差
A	吸收
c	对流传热或冷流体
D	透射
e	当量或接触尺寸
f	流体
g	气体
h	热流体
i	组分或壁面 i
j	壁面 j
l	管长
m	算术平均值
max	最大值
M	混合物
n	法向方向
N	管排数
ς	弯管曲率
r	辐射传热
R	反射
s	液膜表面
t	温度
w	固体壁面
x	距起点 x 处
θ, φ	空间指定角度
λ	单色
ϕ	横掠或冲刷圆管角度

上标	说明
′	进口
″	出口

思考题与习题

2.1 表演者赤脚踩过炽热木炭,从传热学角度分析为何不会烫伤?不会烫伤的基本条件是什么?

2.2 为什么滚烫砂锅放在湿地上易破裂?

2.3 冬天将被褥放在阳光下晒过之后,晚上睡觉感觉更暖和,经拍打后效果更佳,试用传热学原理解释这一现象。

2.4 在寒冷北方,建房用砖采用实心砖好,还是多孔空心砖好?为什么?

2.5 平壁与圆筒壁材料、厚度均相同,在两侧表面温度相同条件下,圆管内表面积等于平壁表面积,试问哪种情况下导热量大?

2.6 利用同一冰箱储存相同物质时,试问结霜冰箱耗电量大还是未结霜冰箱耗电量大?为什么?

2.7 边界层传热微分方程中没有出现流速,有人因此得出结论:表面传热系数 h 与流体流速无关。试判断这种说法的正确性。

2.8 流体热边界层中何处温度梯度绝对值最大?为什么?有人说对一定表面传热温差的同种流体,可用紧贴壁处温度梯度绝对值大小来判断表面传热系数 h 大小,对吗?

2.9 加强对流传热的措施有哪些?

2.10 在地球表面某实验室内设计的自然对流传热实验,到太空中是否仍然有效,为什么?

2.11 温差相同条件下,夏季与冬季屋顶天花板表面对流传热系数是否相同?为什么?

2.12 方程 $Nu_m = C(Gr \times Pr)_m^n$ 适用于哪种情况下对流传热?请说明各准数的物理意义。

2.13 窗户玻璃对红外线的透过率几乎为零,但为什么隔着玻璃晒太阳却使人感到暖和?

2.14 某楼房室内是用白灰粉刷的,但即使在晴朗的白天,远眺该楼房窗口时,总觉得里面黑,这是为什么?

2.15 深秋季节清晨,树叶常常结霜。试问树叶上、下表面哪一面结霜?为什么?

2.16 要增强物体间辐射传热,有人提出用黑度 ε 大的材料。而根据基尔霍夫定律,对漫灰表面有 $A=\varepsilon$,即黑度大的物体其吸收率也大。有人因此得出结论:用增大黑度 ε 的方法无法增加辐射传热。请判断这种说法的正确性,并说明理由。

2.17 热水在两根相同管内以相同流速流动,管外分别采用空气冷却与水冷却。经过一段时间后,两管内产生相同厚度水垢。试分析水垢对空冷、水冷管道传热系数的影响。

2.18 平底锅烧开水,与水相接触锅底温度为 111℃,热流密度为 42400W·m^{-2}。使用一段时间后,锅底结了一层平均厚度为 3mm 的水垢,其导热系数 $k = 1$W·m^{-1}·℃$^{-1}$。假设此时与水相接触的水垢表面温度及热流密度均等于原值,试计算水垢与金属锅底接触面温度。【238.20℃】

2.19 某炉壁由下列三种材料组成，由内向外依次是厚度 $\delta_1 = 225$mm 的耐火砖、厚度 $\delta_2 = 115$mm 的保温砖、厚度 $\delta_3 = 225$mm 的建筑砖，相应导热系数分别为 $k_1 = 1.4\text{W} \cdot \text{m}^{-1} \cdot \text{°C}^{-1}$、$k_2 = 0.15\text{W} \cdot \text{m}^{-1} \cdot \text{°C}^{-1}$、$k_3 = 0.8\text{W} \cdot \text{m}^{-1} \cdot \text{°C}^{-1}$，若测得内、外壁温度分别为 930℃、55℃，求单位面积热损失及各层间接触面温度。【$723.92\text{W} \cdot \text{m}^{-2}$，813.67℃，258.64℃】

2.20 某隧道窑墙壁由三种材料砌筑而成，由内向外依次是厚度 $\delta_1 = 230$mm 的黏土砖、厚度 $\delta_2 = 65$mm 的硅藻土砖（$\rho = 500\text{kg} \cdot \text{m}^{-3}$）、厚度 $\delta_3 = 500$mm 的红砖，若测得窑内表面温度 $t_1 = 1000$℃，外表面温度 $t_4 = 50$℃，求每小时单位面积窑墙热损失。【$803.79\text{W} \cdot \text{m}^{-2}$】

2.21 厚度 $\delta_1 = 500$mm、导热系数 $k_1 = 0.833 + 0.55 \times 10^{-3} t\ \text{W} \cdot \text{m}^{-1} \cdot \text{°C}^{-1}$ 的无限大平板，若两壁面温度分别为 650℃、30℃，试求单位时间内通过单位面积平板热量。如果该平板附加一层厚度 $\delta_2 = 0.2$m，$k_1 = 0.21\text{W} \cdot \text{m}^{-1} \cdot \text{°C}^{-1}$ 的材料，该平板传热量是多少？【$1264.80\text{W} \cdot \text{m}^{-2}$，$429.79\text{W} \cdot \text{m}^{-2}$】

2.22 蒸汽管内、外直径分别为 150mm、160mm，各种保温层厚度及导热系数为：

材料	厚度 δ/mm	导热系数 k/（$\text{W} \cdot \text{m}^{-1} \cdot \text{°C}^{-1}$）
钢材	5	4.5
第一保温层	5	0.1
第二保温层	80	0.09
第三保温层	5	0.12

管道内表面温度为 100℃，保温层最外层表面温度为 20℃，计算每米长蒸汽管热损失及保温层温度分布。【$60.98\text{W} \cdot \text{m}^{-1}$，99.86℃，93.98℃，22.41℃】

2.23 外径 $d = 100$mm 蒸汽管道覆盖导热系数 $k = 0.058\text{W} \cdot \text{m}^{-1} \cdot \text{°C}^{-1}$ 的超细玻璃棉毡保温，已知蒸汽管道外壁温度 $t_1 = 300$℃，希望保温层外表面温度不超过 30℃，且每米长管道散热量不大于 $150\text{W} \cdot \text{m}^{-1}$，则所需保温层厚度至少为多少？【0.046m】

2.24 在一次测定空气横掠外径 $d = 20$mm 圆管对流传热试验中，得到如下数据：管壁平均温度 $t_w = 80$℃，空气温度 $t_f = 20$℃，加热段长度 $l = 50$mm，输入加热段功率为 10W。若全部热量通过空气对流传热传给空气，则此时对流传热系数为多少？【$53.08\text{W} \cdot \text{m}^{-2} \cdot \text{°C}^{-1}$】

2.25 一水平封闭夹层，上下表面间距 $\delta = 16$mm，夹层内充满压强 $p = 1.01 \times 10^5$Pa 空气，若一个表面温度为 80℃，另一个表面温度为 40℃，计算热表面在冷表面上、下两种情形通过单位面积夹层传热量之比。[注：热膨胀系数 $\beta = 1/(273 + t)$]【2.08】

2.26 表面黑度分别为 0.8、0.4 的两无限大平壁，若其表面温度分别为 1000K、500K，求两表面间辐射传热的热流密度。若在其间插入一个表面黑度为 0.1 的遮热板，辐射传热的热流密度又为多少？（注：斯特藩-玻尔兹曼常数 $\sigma = 5.67 \times 10^{-8}\ \text{W} \cdot \text{m}^{-2} \cdot \text{K}^{-4}$）【$19329.55\text{W} \cdot \text{m}^{-2}$，$2443.97\text{W} \cdot \text{m}^{-2}$】

2.27 足够长、直径分别为 40mm、60mm 的两同轴圆管（如附图所示），若其温度分别维持在 100℃、20℃，黑度分别为 0.25、0.75，计算：①热损失为多少？②若在中间插入半径为 50mm、两面黑度均为 0.05 的足够长同轴套管，则热损失和套管温度各为多少？【①20.22W·m^{-1}；②2.41W·m^{-1}，70.16℃】

2.28 一根水平放置的蒸汽管道，其保温层外径 d = 500mm，外表面平均温度 t_w = 50℃，室外空气温度 t_a = 25℃，此时空气与管道外表面间对流传热系数 h = 3.42W·m^{-2}·℃$^{-1}$，保温层外表面黑度 ε = 0.4，计算每米管道总散热量。【241.01W·m^{-1}】

2.29 用导热系数 k = 1.5W·m^{-1}·℃$^{-1}$ 塑料制成厚 δ = 20mm、R = 0.5m、L = 1.5m 的储罐（如附图所示），储罐内装满工业用油，油中安置电热器使罐内表面温度维持 400K。若该罐在 25℃空气中的表面传热系数 h = 10W·m^{-2}·℃$^{-1}$，则所需电加热功率是多少？【7065W】

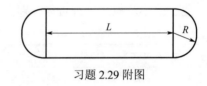

习题 2.27 附图   习题 2.29 附图

2.30 设计窑炉侧壁，已知窑炉内表面温度 t_{w1} = 1000℃，要求外表面温度 t_{w2} 不超过 120℃（环境温度 t_a = 25℃，外表面对流传热系数 h = 15.8W·m^{-2}·℃$^{-1}$），如用导热系数 k = 0.835 + 0.58×10^{-3}t W·m^{-1}·℃$^{-1}$ 的黏土耐火砖砌筑，其厚度不应低于多少？【0.65m】

2.31 窑炉墙壁由厚度 δ = 345mm 的黏土耐火砖（k = 0.698 + 0.64×10^{-3}t W·m^{-1}·℃$^{-1}$）砌筑而成，若窑内热烟气温度 t_g = 1400℃，室外空气温度 t_a = 25℃，窑炉内外壁温分别为 1000℃、80℃，热烟气与内壁间传热系数 h_1 = 82W·m^{-2}·℃$^{-1}$，外壁与空气间传热系数 h_2 = 23W·m^{-2}·℃$^{-1}$，求每小时单位面积窑墙散热量。【3562.18W·m^{-2}】

2.32 有外径 d_1 = 160mm、内径 d_2 = 150mm 的热水管，周围空气温度 t_1 = 20℃，管内热水平均温度 t_2 = 90℃，管壁导热系数 k = 60W·m^{-1}·℃$^{-1}$，管外表面传热系数 h_1 = 15W·m^{-2}·℃$^{-1}$，管内表面传热系数 h_2 = 1200W·m^{-2}·℃$^{-1}$，管外表面黑度 ε = 0.9，求：①单位长度热水管散热损失 q_l；②热水管外表面温度 t_w 与内表面温度 t_n。【①519.92W·m^{-1}；②88.99℃，89.08℃】

第3章 传质学

 本章提要

本章主要介绍分子扩散传质和对流传质基本原理与规律，并运用这些原理与规律分析多孔介质中扩散传质、非稳态传质及化学反应。

3.1 传质基本概念

从上一章传热学悉知，只要温度分布不均匀（即存在温差或温度梯度），就会发生热量传递。与此类似，在两种或两种以上组分的物系中，当某组分存在浓度差或浓度梯度时，该组分将自发地由高浓度区向低浓度区传递，这一过程称为质量传递，简称传质。

传质现象在日常生活中处处可见，如食盐或糖在水中溶解，花香或煤气在空气中弥散，水分蒸发与木材燃烧等，不胜枚举。工程技术中，传质被广泛应用于材料、化工、生物、机械、能源、动力、航空航天、环保等领域，如在硅晶片上化学气相沉积硅烷，利用透析、过滤、吸附、膜分离等原理进行血液净化、同位素、稀土提纯，废物处理等。

传质现象从机理上可分为分子扩散与湍流扩散两类：在静止、层流运动的流体及固体中，物质分子以分子热运动形式由高浓度区向低浓度区迁移，这类现象就是分子扩散；而在湍流运动流体内，物质分子迁移可直接借助流体微团混合而实现，这就是湍流扩散。前一种方式与导热机理类似，也可称为传导传质；后一种方式与湍流传热机理类似，又可称为湍流传质。

传质就是物质分子本身迁移，传热是分子所含热能传递，流体流动是物质分子机械能传递，这三者都由分子扩散及流体微团混合引起，所以在机理上是相同的，因此描述这三种现象的微分方程形式也相同。了解其间类似关系可加深对这三种传递现象的理解，为求解传质问题提供方便。

传质定律描述的是扩散物质通量与浓度梯度间的关系。遗憾的是，分子扩散定量描述要比单组分分子动量传递与能量传递描述复杂得多，因为质量传递只发生在混合物中，需考察每个组分的影响。例如，我们常常希望知道某个特定组分的扩散速率相对于混合物运动速率间的关系，但由于每个组分流速不同，故混合物速率计算时必须对所有组分速率加以平均。为此，需要涉及一些定义与关系式。

3.1.1 混合物中浓度表达方式

在多组分混合物中，某个分子组成浓度可用多种方法加以表述。单位体积混合物中组分 i 的质量 m_i，称为组分 i 质量浓度 ρ_i(kg·m^{-3})。对混合气体，应用理想气体状态方程，可得

$$\rho_i = \frac{m_i}{V} = \frac{M_i p_i}{RT} \tag{3.1}$$

式中　V——混合气体体积，m³；
　　　M_i——混合气体中组分 i 摩尔质量；
　　　p_i——混合气体中组分 i 分压，atm 或 Pa；
　　　R——摩尔气体常数（=8.314J·mol^{-1}·K^{-1}）；
　　　T——热力学温度，K。

混合物总的质量浓度 ρ（或称密度），是单位体积混合物的总质量，即

$$\rho = \sum_{i=1}^{N} \rho_i \tag{3.2}$$

式中　N——混合物中组分数。

单位质量混合物中组分 i 的质量，称为组分 i 的质量分数 w_i，即

$$w_i = \frac{\rho_i}{\rho} \tag{3.3}$$

依据定义，质量分数总和一定等于 1，即

$$\sum_{i=1}^{N} w_i = 1 \tag{3.4}$$

单位体积混合物中组分 i 的物质的量 n_i，称为组分 i 的摩尔浓度 C_i（mol·m^{-3} 或 kmol·m^{-3}），即

$$C_i = \frac{n_i}{V} = \frac{\rho_i}{M_i} \tag{3.5}$$

对于混合气体，组分 i 的摩尔浓度 C_i 为

$$C_i = \frac{p_i}{RT} \tag{3.6}$$

单位摩尔混合物中组分 i 的物质的量，称为组分 i 的摩尔分数 x_i，即

$$x_i = \frac{C_i}{C} \tag{3.7}$$

式中　C——混合物摩尔浓度。

依据定义，摩尔分数总和一定等于 1，即

$$\sum_{i=1}^{N} x_i = 1 \tag{3.8}$$

对于 A、B 两种组分构成的二元混合物,组分 A 浓度表示法及其相互关系列于表 3.1,其中 $\rho = \rho_A + \rho_B$、$p = p_A + p_B$、$M = x_A M_A + x_B M_B$、$C = C_A + C_B$、$w_A + w_B = 1$、$x_A + x_B = 1$。

表 3.1 二元混合物中组分 A 浓度表示法及其相互关系

浓度表示法	摩尔浓度 C_A /(kmol·m⁻³)	摩尔分数 x_A	质量浓度 ρ_A /(kg·m⁻³)	质量分数 w_A	分压 p_A /atm
摩尔浓度 C_A /(kmol·m⁻³)		Cx_A	$\dfrac{\rho_A}{M_A}$	$\dfrac{\rho w_A}{M_A}$	$\dfrac{p_A}{RT}$
摩尔分数 x_A	$\dfrac{C_A}{C}$		$\dfrac{\rho_A/M_A}{\dfrac{\rho_A}{M_A}+\dfrac{\rho_B}{M_B}}$	$\dfrac{w_A/M_A}{\dfrac{w_A}{M_A}+\dfrac{w_B}{M_B}}$	$\dfrac{p_A}{p_A+p_B}$
质量浓度 ρ_A /(kg·m⁻³)	$C_A M_A$	$\dfrac{\rho x_A M_A}{x_A M_A + x_B M_B}$		ρw_A	$\dfrac{p_A M_A}{RT}$
质量分数 w_A	$\dfrac{C_A M_A}{\rho}$	$\dfrac{x_A M_A}{x_A M_A + x_B M_B}$	$\dfrac{\rho_A}{\rho}$		$\dfrac{p_A M_A}{p_A M_A + p_B M_B}$
分压 p_A /atm	$C_A RT$	$p x_A$	$\dfrac{\rho_A RT}{M_A}$	$\dfrac{w_A p M}{M_A}$	

例 [3.1]

空气的组成成分一般采用氮气、氧气的摩尔分数来表示,有 $x_{N_2} = 0.79$、$x_{O_2} = 0.21$,当空气温度保持在 298K、压强为 1.013×10^5Pa 时,计算氮气与氧气质量分数及空气平均摩尔质量(氮摩尔质量可取 0.028kg·mol⁻¹,氧摩尔质量可取 0.032kg·mol⁻¹)。

【分析】 已知摩尔分数,在未知物质的量情况下,可取 1mol 作为计算基准。

【题解】 取 1mol 空气作为计算基准,则氮气、氧气质量分数分别为

$$w_{N_2} = \frac{0.79 \times 1 \times 0.028}{0.79 \times 1 \times 0.028 + 0.21 \times 1 \times 0.032} = 0.77$$

$$w_{O_2} = \frac{0.21 \times 1 \times 0.032}{0.79 \times 1 \times 0.028 + 0.21 \times 1 \times 0.032} = 0.23$$

298K 下 1mol 空气体积为

$$V = \frac{RT}{p} = \frac{8.314 \times 298}{1.013 \times 10^5} = 0.0245 \, (\text{m}^3)$$

氮气、氧气摩尔浓度分别为

$$C_{N_2} = \frac{0.79}{0.0245} = 32.24 \, (\text{mol} \cdot \text{m}^{-3})$$

$$C_{O_2} = \frac{0.21}{0.0245} = 8.57 \, (\text{mol} \cdot \text{m}^{-3})$$

空气摩尔浓度为
$$C = C_{N_2} + C_{O_2} = 32.24 + 8.57 = 40.81\,(\text{mol}\cdot\text{m}^{-3})$$

空气密度为
$$\rho = \frac{m}{V} = \frac{0.79 \times 1 \times 0.028 + 0.21 \times 1 \times 0.032}{0.0245} = 1.18\,(\text{kg}\cdot\text{m}^{-3})$$

空气摩尔质量为
$$M = \frac{\rho}{C} = \frac{1.18}{40.81} = 0.0289\,(\text{kg}\cdot\text{mol}^{-1})$$

3.1.2 流体速度与通量

流体速度与所选坐标系有关，坐标系可以是静止的，也可以是运动的。

（1）以静止坐标系为参考的速度

多组分混合物中，各组分通常相对于静止坐标系以各自不同速度运动，故混合物速度应是各组分速度加权平均，其可表示为质量平均速度，也可表示为摩尔平均速度。

① 质量平均速度

若多组分混合物中组分 i 相对于静止坐标系的速度为 u_i（可用皮托管测定，也就是动量传递中的流速），则混合物质量平均速度 u 可用各组分的质量浓度 ρ_i 与速度 u_i 来定义

$$u = \frac{\sum_{i=1}^{N} \rho_i u_i}{\rho} \tag{3.9}$$

② 摩尔平均速度

与质量平均速度 u 类似，多组分混合物相对于静止坐标系摩尔平均速度 u_M 定义为

$$u_M = \frac{\sum_{i=1}^{N} C_i u_i}{C} \tag{3.10}$$

在组分 A、B 构成的二元物系中，混合物整体流速为

$$u_M = x_A u_A + x_B u_B \tag{3.11}$$

（2）以运动坐标系为参考的速度

以运动坐标系为参考，多组分混合物中各组分的相对速度，称为扩散速度。

① 以质量平均速度为参考

此时，多组分混合物中组分 i 相对于质量平均速度 u 的扩散速度为 $u_i - u$。

② 以摩尔平均速度为参考

此时，多组分混合物中组分 i 相对于摩尔平均速度 u_M 的扩散速度为 $u_i - u_M$。

在均匀多组分混合物中，由于不存在浓度梯度，因而没有分子扩散，所以扩散速度 $u_i - u$

和 $u_i - u_M$ 均为零，这时所有组分均以相同速度运动或静止。

（3）通量

在质量传递中，单位时间内通过垂直于浓度梯度的单位面积质量或物质的量，称为质量通量或摩尔通量。与速度一样，通量可以相对于静止坐标系，也可以相对于运动坐标系。如果一个充满有色染料的气球掉入一个很大湖中，由于浓度梯度作用，染料会呈放射状扩散。但如果该气球掉入水流中，染料会呈发射状扩散，同时沿水流方向流动，即两种作用在质量传递中同时存在。

对于多组分混合物中组分 i，静止坐标系速度对应的通量称为净质量通量 n_i（kg·m^{-2}·s^{-1}）或净摩尔通量 N_i（kmol·m^{-2}·s^{-1}），其与速度关系为

$$n_i = \rho_i u_i = \rho w_i u_i \tag{3.12}$$

$$N_i = C_i u_i = C x_i u_i \tag{3.13}$$

运动坐标系速度对应的通量称为分子扩散质量通量 j_i 或分子扩散摩尔通量 J_i，其与速度的关系为

$$j_i = \rho_i(u_i - u) = \rho w_i(u_i - u) \tag{3.14}$$

$$J_i = C_i(u_i - u_M) = C x_i(u_i - u_M) \tag{3.15}$$

净通量与分子扩散通量有如下关系：

$$n_i = \rho w_i u + \rho w_i(u_i - u) = \rho w_i u + j_i \tag{3.16}$$

$$N_i = C x_i u + C x_i(u_i - u_M) = C w_i u + J_i \tag{3.17}$$

在组分 A、B 构成的二元物系中，利用 J_i 的定义式［式（3.15）］，可得

$$J_A + J_B = C x_A(u_A - u_M) + C x_B(u_B - u_M)$$
$$= C[x_A u_A + x_B u_B - u_M(x_A + x_B)] = C(u_M - u_M) = 0$$

上式表明，在二元物系中两组分的扩散通量大小相等、方向相反，即

$$J_A = -J_B \tag{3.18}$$

在组分 A、B 构成的二元物系中，扩散通量及浓度、流速的相互关系列于表 3.2。

表 3.2　A、B 二元混合物中组分浓度表示法及其相互关系

名称	质量通量	摩尔通量
净通量	$n_A = \rho_A u_A$ $n = n_A + n_B = \rho u$	$N_A = C_A u_A$ $N = N_A + N_B = C u_M$
分子扩散通量	$j_A = \rho_A(u_A - u)$ $j_A + j_B = 0$	$J_A = C_A(u_A - u_M)$ $J_A + J_B = 0$
相互关系	$n_A = N_A M_A$ $n_A = j_A + \rho_A u$ $j_A = n_A - w_A(n_A + n_B)$	$N_A = n_A / M_A$ $N_A = J_A + C_A u_M$ $J_A = N_A - x_A(N_A + N_B)$

3.2 分子扩散传质

流体中分子扩散往往伴随主流体流动，组分 i 分子扩散摩尔通量 J_i 与净摩尔通量 N_i 的相互关系有 $N_i = J_i + C_i u_M$。在组分 A、B 构成的二元物系中，有 $N = N_A + N_B = C u_M$，则有

$$N_A = J_A + \frac{C_A}{C}(N_A + N_B) \tag{3.19}$$

3.2.1 分子扩散基本定律

（1）菲克第一定律——等摩尔逆扩散定律

单位时间通过单位截面积的物质的量，称为分子扩散率，其可由 1855 年阿道夫·菲克提出的经验性定律（菲克第一定律）确定。在组分 A、B 构成的二元物系中，若组分 A 存在稳定的浓度梯度，则组分 A 将向浓度低的方向自动扩散，其分子扩散摩尔通量 J_{AB} 或分子扩散质量通量 j_{AB} 为

$$J_{AB} = -D_{AB}\frac{dC_A}{dz} = -D_{AB}C\frac{dx_A}{dz} \tag{3.20}$$

或

$$j_{AB} = -D_{AB}\frac{d\rho_A}{dz} = -D_{AB}\rho\frac{dw_A}{dz} \tag{3.21}$$

式中　D_{AB}——组分 A 在组分 B 中的扩散系数，$m^2 \cdot s^{-1}$；
　　　－——分子扩散通量方向与浓度梯度方向相反。

同理，组分 B 的分子扩散摩尔通量 J_{BA} 或分子扩散质量通量 j_{BA} 为

$$J_{BA} = -D_{BA}\frac{dC_B}{dz} = -D_{BA}C\frac{dx_B}{dz} \tag{3.22}$$

或

$$j_{BA} = -D_{BA}\frac{d\rho_B}{dz} = -D_{BA}\rho\frac{dw_B}{dz} \tag{3.23}$$

式中　D_{BA}——组分 B 在组分 A 中的扩散系数，$m^2 \cdot s^{-1}$。

由菲克第一定律可看出，在温度与压力一定情况下，两组分组成的混合物中任一组分的分子扩散摩尔通量大小与该组分摩尔浓度梯度成正比，方向与浓度梯度方向相反。

在稳定情况下，当组分 A、B 以相同物质的量进行反向扩散时，即 $N_A = -N_B$，则有 $D_{AB} = D_{BA}$（故以后用 D 表示双组分物系的扩散系数），这种过程称为等摩尔逆扩散过程，蒸馏过程属于这种情况。严格地说，菲克第一定律仅适用于这种过程。

若扩散方向为 z，即有 $N_{Az} = -N_{Bz}$，结合式（3.19）与式（3.20）可得

$$J_{Az} = -D\frac{dC_A}{dz} = N_{Az} \tag{3.24}$$

上式中 J_{Az} 不随 z 改变且 D 为常数，积分可得

$$J_{Az} = N_{Az} = D\frac{C_{A1} - C_{A2}}{z_2 - z_1} = D\frac{x_{A1} - x_{A2}}{z_2 - z_1} \tag{3.25}$$

对于理想气体，则有

$$J_{Az} = N_{Az} = \frac{D}{RT} \times \frac{p_{A1} - p_{A2}}{z_2 - z_1} \tag{3.26}$$

由式（3.25）、式（3.26）可知，在等摩尔逆向扩散情况下，流体中某一组分浓度或气体分压呈线性分布。

（2）斯蒂芬定律——单向扩散定律

工程上遇到的某些扩散过程并不是等摩尔逆扩散过程，而只有一种组分进行扩散，另一组分并没有反向扩散，此种扩散称为单向扩散，如吸附剂吸收某一组分及水分蒸发等。

下面以水分蒸发过程为例进行分析：保持某定值温度、压强的水面发生蒸汽（设为组分A）通过某一静止空气（设为组分B）层向大气扩散，若扩散方向为 z，此时 $N_{Bz} = 0$，结合式（3.19）与式（3.20）可得

$$N_{Az} = -D\frac{dC_A}{dz} + \frac{C_A}{C}N_{Az} \tag{3.27}$$

在 C 与 D 为常数条件下，对上式积分可得

$$N_{Az} = \frac{DC}{z_2 - z_1}\ln\frac{C - C_{A2}}{C - C_{A1}} \tag{3.28}$$

对于理想气体，则有

$$N_{Az} = \frac{Dp}{RT(z_2 - z_1)}\ln\frac{p - p_{A2}}{p - p_{A1}} \tag{3.29}$$

稳态情况下，由 $\frac{dN_{Az}}{dz} = 0$ 和 $N_{Az} = \frac{-D}{1 - \frac{C_A}{C}} \times \frac{dC_A}{dz}$ 得到

$$\frac{1}{1 - \frac{C_A}{C}} \times \frac{dC_A}{dz} = 常数 \Rightarrow C_1 \ln\left(1 - \frac{C_A}{C}\right) = C_1 z + C_2 \tag{3.30}$$

即一种组分通过静止的另一组分扩散时，浓度或气体分压呈对数曲线分布。

例 [3.2]

在 1atm、16℃ 条件下，直径 $d = 30$mm、长 $l = 210$mm 圆管底部盛有高 $h = 10$mm 水柱，已知该条件下饱和水蒸气分压为 1820Pa，外界空气中水蒸气分压为 546Pa，水蒸气在空气中扩散系数为 2.48×10^{-5}m² · s⁻¹，计算水蒸气蒸发速率 q_e。

【分析】水分蒸发属于单向扩散过程，可应用单向扩散定律求解。

【题解】根据式（3.29），可得

$$N_{Az} = \frac{Dp}{RT(z_2 - z_1)}\ln\frac{p - p_{A2}}{p - p_{A1}}$$

$$= \frac{2.48\times10^{-5}\times101300}{8.314\times(273+16)\times(0.21-0.01)}\ln\frac{101300-546}{101300-1820}$$

$$= 6.65\times10^{-5}\ (\text{mol}\cdot\text{m}^{-2}\cdot\text{s}^{-1})$$

则水蒸气蒸发速率为

$$q_e = N_{Az}\times\frac{\pi d^2}{4} = 6.65\times10^{-5}\times\frac{3.14\times0.03^2}{4} = 4.70\times10^{-8}\ (\text{mol}\cdot\text{s}^{-1})$$

3.2.2 分子扩散系数

分子扩散系数反应物质扩散能力大小，它与物系组分、温度、压强有关。目前，分子扩散系数主要通过对某一特定体系进行实验测定或据之整理出的经验公式确定。下面分别介绍气体、液体、固体扩散常用经验公式与实验测定数据。

（1）气体扩散系数

气体分子总是不停顿地热运动，而且分子间相互作用比固体、液体要小，因而其扩散系数比固体、液体大很多，一般为 $0.1\sim10\text{cm}^2\cdot\text{s}^{-1}$。

为阐明气体扩散系数与其他参数关系，科学工作者提出多种不同预测公式，比较有名的是 Jeans、Chapman、Cowling 等应用气体运动论对低密度气体混合物提出的经验公式，但它只适用于非极性、球形单原子分子的稀薄气体。对于一般气体，可用比较简单的吉利兰-马克士韦尔（Gilliland-Maxwells）半经验公式

$$D_{AB} = \frac{0.001T^{1.75}}{p\left(\sqrt[3]{\sum\Delta V_A}+\sqrt[3]{\sum\Delta V_B}\right)^2}\sqrt{\frac{1}{M_A}+\frac{1}{M_B}} \tag{3.31}$$

式中 T——物系热力学温度，K；

p——物系总压强，atm；

M_A、M_B——组分 A、B 摩尔质量，$\text{kg}\cdot\text{mol}^{-1}$；

V_A、V_B——组分 A、B 分子体积，由组成该分子的各原子体积叠加而成，$\text{m}^3\cdot\text{kmol}^{-1}$。

1 个标准大气压下常见二元物系的分子扩散系数实验值列于表 3.3。

表 3.3 标准大气压下常见二元物系分子扩散系数实验值

二元物系	温度/℃	$D\times10^4/(\text{m}^2\cdot\text{s}^{-1})$	二元物系	温度/℃	$D\times10^4/(\text{m}^2\cdot\text{s}^{-1})$
空气-H_2O	0	0.220	H_2-N_2	25	0.784
	25	0.260		85	1.052
	42	0.288	H_2-NH_3	25	0.783
空气-CO_2	3	0.142	H_2-SO_2	50	0.610
	44	0.177	He-N_2	25	0.687
空气-NH_3	0	0.170	He-CH_4	25	0.675

续表

二元物系	温度/℃	$D\times10^4$/(m²·s⁻¹)	二元物系	温度/℃	$D\times10^4$/(m²·s⁻¹)
空气-H₂	0	0.611	CO₂-O₂	20	0.153
空气-He	44	0.765		100	0.318
空气-乙醇	25	0.135	CO₂-N₂	25	0.167
	42	0.145	H₂O-CO₂	34.3	0.202
O₂-N₂	0	0.181	CO-O₂	0	0.185

(2) 液体扩散系数

气体扩散可用气体运动论来解释，但液体目前还缺乏一个能够严密论述其结构与传输特性的理论。液体扩散系数要比气体扩散系数小几个数量级，其与物系温度、压力、浓度有关。因此，液体分子扩散系数表达式更为复杂。

有些液体是以分子形式扩散的，而另一些液体如电解质在溶液中要发生电离，因此它们是以离子形式扩散的。例如，NaCl 在水中以 Na⁺和 Cl⁻进行扩散，虽然每个离子流动性（迁移率）不同，但溶液却是电中性的，表明两种离子一定是以相同速率扩散的。因此，可将 NaCl 这样的电解质扩散系数理解为分子扩散系数。不过，如果存在多种离子，就一定要考虑每个正离子与负离子的扩散速率，此时分子扩散系数就没有意义了。因此，对于电解质与非电解质液体，其扩散系数应有不同关系式。

Eyring "空穴" 理论与流体动力学理论是解释非电解质在低浓度溶液中扩散现象的两个基本理论。在 Eyring 理论中，理想液体被视为一个散布空穴的拟结晶晶格模型，通过单分子传输过程（即溶质分子跳入溶液晶格模型内部空穴的过程）来描述传递现象。流体动力学理论则认为液体扩散系数与溶质分子的流动性（即单位驱动力作用下净速率）有关。由流体动力学理论导出的 Stokes-Einstein 方程描述了非电解质扩散系数关系式。

$$D_{AB} = \frac{\kappa T}{6\pi r \mu_B} \quad (3.32)$$

式中　T——物系热力学温度，K；
　　　κ——玻尔兹曼常数，J·K⁻¹；
　　　r——溶质颗粒半径，m；
　　　μ_B——溶剂黏度，Pa·s。

该方程对于描述胶体粒子或大球形分子在连续溶剂中的扩散是极为成功的。

结合上述两种理论，可用通用形式表示

$$\frac{D_{AB}\mu_B}{\kappa T} = f(V) \quad (3.33)$$

式中　$f(V)$——扩散溶质分子体积的函数。

利用式（3.25）已经导出一些经验公式并将其用于预测液体扩散系数与溶质、溶剂性质间关系。

预测溶液中液体扩散系数的多数方法是将无限稀释扩散系数 D_{AB} 与 D_{BA} 合并成一个简单的浓度函数，Vignes 提出下列关系式

$$D_{AB} = (D_{AB})^{x_B}(D_{BA})^{x_A} \tag{3.34}$$

式中　D_{AB}、D_{BA}——A 在溶剂 B、B 在溶剂 A 中无限稀释扩散系数，$m^2 \cdot s^{-1}$；

　　　x_A、x_B——组分 A、B 摩尔分数。

Vignes 方程对含有缔合化合物如醇类混合物并不成功，Leffler 与 Cullinan 提出该类型溶液的关联式

$$D_{AB}\mu = (D_{AB}\mu_B)^{x_B}(D_{BA}\mu_A)^{x_A} \tag{3.35}$$

当温度发生变化时，液体中扩散系数也会发生较大改变，Tyne 提出扩散系数与温度的变化关系式

$$\frac{D_{AB,T_1}}{D_{AB,T_2}} = \left(\frac{T_c - T_2}{T_c - T_1}\right)^n \tag{3.36}$$

式中　T_1、T_2——物系热力学温度，K；

　　　T_c——溶剂 B 的临界温度，K；

　　　n——与溶剂在正常沸点下汽化潜热 ΔH_v 有关的指数，其可按表 3.4 来估算。

表 3.4　n 与 ΔH_v 的关系

$\Delta H_v/(kJ \cdot mol^{-1})$	7900～30000	30000～39000	39000～46000	46000～50000	>50000
n	3	4	6	8	10

（3）固体扩散系数

原子、离子在固体中扩散是许多工程材料合成的基础，例如通过掺杂来改善硅半导体的导电性。空位式扩散与填隙式扩散是常遇到的两种固体扩散机制。

在空位式扩散中，固体晶格格点上原子从一个晶格位置"跳"入临近空位，然后又与临近空位进行连续扩散，该机制可通过假设单分子过程以及应用 Eyring "活化态"概念来描述。正如在液体扩散中讨论的"空穴"理论，导出方程是扩散系数与晶格位置及跳跃路径长度、活化能之间的一个复杂关联式。

间隙式扩散中，直径较小原子或离子只需将正常格点稍微推离正常位置，就可以在格点间隙穿行而实现连续扩散。这就涉及晶格膨胀与扭曲，该机制也可应用 Eyring 单分子速率理论来描述。

研究发现，固体扩散系数随温度增加而增加，且可用 Arrhenius 公式来描述

$$D = D_0 \exp\left(-\frac{Q}{RT}\right) \tag{3.37}$$

式中　Q——扩散活化能，$J \cdot mol^{-1}$；

　　　D_0——扩散系数常数，$m^2 \cdot s^{-1}$；

　　　R——摩尔气体常数（$8.314 J \cdot mol^{-1} \cdot K^{-1}$）。

3.2.3　气体通过多孔介质扩散

精矿粉烧结块与团矿在作进一步处理（如还原、氧化等）、粉末冶金压型脱气及多孔性

催化剂催化过程中，分子必须通过孔内存留气相或液相进行扩散。由于多孔介质中存在大量空隙或孔道，当扩散物质在孔道内扩散时，其扩散质量除与扩散物质本身性质有关外，还与孔道尺寸密切相关。因此，按扩散物质分子运动平均自由程 λ 与孔道直径 d 的关系，可将多孔介质中扩散分为菲克型扩散、克努森（Knudsen）扩散及过渡区扩散等类型。

（1）菲克型扩散

当介质孔道直径 d 远大于流体分子运动平均自由程 λ（通常 $d/\lambda \geq 100$）时，扩散分子间碰撞概率远大于分子与孔壁间碰撞概率，这种情况仍遵循菲克第一定律，故称此种扩散现象为菲克型扩散。所不同的是扩散面积、距离与表观值不同，为此在多孔介质平板中菲克型扩散的扩散通量表示为

$$N_{Az} = \frac{\varepsilon D(C_{A1} - C_{A2})}{\xi(z_2 - z_1)} \tag{3.38}$$

或

$$N_{Az} = \frac{D_{\text{eff}}(C_{A1} - C_{A2})}{z_2 - z_1} \tag{3.39}$$

式中　ε——多孔介质孔隙率，用于对表观扩散面积修正；

ξ——多孔介质孔道弯曲度，用于对扩散距离修正；

D_{eff}——有效扩散系数（$= \varepsilon D/\xi$），$m^2 \cdot s^{-1}$。

（2）克努森扩散

当介质孔道直径 d 小于流体分子运动平均自由程 λ（通常 $d/\lambda \leq 0.1$）时，气体分子与孔壁间碰撞概率将大于扩散分子间碰撞概率，这种情况下扩散物质扩散阻力将主要取决于分子与孔壁的碰撞阻力，而分子间碰撞阻力可忽略不计，此种扩散现象称为克努森扩散。

实际上，克努森扩散只应用于气体，因为液体分子平均自由程很小，通常与分子本身直径接近。

根据气体分子运动理论，理想气体分子运动平均自由程 λ 可由下式计算。

$$\lambda = \frac{3\mu}{2p_A} \sqrt{\frac{\pi RT}{2M_A}} \tag{3.40}$$

式中　μ——气体黏度，$Pa \cdot s$；

p_A——组分 A 分压，Pa；

M_A——组分 A 摩尔质量，$kg \cdot mol^{-1}$。

组分 A 的分子平均运动速度 $\bar{u}_A$ 为

$$\bar{u}_A = \sqrt{\frac{8RT}{\pi M_A}} \tag{3.41}$$

由气体运动论导出的自扩散系数即为克努森扩散系数

$$D_{AA} = \frac{\lambda \bar{u}_A}{3} = \frac{\lambda}{3} \sqrt{\frac{8RT}{\pi M_A}} \tag{3.42}$$

对于克努森扩散，由于组分 A 更容易与孔壁碰撞，而不是与另一分子碰撞，可用孔道直径 d 替代气体分子运动平均自由程 λ。因此，组分 A 的克努森扩散系数 D_{KA} 为

$$D_{KA} = \frac{d}{3}\sqrt{\frac{8RT}{\pi M_A}} \qquad (3.43)$$

显然,克努森扩散通量方程为

$$N_{Az} = \frac{D_{KA}(C_{A1} - C_{A2})}{z_2 - z_1} \qquad (3.44)$$

对于理想气体,则有

$$N_{Az} = \frac{D_{KA}(p_{A1} - p_{A2})}{RT(z_2 - z_1)} \qquad (3.45)$$

将 D_{KA} 与双组分气体扩散系数 D_{AB} 进行比较,发现:第一,它不是绝对压强 p 的函数,也没出现双组分气体扩散的组分 B 参数;第二,D_{KA} 与 T 的关系为 $D_{KA} \propto T^{1/2}$,而 D_{AB} 与 T 的关系为 $D_{AB} \propto T^{3/2}$。

通常,克努森扩散只在低温、低压及小孔径下是显著的。

(3)过渡区扩散

当介质孔道直径 d 与气体分子运动平均自由程 λ 相差不大(通常 $0.1 \leqslant d/\lambda \leqslant 100$)时,扩散分子间碰撞及分子与孔壁间碰撞对扩散影响相当,此种扩散称为过渡区扩散,此时克努森扩散与分子扩散都起着重要作用。

如果考虑克努森扩散与分子扩散用"系列抵抗"法竞争,那么在 A 与 B 组成的二元混合物中,组分 A 的有效扩散系数可由下式决定:

$$\frac{1}{D_{Ae}} = \frac{1 - \alpha y_A}{D_{AB}} + \frac{1}{D_{KA}} \qquad (3.46)$$

其中,$\alpha = 1 + \dfrac{N_{Bz}}{N_{Az}}$。

在 $\alpha = 0$ ($N_{Az} = -N_{Bz}$)或接近零时

$$\frac{1}{D_{Ae}} = \frac{1}{D_{AB}} + \frac{1}{D_{KA}}$$

上述有效扩散系数是根据平行排列的圆柱形直孔内扩散得到的,然而在大多数多孔介质中,不同直径孔是扭曲的,气体分子在孔内扩散途径是"曲折"的。对于这种介质,可用多孔介质孔隙率 ε 对扩散系数进行修正,即

$$D'_{Ae} = \varepsilon^2 D_{Ae} \qquad (3.47)$$

3.2.4 扩散传质与化学反应

许多工程传质体系中,往往扩散传质与化学反应同时存在,如气体渗透、金属表面氧化等。

(1)气体通过固体层扩散——气体渗透

当双原子气体分子通过金属薄壁渗透时,气体分子在金属表面处将发生离解而变为原子,例如 $H_2 \longrightarrow 2H$(溶解状态)。

若温度相同时，气体在薄壁两侧压强分别为 p_1、p_2，一般情况下气体溶解于金属的速率远大于其在金属中的扩散速率，因此可认为气体在表面的浓度等于平衡状态的溶解度 S^*（$atm^{-0.5}$）。根据西韦特（Sievert）定律，薄壁两侧表面的平衡浓度分别为

$$S_1^* = Kp_1^{0.5} \tag{3.48}$$

$$S_2^* = Kp_2^{0.5} \tag{3.49}$$

式中 K——气体分子溶解时离解成原子的平衡常数。

薄壁两侧浓度梯度可用压强来表示

$$\frac{dC}{dz} = \frac{S_2^* - S_1^*}{\delta} = \frac{K}{\delta}\left(\sqrt{p_2} - \sqrt{p_1}\right) \tag{3.50}$$

式中 δ——薄壁厚度，m。

利用菲克第一定律，气体穿过薄壁的摩尔扩散速率可写成

$$J = -D\frac{dC}{dz} = \frac{DK}{\delta}\left(\sqrt{p_1} - \sqrt{p_2}\right) \tag{3.51}$$

令 $P^* = DK$（称为渗透率，$cm^3 \cdot cm^{-1} \cdot s^{-1} \cdot atm^{-0.5}$），则上式可写成

$$J = \frac{P^*}{\delta}\left(\sqrt{p_1} - \sqrt{p_2}\right) \tag{3.52}$$

P^* 与 T 的变化关系也满足 Arrhenius 关系式

$$P^* = P_0^* \exp\left(-\frac{Q_P}{RT}\right) \tag{3.53}$$

式中 Q_P——渗透活化能，$J \cdot mol^{-1}$；

P_0^*——单位厚度与压差为 1atm 下测得的渗透标准体积流量，$cm^3 \cdot cm^{-1} \cdot s^{-1} \cdot atm^{-0.5}$。

某些气体-金属体系的渗透实验数据列于表 3.5。

表 3.5 某些气体-金属体系渗透实验数据

气体	金属	P_0^*/($cm^3 \cdot cm^{-1} \cdot s^{-1} \cdot atm^{-0.5}$)	Q_P/($J \cdot mol^{-1}$)
H_2	Ni	1.2×10^{-3}	5.80×10^4
H_2	Cu	$(1.5 \sim 2.3) \times 10^{-4}$	$(6.70 \sim 7.83) \times 10^4$
H_2	α-Fe	2.9×10^{-3}	3.52×10^4
H_2	Al	$(3.3 \sim 4.2) \times 10^{-1}$	12.90×10^4
N_2	Fe	4.5×10^{-3}	9.97×10^4
O_2	Ag	2.9×10^{-3}	9.42×10^4

例[3.3]

已知直径 $d = 200mm$、长 $l = 1.8m$、壁厚 $\delta = 25mm$ 钢质圆筒储气瓶渗透参数 $P_0^* = 2.9 \times 10^{-3} cm^3 \cdot cm^{-1} \cdot s^{-1} \cdot atm^{-0.5}$、$Q_P = 3.52 \times 10^4 J \cdot mol^{-1}$，试估算 350℃、82atm（表压）

下氢气通过储气瓶的漏损量 Q_V。

【分析】 利用渗透参数求出摩尔扩散速率。

【题解】 根据式（3.53）可得 350℃下渗透率

$$P^* = P_0^* \exp\left(-\frac{Q_P}{RT}\right) = 2.9 \times 10^{-3} \times \exp\left[-\frac{3.52 \times 10^4}{8.314 \times (273 + 350)}\right]$$

$$= 3.24 \times 10^{-6} \, (\text{cm}^3 \cdot \text{cm}^{-1} \cdot \text{s}^{-1} \cdot \text{atm}^{-0.5})$$

按式（3.52）可求得摩尔扩散速率

$$J = \frac{P^*}{\delta}\left(\sqrt{p_1} - \sqrt{p_2}\right) = \frac{3.24 \times 10^{-6}}{2.5} \times \left(\sqrt{82} - \sqrt{0}\right) = 1.17 \times 10^{-5} \, (\text{cm}^3 \cdot \text{cm}^{-2} \cdot \text{s}^{-1})$$

漏气量

$$Q_V = JS = 1.17 \times 10^{-5} \times 36 \times \left(3.14 \times 0.2 \times 1.8 + \frac{3.14}{4} \times 0.2^2 \times 2\right) = 5.03 \times 10^{-4} \, (\text{m}^3 \cdot \text{h}^{-1})$$

（2）气体在固体中扩散——金属表面氧化

金属或合金材料表面生成氧化物（或硫化物）的速率问题是一个重要而又复杂的问题，这一过程主要取决于化学反应速率还是扩散速率，这与材料本身、氧化层性质及环境温度有关。例如，普通钢材氧化只有在 700℃以上时，氧化铁层中扩散才起控制作用。

一般情况下，氧离子半径比金属离子大，其穿过氧化物层的扩散速率比金属离子要小很多，故可只考虑金属离子穿过氧化物层向外扩散。如果氧化物层很薄，且只讨论沿 z 轴单向扩散，可近似将氧化物层中金属离子扩散系数 D_{cat} 视为常数，那么氧化物层中任意厚度 δ 处分子扩散摩尔通量 J_{cat} 为

$$J_{\text{cat}} = \frac{D_{\text{cat}}}{\delta}\left(C_0 - C_\delta\right) \tag{3.54}$$

式中　C_0——$z = 0$（金属表面）处金属离子浓度，$\text{mol} \cdot \text{m}^{-3}$；
　　　C_δ——$z = \delta$ 处（从金属表面算起）金属离子浓度，$\text{mol} \cdot \text{m}^{-3}$。

另外，分子扩散摩尔通量 J_{cat} 应正比于氧化层增长速率，即

$$J_{\text{cat}} = \frac{D_{\text{cat}}}{\delta}\left(C_0 - C_\delta\right) \propto \frac{\text{d}\delta}{\text{d}\tau} \quad \text{或} \quad \frac{\beta}{\delta} = \frac{\text{d}\delta}{\text{d}\tau} \tag{3.55}$$

式中　β——常数。

式（3.55）积分可得

$$\delta^2 = 2\beta\tau \tag{3.56}$$

可见，氧化层厚度 δ 与氧化时间 τ 之间呈抛物线关系。

为便于实际应用，常将氧化层增厚速率表示为单位表面积增重量，即

$$\frac{\Delta m}{S} = \delta\rho_{\text{O}} \tag{3.57}$$

式中 $\Delta m/S$——单位面积增重量（即加进的氧量），$kg \cdot m^{-2}$；
ρ_O——氧化物中氧密度，$kg \cdot m^{-3}$。

将式（3.56）代入式（3.57），可得

$$\frac{\Delta m}{S} = \rho_O \sqrt{2\beta\tau} = \sqrt{K^*\tau} \tag{3.58}$$

式中 K^*——增重参数，$kg^2(O_2) \cdot m^{-4} \cdot h^{-1}$，有些文献称为抛物线氧化参数。

K^*越大，金属氧化越快，其与所处温度密切关联。研究表明，K^*与T的变化关系也满足 Arrhenius 关系式

$$K^* = K_0^* \exp\left(-\frac{Q_K}{RT}\right) \tag{3.59}$$

式中 Q_K——氧化活化能，$J \cdot mol^{-1}$；
K_0^*——增重因子，$kg^2(O_2) \cdot m^{-4} \cdot h^{-1}$。

某些金属氧化实验数据列于表 3.6。

表 3.6 某些金属氧化实验数据

金属	氧化气氛	氧化气氛温度/℃	K_0^* / [$kg^2(O_2) \cdot m^{-4} \cdot h^{-1}$]	Q_K/(kJ·mol^{-1})
Ti	空气	550～850	5.76×10^4	188.41
V	O_2，0.1atm	400～600	4.68×10^3	128.53
Cr	空气	700～1100	2.21×10^7	270.47
Mn	空气	400～1200	7.02×10^2	118.49
Fe	空气	500～1100	1.33×10^5	138.16
Co	空气	700～1200	2.30×10^{10}	272.14
Ni	空气	700～1240	1.15×10^4	188.41
Cu	空气	550～900	9.58×10^4	157.84
Al-29Mg	O_2，0.1 atm	200～550	7.2	138.16

例 [3.4]

已知截面 0.1m×0.1m、长 $l = 1.2$m 铜锭氧化参数 $K_0^* = 9.58 \times 10^4 kg^2(O_2) \cdot m^{-4} \cdot h^{-1}$、$Q_K = 157.84 kJ \cdot mol^{-1}$，估算铜锭在 900℃加热炉中停留 1.5h 的烧损率 η。

【分析】利用氧化参数求出单位面积增重量。

【题解】根据式（3.59）可得 900℃下增重参数

$$K^* = K_0^* \exp\left(-\frac{Q_K}{RT}\right) = 9.58 \times 10^4 \times \exp\left[-\frac{157.84 \times 10^3}{8.314 \times (273+900)}\right]$$

$$= 8.96 \times 10^{-3} \ [kg^2(O_2) \cdot m^{-4} \cdot h^{-1}]$$

单位表面增重量为

$$\frac{\Delta m}{S} = \sqrt{K^*\tau} = \sqrt{8.96\times10^{-3}\times1.5} = 0.116\left[\text{kg}(O_2)\cdot m^{-2}\right]$$

现假定氧化产物全部为 Cu_2O，即每 16.00kg 氧将使 $2\times63.55 = 127.10$kg 铜氧化，现 $0.116S$ kg 氧则对应 $(127.10/16)\times0.116S = 0.92S$ kg 铜。

则铜锭烧损率 η 为

$$\eta = \frac{\Delta m}{m} = \frac{0.92\times(4\times0.1\times1.2 + 2\times0.1\times0.1)}{8920\times0.1\times0.1\times1.2} = 0.0043 = 0.43\%$$

3.2.5 非稳态扩散

自然界与工程中，任何传质过程在起始阶段总是处于不稳定状态。对于只存在分子扩散的混合物，若浓度梯度未达到稳定平衡状态，这种扩散属于非稳态扩散。

为简单起见，任取厚度为 Δx，截面为 Δy、Δz 微元体（图 3.1），分析沿 x 方向的一维非稳态扩散传质过程。根据质量守恒定律，扩散进出量之差应等于该时间内浓度变化，故有

$$\left(J_{ix} - J_{i(x+\Delta x)}\right)\times\Delta y\Delta z = \Delta x\Delta y\Delta z\frac{\partial C_i}{\partial \tau} \tag{3.60}$$

即

$$-\frac{\partial J_i}{\partial x} = \frac{\partial C_i}{\partial \tau} \tag{3.61}$$

结合菲克第一定律，可得

$$D\frac{\partial^2 C_i}{\partial x^2} = \frac{\partial C_i}{\partial \tau} \tag{3.62}$$

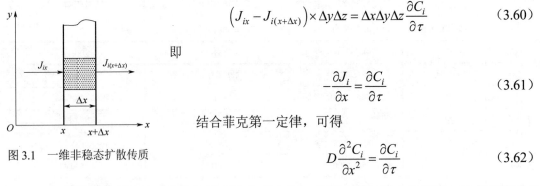

图 3.1 一维非稳态扩散传质

上式为不稳定扩散传质微分方程，称为菲克第二定律，其与无内热源的一维非稳态导热微分方程形式完全相同。因此，根据类比原理，传热学中已得到的各种非稳态导热解均可直接用来计算非稳态传质问题，只需将热扩散系数 a 改为分子扩散系数 D，将温度改为组分浓度或密度即可。

3.3 对流传质

运动流体与壁面间或两个有限互溶运动流体间的质量传递现象称为对流传质。与对流传热相似，对流传质是一个复杂的物理过程，其不仅受流体物性、相界面形状以及浓度梯度影响，更与流动紊乱程度及流速分布状况有关。因此，对流传质过程可看成是分子扩散与湍流扩散的综合。

目前，除典型层流液膜与相界面的传质以外，其他情况下对流传质都难以用理论分析方

法求解。对流传质研究、分析方法与处理对流传热相似,其关键在于传质系数确定。对流传质与对流传热一样,按流体流动原因不同可分为自然对流传质与强制对流传质两类;根据流体作用方式可分为流体与壁面间对流传质和一种流体作用于另一种流体的相间传质。工程实践中为强化传质,大多采用强制对流传质。强制对流传质又可分强制层流传质与强制湍流传质。本节主要介绍流体与壁面间强制对流传质。

在理论分析和实验研究基础上,通常采用一种简单的表象公式(不考虑过程微观机理而仅根据表面现象规律列出的线性关系)来表示对流传质摩尔通量,即

$$N_A = k_c(C_{Aw} - C_{A\infty}) \tag{3.63}$$

式中 k_c——对流传质系数,m·s^{-1};
C_{Aw}——组分 A 在紧贴壁面处浓度,kmol·m^{-3};
$C_{A\infty}$——组分 A 在主流流体中浓度,kmol·m^{-3}。

上述关系式与对流传热中牛顿冷却定律相似,因此研究方法也相似。

3.3.1 浓度边界层及其传质微分方程

(1)浓度边界层

流动边界层、温度边界层概念扩展应用到对流传质中,可得到浓度边界层概念。

当流体与壁面间某组分存在浓度差而使浓度在壁面法线方向发生梯度变化,从而出现浓度边界层。例如,当含有组分 A(浓度均匀 $C_{A\infty}$)的流体纵掠平板(壁面处组分 A 浓度 C_{Aw},且 $C_{Aw} > C_{A\infty}$,如图 3.2 所示)后,流体内组分 A 在浓度梯度作用下由壁面沿浓度梯度负方向传递。在壁面处($y=0$)处,组分 A 浓度 C_A 等于 C_{Aw};随着流体在 x 方向流动,流体组分 A 浓度受壁面浓度的影响区域逐渐增大;而在 $y=\delta_c$ 处,组分 A 浓度 C_A 接近主流组分 A 浓度 $C_{A\infty}$,且满足 $(C_{Aw}-C_A)/(C_{Aw}-C_{A\infty})=0.99$ 关系,此厚度 δ_c 称为浓度边界层厚度。利用浓度边界层将整个流动分成两区域:具有显著浓度变化的边界层与可视为零浓度梯度的等浓度区域。

(2)边界层传质微分方程

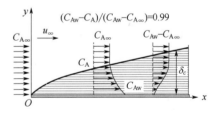

图 3.2 流体纵掠平板时浓度边界层图示

与对流传热中用边界层传热微分方程来描述流体对流传热与导热间关系一样,在对流传质中也可建立边界层传质微分方程以描述对流传质与扩散间关系。

根据菲克第一定律[式(3.24)],可得组分 A 通过边界层的分子扩散摩尔通量

$$N_A = J_A = -D\left(\frac{\partial C_A}{\partial y}\right)_{y=0} \tag{3.64}$$

根据流体在壁面静止特性及质量守恒定律可知,壁面与流体间对流传质通量应等于通过壁面静止流体层的分子扩散传质量,即

$$k_c(C_{Aw} - C_{A\infty}) = -D\left(\frac{\partial C_A}{\partial y}\right)_{y=0} \quad (3.65)$$

或

$$k_c = -\frac{D}{C_{Aw} - C_{A\infty}} \times \left(\frac{\partial C_A}{\partial y}\right)_{y=0} \quad (3.66)$$

这就是与边界层传热微分方程相似的边界层传质微分方程。在一般情况下，要得到解决传质问题的计算式，必须对上述传质微分方程进行积分求解，但除几种简单情况外，积分很困难。

3.3.2 对流传质准数

通常应用无量纲参数来关联对流传递参数：在动量传递中引入雷诺数，在热量传递中引入普朗特数与努塞特数。所以在解决实际传质问题时，也与对流传热一样，先由微分方程导出确定对流传质的相似准数，然后通过实验确定准数间函数关系，从而求得对流传质系数 k_c，最后按传质基本公式进行计算。

既然流体对流传质微分方程与对流传热微分方程形式完全相同，那么两种方程应有完全相似的准数，如表 3.7 所示。

表 3.7 流体对流传质准数与对流传热准数对照表

项目	对流传质准数		对流传热准数	
	名称及符号	表达式	名称及符号	表达式
传递阻力比	宣乌特数 Sh	$Sh = \dfrac{k_c l}{D}$	努塞特数 Nu	$Nu = \dfrac{hl}{k}$
流体物性比	施密特数 Sc	$Sc = \dfrac{v}{D}$	普朗特数 Pr	$Pr = \dfrac{v}{a}$
自然流动流态	阿基米德数 Ar	$Ar = \dfrac{gl^3 \Delta\rho}{\rho v^2}$	格拉晓夫数 Gr	$Gr = \dfrac{gl^3 \beta \Delta t}{v^2}$
强制流动流态	雷诺数 Re	$Re = \dfrac{ul}{v}$	雷诺数 Re	$Re = \dfrac{ul}{v}$
非稳态传递	菲克数 Fi	$Fi = \dfrac{\delta_c^2}{D}$	傅里叶数 Fo	$Fo = \dfrac{a\tau}{\delta^2}$
流动传递量与分子扩散量之比	波登斯坦数 Bo	$Bo = \dfrac{ul}{D}$	贝克利数 Pe	$Pe = \dfrac{ul}{a}$

注：上述准数中 l 为定形尺寸。

3.3.3 对流传质准数关联式

目前大多数实际对流传质问题，仍然无法利用理论分析求解，主要还是依靠相似理论指导来获得准数关联式再进行求解，这些实验关联式往往与相同条件的对流传热准数关联式相似。

参考对流传热准数关联式，可将对流传质过程表示成一般准数关联式，即

$$Sh = f(Re, Sc, Ar) \tag{3.67}$$

在自然对流（u 很小）传质情况下，Re 贡献可忽略，则自然对流传质准数关联式可表示为

$$Sh = KSc^m Ar^n \tag{3.68}$$

在强制对流传质情况下，即有 $\Delta\rho = 0$，自然对流传质（即 Ar）影响可忽略，则强制对流传质准数关联式可表示为

$$Sh = KRe^m Sc^n \tag{3.69}$$

式（3.68）、式（3.69）需通过大量实验数据进行关联，对于不同流动情况，K、m、n 数值各不相同。

在很多复杂过程中，对流传热同时伴随对流传质，如水分蒸发，二者在同一条件下指数关系式完全相似。

在稳定连续的强制对流中，对流传热准数关联式为

$$Nu = KRe^m Pr^n \tag{3.70}$$

比较式（3.69）与式（3.70），可得

$$Sh = Nu\left(\frac{Sc}{Pr}\right)^n \tag{3.71}$$

根据表 3.7 中 Sc 与 Pr 的表达式，有

$$\frac{Sc}{Pr} = \frac{v}{D} \times \frac{a}{v} = \frac{a}{D} = Le \tag{3.72}$$

式中 Le——刘易斯数（$=a/D$）。

在给定 Re 情况下，若 $Sc = Pr$（即 $a = D$），则 $Sh = Nu$，可得

$$k_c = \frac{hD}{k} = \frac{ha}{k} = \frac{h}{\rho C_p} \tag{3.73}$$

上式称为刘易斯关系式，其揭示 k_c 与 h 间关系，说明对流传质系数可从对流传热系数求得。因此对于一些复杂传质现象，我们可通过研究传热来研究传质。

需指出，湍流情况下即使 $Sc \neq Pr$（即 $a \neq D$），仍然认为刘易斯关系是正确的。因为湍流情况下只有层流底层传热、传质依靠分子传递，且 Re 愈大而层流底层愈薄，分子传递所起作用愈不重要，因此可认为 $Sh = Nu$。湍流程度越大，该式可靠性越高。但在层流情况下，刘易斯关系式只适用于 $a = D$ 的特定情况。

当流体与壁面间同时发生传质、传热现象时，可用 h 来计算 k_c。

$$\frac{h}{k_c} = \rho C_p \left(\frac{a}{D}\right)^{2/3} = \rho C_p Le^{2/3} \tag{3.74}$$

下面介绍几种常见的准数关联式。

（1）圆管内强制对流传质

与圆管内强制对流传热相似，通过大量实验数据分析，得到光滑圆管内强制对流传质准数关联式

$$Sh = 0.023Re^{0.83}Sc^{0.44} \tag{3.75}$$

上式适用范围为 $2000<Re<35000$，$0.6<Sc<2.5$，定性尺寸为圆管内径 d，速度用气体对管壁表面的绝对速度。

（2）流体沿平壁流动时强制对流传质

① 层流时（$Re\leqslant15000$）

$$Sh_x = 0.332Re_x^{1/2}Sc^{1/3} \tag{3.76}$$

上式适用于 $0.6<Sc<2500$，定性尺寸为流动方向离平壁前缘距离 x。由于流体沿平壁流动过程中不同位置 x 处浓度梯度不同，因而传质系数不断改变，故上式计算得到的是 x 处局部对流传质系数。对平壁长度 L 积分平均，可得到

$$Sh_L = 0.664Re_L^{1/2}Sc^{1/3} \tag{3.77}$$

这说明整个平壁的平均对流传质系数是末端对流传质系数的两倍，这与沿平壁对流传热系数相似。

② 湍流时（$15000<Re<30000$）

$$Sh_L = 0.0364Re_L^{0.8}Sc^{1/3} \tag{3.78}$$

上式也适用于 $0.6<Sc<2500$。

例［3.5］

纯氮气平行流过盛有乙醇溶液的敞口槽，若乙醇温度维持在 292K（此时乙醇蒸气压为 5.33×10^3Pa）时乙醇进入氮气的平均传质系数 $k_c=0.0324$m·s^{-1}，计算乙醇对流传质摩尔通量。

【分析】根据理想气体状态方程算出乙醇表面气相浓度，然后利用表象公式可计算出对流传质摩尔通量。

【题解】根据理想气体状态方程，可得乙醇表面气相浓度为

$$C_{As} = \frac{p}{RT} = \frac{5.33\times10^3}{8.314\times292} = 2.20\,(\text{kmol}\cdot\text{m}^{-3})$$

因氮气摩尔流量远远超过乙醇传递速率，故氮气中乙醇浓度 $C_{A\infty}$ 接近零，则乙醇对流传质摩尔通量为

$$N_A = k_c(C_{As}-C_{A\infty}) = 0.0324\times(2.20-0) = 0.07\,(\text{kmol}\cdot\text{m}^{-2}\cdot\text{s}^{-1})$$

本章小结

质量传递的推动力是浓度差或浓度梯度，其两种基本方式：分子扩散与湍流扩散。

在多元物系质量传递中可用质量浓度、摩尔浓度、质量分数及摩尔分数表示各组分含量，这些浓度表示方法可相互换算。同时，质量传递通量可分成净通量与分子扩散通量两种，其表示方法有质量通量与摩尔通量两种。

物质在等摩尔逆扩散与单向扩散两种传递过程中，物系组分分别遵循菲克第一定律与斯特藩定律，通过对扩散方程求解可得到分子扩散通量计算表达式。

物质扩散量除与扩散物质本身性质（固、液、气态）有关外，还与物系组分、温度、压强及堆叠结构有关。按扩散物质分子运动平均自由程 λ 与孔道直径 d 的关系，多孔介质中扩散可分为菲克型扩散、克努森扩散及过渡区扩散三种。

工程传质体系中往往扩散传质与化学反应同时存在，如气体分子在金属表面处离解、氧化等。

扩散传质微分方程与导热微分方程类似，稳态和非稳态分子扩散过程对应菲克第一定律、菲克第二定律。

对流传质研究方法类似于对流传热，关键在于确定对流传质系数，通常采用对流传质准数关联式来确定对流传质系数。

本章符号说明

符号	物理意义	计量单位
a	导温系数或热扩散系数	$m^2 \cdot s^{-1}$
C	混合物摩尔浓度	$kmol \cdot m^{-3}$ 或 $mol \cdot m^{-3}$
C_i	混合物中组分 i 摩尔浓度	$kmol \cdot m^{-3}$ 或 $mol \cdot m^{-3}$
C_0	金属表面金属离子浓度	$kmol \cdot m^{-3}$ 或 $mol \cdot m^{-3}$
C_δ	从金属表面算起至 δ 处金属离子浓度	$kmol \cdot m^{-3}$ 或 $mol \cdot m^{-3}$
d	圆管或孔道直径	m
D	分子扩散系数	$m^2 \cdot s^{-1}$
D_0	扩散系数常数	$m^2 \cdot s^{-1}$
D_{AB}	组分 A 向组分 B 扩散的分子扩散系数	$m^2 \cdot s^{-1}$
D_{eff}	物系有效扩散系数	$m^2 \cdot s^{-1}$
D_{AA}	组分 A 自扩散系数	$m^2 \cdot s^{-1}$
D_{Ae}	组分 A 有效扩散系数	$m^2 \cdot s^{-1}$
D_{cat}	金属离子扩散系数	$m^2 \cdot s^{-1}$
D_{KA}	克努森扩散系数	$m^2 \cdot s^{-1}$
h	对流传热系数	$W \cdot m^{-2} \cdot ℃^{-1}$
j	分子扩散质量通量	$kg \cdot m^{-2} \cdot s^{-1}$
j_i	混合物中组分 i 分子扩散质量通量	$kg \cdot m^{-2} \cdot s^{-1}$
J	分子扩散摩尔通量	$mol \cdot m^{-2} \cdot s^{-1}$
J_{cat}	金属离子扩散摩尔通量	$mol \cdot m^{-2} \cdot s^{-1}$

续表

符号	物理意义	计量单位
J_i	混合物中组分 i 分子扩散摩尔通量	$mol \cdot m^{-2} \cdot s^{-1}$
k_c	对流传质系数	$kmol \cdot m^{-2} \cdot s^{-1}$
K	气体分子离解成原子的平衡常数	无量纲
K^*	增重参数	$kg^2(O_2) \cdot m^{-4} \cdot h^{-1}$
K_0^*	增重因子	$kg^2(O_2) \cdot m^{-4} \cdot h^{-1}$
l	定形尺寸	m
m	物质质量	kg
M_i	混合物中组分 i 摩尔质量	$kg \cdot mol^{-1}$
n_i	混合物中组分 i 物质的量	kmol 或 mol
$\boldsymbol{n}_i$	混合物中组分 i 净质量通量	$kg \cdot m^{-2} \cdot s^{-1}$
N	混合物中组分数	无量纲
$\boldsymbol{N}_i$	混合物中组分 i 净摩尔通量	$mol \cdot m^{-2} \cdot s^{-1}$
p	混合气体总压强	atm 或 Pa
p_i	混合气体中组分 i 分压	atm 或 Pa
P^*	渗透率	$cm^3 \cdot cm^{-1} \cdot s^{-1} \cdot atm^{-0.5}$
P_0^*	渗透标准体积流量	$cm^3 \cdot cm^{-1} \cdot s^{-1} \cdot atm^{-0.5}$
Q	扩散活化能	$J \cdot mol^{-1}$
Q_P	渗透活化能	$J \cdot mol^{-1}$
r	颗粒半径	m
R	摩尔气体常数	$J \cdot mol^{-1} \cdot K^{-1}$
S	面积	m^2
S^*	气体溶解度	$Pa^{-0.5}$ 或 $atm^{-0.5}$
T	热力学温度	K
T_c	溶剂临界绝对温度	K
u	流速	$m \cdot s^{-1}$
$\bar{u}$	平均速度	$m \cdot s^{-1}$
$\boldsymbol{u}$	混合物质量平均速度	$m \cdot s^{-1}$
$\boldsymbol{u}_i$	混合物中组分 i 速度	$m \cdot s^{-1}$
$\boldsymbol{u}_M$	混合物摩尔平均速度	$m \cdot s^{-1}$
V	体积	m^3
w_i	混合物中组分 i 质量分数	无量纲
x	离平板前缘的距离	m
x, y, z	直角坐标	无量纲
x_i	混合物中组分 i 摩尔分数	无量纲

符号	物理意义	计量单位
δ	薄壁厚度或射线行程	m
δ_c	浓度边界层厚度	m
ε	多孔介质孔隙率	无量纲
λ	分子运动平均自由程	μm 或 m
κ	玻尔兹曼常数	$J \cdot K^{-1}$
μ	气体黏度	$Pa \cdot s$
μ_B	溶剂黏度	$Pa \cdot s$
ξ	多孔介质中孔道弯曲度	无量纲
ρ	混合物密度	$kg \cdot m^{-3}$
ρ_i	混合物中组分 i 密度或质量浓度	$kg \cdot m^{-3}$
ρ_O	氧化物中氧密度	$kg \cdot m^{-3}$
τ	时间	s

准数	说明	计量单位
Ar	阿基米德数	无量纲
Bo	波登斯坦数	无量纲
Fi	菲克数	无量纲
Fo	傅里叶数	无量纲
Gr	格拉晓夫数	无量纲
Nu	努塞特数	无量纲
Pe	贝克利数	无量纲
Pr	普朗特数	无量纲
Re	雷诺数	无量纲
Sc	施密特数	无量纲
Sh	宣乌特数	无量纲

下标	说明	
A	混合物中组分 A	
B	混合物中组分 B	
i	混合物中组分 i	
L	平壁长度 L 积分平均	
w	固体壁面	
x	距起点 x 处	
∞	主流	

续表

上标	说明	
m	指数	
n	指数	

思考题与习题

3.1 质量传递推动力是什么？质量传递基本方式有哪些？

3.2 菲克第一定律与斯特藩定律有何区别？

3.3 从边界层理论出发比较对流传热与对流传质机理。

3.4 比较牛顿黏性定律、傅里叶定律、菲克第一定律的相似与不同之处。

3.5 金秋飘桂花，花香飘满城。为什么在教室里能闻到窗外桂花香？

3.6 喝咖啡时，通常会在咖啡中放方糖，然后用勺搅拌，搅拌的目的是什么？

3.7 油炸是食品加工主要方法之一，请从传热、传质角度分析油炸过程。

3.8 已知25℃饱和水蒸气压强为3168Pa，求1atm下25℃空气与饱和水蒸气混合物中空气与水蒸气的质量浓度。【0.023kg·m^{-3}，1.11kg·m^{-3}】

3.9 在制备微电子器件时，利用硅烷（SiH_4）与 H_2 混合气在晶片表面化学沉积一层均匀固体硅（Si）薄膜，若混合气维持 50%（摩尔分数）SiH_4 与 50%（摩尔分数）H_2，①混合气质量分数各是多少？②混合气平均摩尔质量是多少？③系统维持 900K、60Torr（7980Pa）恒温恒压下，计算 SiH_4 在进气中的摩尔浓度。【①0.94，0.06；②0.017kg·mol^{-1}；③0.53mol·m^{-3}】

3.10 在 1atm、25℃条件下，直径 d=10mm、长 l=150mm 试管底部盛有高 h=10mm 水柱，已知该条件下饱和水蒸气分压为 3168Pa，水蒸气在空气中扩散系数为 $2.56×10^{-5}m^2·s^{-1}$，计算试管中水分向干空气中扩散速率 q_e。【$1.87×10^{-8}mol·s^{-1}$】

3.11 壁厚 20mm 合金钢材质圆筒形储气罐内储存 40℃、60atm 氢气，已知储气瓶渗透参数 P_0^*=$2.9×10^{-3}cm^3·cm^{-1}·s^{-1}·atm^{-0.5}$、$Q_P$=$3.52×10^4J·mol^{-1}$，求氢气渗漏的摩尔扩散速率。【$5.40×10^{-7}m^3·m^{-2}·h^{-1}$】

3.12 食品加工厂在 180℃下油炸南瓜，该温度下南瓜传质系数 k_c=$1.97×10^{-6}m·s^{-1}$。若油炸时质量流量 q_m=0.5kg·s^{-1}，对流传质面积 S=2m^2，求此时南瓜在界面处浓度与油中浓度之差及传质通量。【$1.27×10^5kg·m^{-3}$，0.25kg·m^{-2}·s^{-1}】

第4章 非均相物系分离

本章提要

本章主要介绍颗粒、颗粒床层特性，以及重力沉降、离心沉降、过滤分离三种非均相物系分离操作基本原理，在此基础上简述固体流态化基本性质。

4.1 概述

物系指以一定数量与一定种类物质所组成的整体，亦称体系或系统。根据需要可人为地把一部分物体从周围物体中划分出来作为研究对象，而把与物系密切相关且影响可及部分称为环境。系统内部物理与化学性能均匀、边界明显，用机械方法可分离的部分称为"相"。仅含一个相的物系称为均相物系，而含两个及以上相且相间有明显分界面的物系称为非均相物系。

工业生产或科学研究中，会涉及由固体颗粒与流体组成的两相流动物系，固体颗粒处于分散状态称为分散相，流体处于连续状态称为连续相。有时需要将非均相物系进行分离，得到分散相与连续相；而有时需要将固态物系进行流态化处理，形成非均相物系。

非均相物系中分散相与连续相具有显著不同的物理性质，使两相发生相对运动，达到分离目的。通常采用机械方法实现非均相物系分离，例如密度差异较大颗粒可用沉降分离，粒径不同颗粒可用筛分分离，悬浮液可用过滤实现固液分离，气流中粉尘可用重力场、离心力场或电场将其净化。

固体流态化指凭借流体流动作用，使大量固体颗粒悬浮于流体中并呈现类似流体的特性。借助固体颗粒流化状态实现某些生产过程的操作，称为流态化技术。

4.1.1 单颗粒特性

单颗粒几何特性（大小、形状、比表面积）对非均相物系流动有重要影响。根据形状不同，单颗粒可分为球形颗粒与非球形颗粒。

（1）球形颗粒

球形颗粒几何变量为直径 d，其体积 V、表面积 S 及比表面积 a 均可表示为 d 的函数，即

$$V = \frac{\pi d^3}{6} \tag{4.1}$$

$$S = \pi d^2 \tag{4.2}$$

$$a = \frac{S}{V} = \frac{6}{d} \tag{4.3}$$

（2）非球形颗粒

实际遇到固体颗粒大多数是非球形颗粒且形状各异，不可能用单一参数全面地表示颗粒几何外貌。通常用球形度描述颗粒形状，用当量直径描述颗粒尺寸。

颗粒球形度 ϕ_s（或称球形系数）描述颗粒形状与球形的差异，定义为与某颗粒体积相等的球体表面积 S 与该颗粒表面积 S_p 之比，即

$$\phi_s = \frac{S}{S_p} \tag{4.4}$$

由于同体积不同形状颗粒中，球形颗粒表面积最小，因此任何非球形颗粒球形度均小于 1（球形颗粒球形度为 1），且颗粒形状与球形相差越大，球形度越小。

非球形颗粒当量直径可用体积当量直径 d_{eV}（当量球形颗粒体积等于真实颗粒体积）、表面积当量直径 d_{eS}（当量球形颗粒表面积等于真实颗粒表面积）及比表面积当量直径 d_{ea}（当量球形颗粒比表面积等于颗粒比表面积）描述，即

$$d_{eV} = \sqrt[3]{\frac{6V}{\pi}} \tag{4.5}$$

$$d_{eS} = \sqrt{\frac{S}{\pi}} \tag{4.6}$$

$$d_{ea} = \frac{6}{a} = \frac{6V}{S} \tag{4.7}$$

体积当量直径 d_{eV}、表面积当量直径 d_{eS} 与比表面积当量直径 d_{ea} 三者之间关系为

$$d_{ea} = \frac{d_{eV}^3}{d_{eS}^2} = \left(\frac{d_{eV}}{d_{eS}}\right)^2 d_{eV} \tag{4.8}$$

结合球形度 ϕ_s 和当量直径定义，则可推导出两者间相互关系为

$$\phi_s = \frac{S}{S_p} = \frac{\pi d_{eV}^2}{\pi d_{eS}^2} = \frac{d_{eV}^2}{d_{eS}^2} \tag{4.9}$$

综上所述，非球形颗粒必须确定两个参数才能确定其体积 V、表面积 S 和比表面积 a，见下式。

$$V = \frac{\pi d_{eV}^3}{6} \tag{4.10}$$

$$S = \frac{\pi d_{eV}^2}{\phi_s} \tag{4.11}$$

$$a = \frac{6}{\phi_s d_{eV}} \tag{4.12}$$

4.1.2 颗粒床层特性

非均相物系流动中，会有大量固体颗粒团聚形成颗粒床层。当床层中固体颗粒静止不动时，称为固定床。对流体流动产生重要影响的床层特性有床层空隙率、床层自由截面积、床层比表面积及床层各向同性。

（1）床层空隙率

床层中颗粒间空隙所占体积与整个床层体积 V_b 之比称为空隙率 ε（或空隙度），即

$$\varepsilon = \frac{V_b - V_p}{V_b} \tag{4.13}$$

式中　V_p——颗粒体积，m^3。

空隙率大小与下列因素有关。

① 颗粒形状、粒度分布

非球形颗粒直径越小，形状与球差异越大，组成床层的空隙率越大；颗粒表面越粗糙，床层空隙率也越大；当非球形颗粒大小不一时，小颗粒可以嵌入大颗粒之间空隙中，因此非均匀颗粒床层空隙率比均匀颗粒床层小。

② 壁效应

壁效应指容器壁面会使床层同一截面空隙率分布不均匀，即在壁面附近空隙率较大，在床层中心处空隙率较小。空隙率变化导致流体通过床层阻力大小不一，近壁处流动阻力小，流速较床层内部快。改善壁效应的方法通常是限制床层直径与颗粒直径之比不得小于某极限值，当两者比值较大时，壁效应可忽略。

③ 床层填充方式

填充方式对床层空隙率影响较大，采用"湿装法"填充的床层通常空隙率较大。即使同样颗粒，用同样填充方式重复填充，所得空隙率也未必相同。

④ 床层空隙率实验测定方法

排水法：在体积为 V 的颗粒床层中加水至床层表面，测定加水体积 V_w，则床层空隙率为 $\varepsilon = V_w/V$。

称重法：已知床层中颗粒平均密度为 ρ，称量体积为 V 的颗粒床层质量为 m，则床层空隙率为 $\varepsilon = (V-m/\rho)/V$。

一般，非均匀、非球形颗粒的乱堆床层空隙率大致在 0.47～0.70 之间，均匀球体最松散堆叠时空隙率为 0.48，最紧密堆叠时空隙率为 0.26。

（2）床层自由截面积

床层截面未被颗粒占据且流体可自由通过的面积，称为床层自由截面积。小颗粒乱堆床层可认为是各向同性的，其自由截面积与床层截面积之比在数值上与床层空隙率相等。与床层空隙率相似，受壁效应影响，近壁处床层自由截面积较大。

（3）床层比表面积

床层比表面积指单位体积床层中具有的颗粒表面积，即颗粒与流体接触的表面积。如果忽略床层中颗粒间相互重叠的接触面积，对于空隙率为 ε 的床层，其比表面积 a_b（$m^2 \cdot m^{-3}$）与颗粒物料比表面积 a 具有以下关系

$$a_b = a(1-\varepsilon) \tag{4.14}$$

床层比表面积 a_b 也可用颗粒堆积密度 ρ_b 估算，即

$$a_b = \frac{6(1-\varepsilon)}{\phi_s d_e} = \frac{6}{\phi_s d_e} \times \frac{\rho_b}{\rho_s} \tag{4.15}$$

式中　ϕ_s——颗粒球形度；

　　　d_e——当量直径，m；

　　　ρ_s——颗粒真实密度，$kg \cdot m^{-3}$。

（4）床层各向同性

工业上小颗粒床层通常是乱堆的，当颗粒是球形或颗粒是非球形但方向随机时，可认为床层是各向同性的。

各向同性床层的一个重要特征是床层横截面的自由截面（供流体通过的空隙面积）与床层截面之比在数值上等于空隙率 ε。

固定床层中颗粒间空隙可形成供流体通过细小、曲折、互相交联的复杂通道，其流体流动阻力很难用理论推算。

4.1.3　颗粒与流体相对运动

（1）床层物理模型

当流体在颗粒床层中流动时，会受到颗粒间空隙大小、形状等影响。颗粒床层具有很大比表面积，流体在床层中多为爬流（雷诺数非常小的流态），此时流体运动方程中惯性项与黏性项相比可忽略不计，因此流动阻力基本上为黏性摩擦阻力。为计算流体通过颗粒床层的运动方程，需将实际复杂的流动过程简化为一组平行细管。经简化的等效流动过程为实际流动过程的物理模型，如图4.1所示。

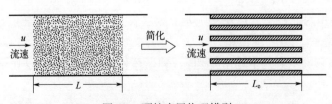

图4.1　颗粒床层物理模型

设平行细管长度为 L_e，并规定细管全部流动空间等于颗粒床层空隙容积，细管的内表面

积等于颗粒床层全部表面积。因此细管当量直径 d_e 可表示为床层空隙率 ε 与比表面积 a_b 的函数，即

$$d_e = \frac{4\varepsilon}{a_b} = \frac{4\varepsilon}{(1-\varepsilon)a} \tag{4.16}$$

（2）固体颗粒床层中流体压降的数学描述

由于颗粒床层中独特的空间结构，流体通过时压降主要表现在两个方面：其一，流体与颗粒表面摩擦作用产生压降；其二，孔道大小与方向变化产生形体阻力引起压降。层流时压降主要由表面摩擦作用产生，而湍流时压降主要受形体阻力作用。

根据简化的物理模型，流体通过颗粒床层压降 Δp_f 为

$$\Delta p_f = \lambda \frac{L}{d_e} \times \frac{\rho u_1^2}{2} \tag{4.17}$$

式中　L——床层初始高度，m；
　　　u_1——流体实际流速，m·s^{-1}；
　　　λ——孔道沿程阻力系数，无量纲。

按整个床层截面计算流速 u，即为流化速度

$$u = \varepsilon u_1 \tag{4.18}$$

则可得固体床层中流体压降的数学描述

$$\frac{\Delta p_f}{L} = \lambda' \frac{(1-\varepsilon)a}{\varepsilon^3} \rho u^2 \tag{4.19}$$

式中　$\Delta p_f / L$——流体单位床层高度压降；
　　　λ'——流体摩擦系数（称为模型参数），其值可通过实验测定。

（3）模型参数实验测定法

床层简化物理模型参数 λ' 的实验测定方法有康采尼法与欧根法。

① 康采尼法

康采尼在实验研究时发现床层雷诺数 $Re_b < 2$ 的层流情况下，模型参数 λ' 可较好地符合下式：

$$\lambda' = \frac{K'}{Re_b} \tag{4.20}$$

式中　K'——康采尼常数，其值为 5.0。

床层雷诺数 Re_b 定义为

$$Re_b = \frac{d_c u_1 \rho}{\mu} = \frac{\rho u}{a(1-\varepsilon)\mu} \tag{4.21}$$

式中　d_c——临界直径，m；
　　　μ——流体动力黏度系数，Pa·s。

对不同床层，康采尼常数 K' 的误差不超过 10%，这表明上述简化物理模型是实际过程的合理简化。因此，在实验确定模型参数 λ' 的同时，也检验简化物理模型的合理性。

将式（4.20）与式（4.21）代入式（4.19），可得康采尼方程

$$\frac{\Delta p_f}{L} = 5.0 \frac{(1-\varepsilon)^2 a^2 u \mu}{\varepsilon^3} \tag{4.22}$$

此式仅适用于 $Re_b < 2$。

② 欧根法

欧根在较宽 Re_b 范围内研究了 λ' 与 Re_b 的关系，获得如下关联式

$$\lambda' = \frac{4.17}{Re_b} + 0.29 \tag{4.23}$$

将式（4.23）代入式（4.19），可得欧根方程

$$\frac{\Delta p_f}{L} = 4.17 \frac{(1-\varepsilon)^2 a^2 u \mu}{\varepsilon^3} + 0.29 \frac{(1-\varepsilon)a}{\varepsilon^3} \rho u^3 \tag{4.24}$$

或

$$\frac{\Delta p_f}{L} = 150.12 \frac{(1-\varepsilon)^2}{\varepsilon^3 (\phi_s d_{eV})^2} u\mu + 1.74 \frac{1-\varepsilon}{\varepsilon^3 (\phi_s d_{eV})} \rho u^2 \tag{4.25}$$

上式适用范围为 $Re_b = 0.17 \sim 420$。当 $Re_b < 3$ 时，上式等号右边第二项可忽略；当 $Re_b > 100$ 时，上式等号右边第一项可忽略。

式（4.22）与式（4.25）表明，影响颗粒床层压降的因素有三个方面，即操作因素 u、流体物系 ρ、床层特性 ε 与 a，其中对流体影响最大的是颗粒床层空隙率。

例 [4.1]

尾气处理系统中使用直径 $d = 3\text{mm}$、长 $h = 5\text{mm}$ 的圆柱形颗粒催化剂，颗粒床层高度 165mm、床层空隙率为 0.46。已知尾气温度 $T = 973\text{K}$、压强 $p = 138\text{kPa}$、密度 $\rho = 0.512 \text{kg} \cdot \text{m}^{-3}$、黏度 $\mu = 3.43 \times 10^{-5} \text{Pa} \cdot \text{s}$，在标准状态下催化剂处理尾气量 $q_V = 120 \text{m}^3 \cdot \text{h}^{-1}$，求：①催化剂颗粒球形度；②尾气通过催化器压降。

【分析】 利用球体表面积 S 与颗粒表面积 S_p 之比及与当量直径的关系可求出球形度，再根据式（4.25）可求出尾气通过催化器压降。

【题解】 ① 由题意知，该圆柱形颗粒床层的体积为

$$V = \pi \left(\frac{d}{2}\right)^2 h$$

体积当量直径为

$$d_{eV} = \sqrt[3]{\frac{6V}{\pi}} = \sqrt[3]{\frac{3d^2 h}{2}} = \sqrt[3]{\frac{3 \times (0.003)^2 \times 0.005}{2}} = 0.00407 \text{ (m)}$$

该圆柱形颗粒床层表面积为

$$S_p = \frac{\pi}{2} d^2 + \pi d h$$

故催化剂颗粒球形度为

$$\phi_s = \frac{S}{S_p} = \frac{d_{eV}^2}{\frac{d^2}{2} + dh} = \frac{0.00407^2}{\frac{0.003^2}{2} + 0.003 \times 0.005} = 0.849$$

② 由题意可知，尾气通过催化器的流速为

$$u = \frac{p_0}{p} \times \frac{T}{T_0} \times q_V = \frac{101.3}{138} \times \frac{973}{273} \times \frac{120}{3600} = 0.0872 \ (\text{m} \cdot \text{s}^{-1})$$

根据欧根方程，可得单位高度颗粒床层压降为

$$\frac{\Delta p_f}{L} = 150.12 \frac{(1-\varepsilon)^2}{\varepsilon^3 (\phi_s d_{eV})^2} u\mu + 1.74 \frac{1-\varepsilon}{\varepsilon^3 (\phi_s d_{eV})} \rho u^2$$

$$= 150.12 \times \frac{(1-0.46)^2 \times 0.0872 \times 3.43 \times 10^{-5}}{0.46^3 \times (0.849 \times 0.00407)^2} + 1.74 \times \frac{(1-0.46) \times 0.512 \times 0.0872^2}{0.46^3 \times (0.849 \times 0.00407)}$$

$$= 123.53 \ (\text{Pa} \cdot \text{m}^{-1})$$

因此尾气通过催化器压降为

$$\Delta p_f = 123.53 \times 0.165 = 20.38 \ (\text{Pa})$$

4.2 沉降分离

沉降分离指基于非均相物系中物质间密度差异，在力作用下发生相对运动以实现物质分离的单元操作。例如，流体中悬浮固体颗粒在重力场或离心力场作用下，沿受力方向发生团聚、沉积，从而实现固体颗粒与流体分离。

4.2.1 重力沉降

在重力作用下实现沉降分离的单元操作称为重力沉降。为便于沉降机理讨论，这里研究球形颗粒的重力沉降模型。

（1）沉降过程分析

假设某静止流体中置入一个表面光滑的刚性球形颗粒，初始状态时颗粒相对流体静止。若颗粒密度大于流体密度，颗粒所受重力大于浮力，因此颗粒在流体中开始向下沉降运动。此时颗粒受到三个力的作用：重力 F_g、浮力 F_b、阻力 F_d（图 4.2）。当流体与颗粒一定时，重力与浮力保持不变，而阻力会随着运动速度发生变化。

设某固定环境条件下，密度 ρ_p、直径 d_p 的球形颗粒在密度 ρ 的流体中以速度 u 沉降，若沉降阻力系数为 ζ，则颗粒所受重力 F_g、浮力 F_b、阻力 F_d 分别为

$$F_g = m_p g = \rho_p V_p g = \frac{\pi}{6} d_p^3 \rho_p g \quad (4.26)$$

$$F_b = \rho g V_p = \frac{\pi}{6} d_p^3 \rho g \quad (4.27)$$

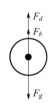

图 4.2 静止流体中球形颗粒重力沉降受力分析

$$F_d = \frac{1}{2}\zeta S_p \rho u^2 = \frac{1}{8}\zeta \pi d_p^2 \rho u^2 \tag{4.28}$$

式中　m_p——球形颗粒质量，kg；
　　　g——重力加速度，m·s^{-2}；
　　　V_p——球形颗粒体积，m^3；
　　　S_p——床层中球形颗粒所占截面积，m^2。

由牛顿第二定律可知，颗粒沉降运动方程为

$$F_g - F_b - F_d = m_p a_p = m_p \frac{du}{d\tau} \tag{4.29}$$

在静止流体中，球形颗粒沉降过程一般分为两个阶段：第一阶段，当所受合力不为 0 时，颗粒处于加速运动过程；第二阶段，阻力随速度增加而逐渐增大，当所受合力为 0 时，加速度 a_p 为 0，颗粒处于匀速运动过程。

① 沉降第一阶段——加速运动过程

将式（4.26）、式（4.27）、式（4.28）代入式（4.29）中，得到

$$\frac{\pi \zeta \rho d_p^2}{8}\left[\frac{4d_p g}{3\zeta}\left(\frac{\rho_p}{\rho} - 1\right) - u^2\right] = m_p a_p = m_p \frac{du}{d\tau} \tag{4.30}$$

根据式（4.30），当颗粒初速度 u 为 0 时，方程左侧达到最大值，因此在初始时刻加速度 a_p 最大。随着颗粒速度 u 不断增大，加速度 a_p 减小。影响球形颗粒加速运动过程的主要因素：颗粒尺寸 d_p、阻力系数 ζ 及颗粒密度与流体密度之比 ρ_p/ρ。当 ρ_p/ρ 越小、d_p 越小、ζ 较大时，颗粒加速过程越短。

② 沉降第二阶段——匀速运动过程

在此阶段，颗粒所受合外力为 0，颗粒处于匀速运动过程，颗粒相对于流体的运动速度 u_t 称为沉降速度，根据式（4.30）可推导出沉降速度 u_t 为

$$u_t = \sqrt{\frac{4d_p g(\rho_p - \rho)}{3\zeta \rho}} \tag{4.31}$$

根据量纲分析法可知，阻力系数 ζ 是雷诺数与颗粒球形度 ϕ_s 的函数，即 $\zeta = f(Re_t, \phi_s)$，其可通过实验法进行测定（参见任永胜编著的《化工原理》）。颗粒匀速沉降时雷诺数 Re_t 可表示为

$$Re_t = \frac{d_p u_t \rho}{\mu} \tag{4.32}$$

式中　μ——流体黏度，Pa·s。

根据阻力系数 ζ 随雷诺数 Re_t 变化的趋势，可分为以下三个区域。

a. 滞流区或斯托克斯（Stokes）定律区（$10^{-4} < Re_t \leq 2$）：

$$\zeta = \frac{24}{Re_t} \tag{4.33}$$

此区域中 Re_t 非常低，流体相对于球形颗粒的流态为爬流或蠕动流，可得流体对颗粒的阻力为

$$F_d = 3\pi\mu d_p u_t \tag{4.34}$$

将式（4.33）代入式（4.31）可得滞留区沉降速度 u_t 表达式：

$$u_t = \frac{d_p^2 g(\rho_p - \rho)}{18\mu} \tag{4.35}$$

b. 过渡区或艾伦（Allen）定律区（$2 < Re_t < 10^3$）：

$$\zeta = \frac{18.5}{Re_t^{0.6}} \tag{4.36}$$

将式（4.36）代入式（4.31）可得过渡区沉降速度 u_t 表达式：

$$u_t = 0.27\sqrt{\frac{d_p g(\rho_p - \rho)}{\rho} Re_t^{0.6}} \tag{4.37}$$

c. 湍流区或牛顿定律区（$10^3 \leqslant Re_t < 2 \times 10^5$）：

$$\zeta = 0.44 \tag{4.38}$$

将阻力系数 0.44 代入式（4.31）可得到过渡区沉降速度 u_t 表达式：

$$u_t = 1.74\sqrt{\frac{d_p g(\rho_p - \rho)}{\rho}} \tag{4.39}$$

（2）影响沉降速度因素

① 颗粒形状与尺寸

对于同一物理性质的固体颗粒，球形度 ϕ_s 小的颗粒（非球形）在流体中沉降阻力系数比球形颗粒大，沉降速度 u_t 比球形颗粒小。

当颗粒尺寸非常小（<0.5mm）时，由于流体分子热运动，颗粒发生布朗运动，因此不适用上述自由沉降速度公式。当 $Re_t > 10^{-4}$，可不考虑布朗运动影响。

② 干扰沉降

颗粒下沉过程中被置换的流体做反向运动，由于颗粒间距变小，周边颗粒所受阻力增加，因此颗粒间开始发生相互作用，即干扰沉降。当颗粒体积浓度大于 0.2% 时，发生干扰沉降。均匀颗粒干扰沉降的速度比自由沉降时小，而不均匀颗粒中由于小颗粒会被大颗粒影响，其干扰沉降速度比自由沉降时大。因此，准确沉降速度应根据实验进行确定。

③ 器壁效应

当容器较小时，容器壁面与底面会对沉降颗粒产生曳力，使颗粒实际沉降速度低于自由沉降速度。当容器尺寸远大于颗粒尺寸（>100 倍）时，只有壁面与底面附近颗粒受影响，器壁效应可忽略。此时，滞留区（斯托克斯定律区）沉降速度为

$$u_t' = \frac{u_t}{1 + 2.1\left(\dfrac{D}{d_p}\right)} \tag{4.40}$$

式中 u_t'——颗粒实际沉降速度，m·s^{-1}；

D——重力沉降设备直径，m。

4.2.2 离心沉降

当固体分散相与流体连续相之间密度差异较小或颗粒尺寸小时,重力沉降速度很低,需要借助外力作用进行两相分离。利用惯性离心力作用加快固体颗粒沉降速度以达到两相分离的操作称为离心沉降。通常,固液悬浮物在离心机中进行离心沉降,而固气悬浮物在旋风分离器中进行离心沉降。

(1)离心沉降过程

当流体带着固体颗粒围绕某一中心轴作圆周运动时,便形成惯性离心力场。如果颗粒密度大于流体密度,则在惯性离心力场作用下使颗粒在径向与流体发生相对运动而远离中心轴,因此颗粒在径向受到三个力的作用(忽略重力场的作用),即惯性离心力 F_c、向心力 F_b 与阻力 F_d。若密度 ρ_p、直径 d_p 的固体颗粒在密度 ρ 的流体做径向速度 u_r、切向速度 u_τ 运动,颗粒与中心轴距离为 R、颗粒离心加速度为 u_τ^2/R,则颗粒在径向受到惯性离心力 F_c、向心力 F_b 与阻力 F_d 分别表示为

$$F_c = \frac{\pi}{6} d_p^3 \rho_p \frac{u_\tau^2}{R} \tag{4.41}$$

$$F_b = \frac{\pi}{6} d_p^3 \rho \frac{u_\tau^2}{R} \tag{4.42}$$

$$F_d = \zeta \frac{\pi}{4} d_p^2 \frac{\rho u_r^2}{2} \tag{4.43}$$

当合力为零时

$$\frac{\pi}{6} d_p^3 \rho_p \frac{u_\tau^2}{R} = \frac{\pi}{6} d_p^3 \rho \frac{u_\tau^2}{R} + \zeta \frac{\pi}{4} d_p^2 \frac{\rho u_r^2}{2} \tag{4.44}$$

颗粒在径向与流体相对运动的速度为离心沉降速度,根据上式可得

$$u_r = \sqrt{\frac{4 d_p (\rho_p - \rho) u_\tau^2}{3 \rho \zeta R}} \tag{4.45}$$

颗粒离心沉降速度 u_r 与重力沉降速度 u_t 具有相似的表达式,若用离心加速度 u_τ^2/R 替代重力加速度 g,则式(4.31)可变为式(4.45)。虽然离心沉降速度 u_r 与重力沉降速度 u_t 表达式相似,但两者物理意义截然不同:离心沉降速度 u_r 是随所处位置变化的,而重力沉降速度 u_t 是恒定不变的;离心沉降速度 u_r 不是颗粒绝对速度,而是绝对速度在径向分量。

当颗粒在离心沉降时处于滞留区,其阻力系数 ζ 可用式(4.33)表示,于是离心沉降速度 u_r 为

$$u_r = \frac{d_p^2 u_\tau^2 (\rho_p - \rho)}{18 \mu R} \tag{4.46}$$

离心沉降速度与重力沉降速度之比称为离心分离因数,用 K_C 表示:

$$\frac{u_r}{u_t} = \frac{u_\tau^2}{Rg} = K_C \tag{4.47}$$

离心分离因数是离心分离设备的重要指标,其一般在 5~2500 之间,表明颗粒离心沉降

速度 u_r 比重力沉降速度 u_t 快很多，可见离心沉降比重力沉降的分离效果好。

（2）旋风分离器

旋风分离器是一种常用于颗粒物料分离的设备（图4.3），该设备主要组成部分包括进料口、旋风筒体、出料口以及与之相连的气体排放系统。旋风分离器工作原理可分为两个基本步骤：离心分离与颗粒物料收集。首先，物料与气体混合流经进料口进入旋风筒体。在旋风筒体内壁设有特殊设计的导流器以引导流体形成向下旋转气流，称为外旋气流。外旋气流产生强烈离心力，将颗粒物料从气流中分离，沿着旋风筒体壁面向下运动，并从筒体底部排灰口排出。其次，净化后外旋气流到达锥体时，因圆锥形收缩而向筒体中心靠拢。根据力学中旋转不变形原理，气流切向速度不断提高，当到达锥体下端的某一位置时，即以同样旋转方向从筒体中部，由下反转而上做螺旋运动，称为内旋气流。内旋气流从顶部排气口排出。这样，颗粒物料与清洁气体得以有效分离。总体而言，旋风分离器充分利用气体旋流产生强大

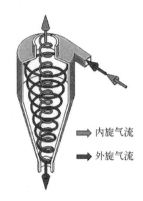

图 4.3　旋风分离器结构图

离心力，实现颗粒物料与气体有效分离，从而实现对颗粒物料分类、过滤或集中处理目的。此过程性能受多种因素影响，包括旋风筒体几何形状、气体流速、物料密度与粒径等参数。

例［4.2］

旋风分离器结构如图 4.3 所示，假设进入旋风分离器的气流严格按螺旋路线做等速运动，颗粒在滞留情况下做自由沉降；另外，切向速度等于进口流速 u_i，颗粒向内壁沉降时穿过整个气流层厚度 δ。试推导旋风分离器能分离的最小颗粒直径。

【分析】颗粒沉降速度可通过式（4.46）计算，再利用颗粒沉降时间等于颗粒在筒体内停留时间，即可推导出旋风分离器能分离的最小颗粒直径。

【题解】已知 $u_\tau = u_i$，且固体颗粒 ρ_p 远大于流体密度 ρ，即有 $\rho_p - \rho \approx \rho_p$，旋转半径 R 为平均值 R_m，根据式（4.46）可得

$$u_r = \frac{d^2 u_i^2 \rho_p}{18 \mu R_m}$$

颗粒穿过整个气流层厚度 δ，到达器壁所需的沉降时间 τ_θ 为

$$\tau_\theta = \frac{\delta}{u_r} = \frac{18 \delta \mu R_m}{d^2 u_i^2 \rho_p}$$

设气流有效旋转圈数为 N，它在筒体内运行距离为 $2\pi R_m N$，则停留时间 τ 为

$$\tau = \frac{2\pi R_m N}{u_i}$$

若颗粒沉降时间 τ_θ 恰好等于停留时间 τ，则该颗粒为理论上能被完全分离的最小颗粒，即

$$\frac{18 \delta \mu R_m}{d^2 u_i^2 \rho_p} = \frac{2\pi R_m N}{u_i}$$

解得最小颗粒的粒径 d 为

$$d = \sqrt{\frac{9\mu\delta}{\pi N \rho_p u_i}}$$

旋风分离器理论上能完全分离的最小颗粒称为临界颗粒,临界颗粒直径称为临界粒径 d_c。

4.3 过滤分离

过滤是一种常见的非均相物系分离技术,在工业生产、环境保护、科学研究中常用滤纸、筛网将固体颗粒从液体、气体中分离出来,或去除固体颗粒、液体、气体中杂质,从而得到纯净物质。

4.3.1 过滤原理

过滤指在外力作用下使非均相物系中流动相通过多孔介质孔道,而固相颗粒被截留在介质上,从而实现固相、流动相分离的单元操作。过滤操作示意图如图 4.4 所示,例如,含有悬浮液的非均相物系(滤浆)流过多孔介质(过滤介质)时,滤浆中被过滤介质截留的固相颗粒称为滤渣或滤饼,而滤浆中通过滤饼与过滤介质的流动相称为滤液。实际过滤操作中,外力一般为重力、压强差产生的压力、惯性离心力。

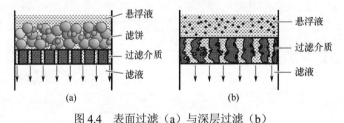

图 4.4 表面过滤(a)与深层过滤(b)

(1)过滤方式

过滤操作按照过滤机理主要分为表面过滤与深层过滤。

① 表面过滤:当悬浮液中大多数固相颗粒尺寸比过滤介质孔道大时,在过滤操作开始阶段,尺寸较小颗粒会穿过孔道,滤液仍然是非均相的。随着过滤操作进行,尺寸较大颗粒在过滤介质一侧表面逐渐堆积,形成一个颗粒床层滤饼,滤饼也会对后续颗粒产生截留作用。随着滤饼逐渐变厚,截留作用变得显著,滤液中固体小颗粒也逐渐减少,因此真正有效的过滤介质是表面颗粒床层,称为表面过滤。一般来说,表面过滤开始阶段得到的滤液是浑浊液,待滤饼变厚后滤液变得澄清。

② 深层过滤:当悬浮液中大多数固相颗粒尺寸比过滤介质孔道小得多时,颗粒进入过滤介质孔道内部,在表面力与静电作用下附着并沉积在孔道内壁上。深层过滤主要适用于固体颗粒含量较少且尺寸很小的悬浮液或气体。

（2）过滤介质

过滤介质起支撑滤饼与通过滤液的作用，因此要求其具有一定机械强度及尽可能小的流动阻力；同时针对悬浮液不同物化性能，还应具有相应的耐腐蚀性与耐热性。在生产实验操作中常见过滤介质有织物介质、堆积介质、多孔固体介质、多孔膜等，如表4.1所示。在选择过滤介质时，需根据具体情况进行综合考虑。

表4.1 过滤介质及其性能参数

介质	材质	优点	缺点	截留颗粒直径
织物介质	天然纤维或合成纤维：棉、毛、丝、麻等	价格低廉、易制造	滤速慢、易堵塞	5~65μm
堆积介质	固体颗粒或非编织纤维：细沙、木炭、石棉、硅藻土等	滤速快、易清洗	滤效低、易磨损	大于100μm
多孔固体介质	细微孔道的多孔材料：多孔陶瓷、多孔塑料、多孔金属	滤效高、耐腐蚀	价格昂贵、易破碎	1~3μm
多孔膜	有机高分子膜或无机材料膜	滤效高、易清洗	易破裂、价格昂贵	小于1μm

（3）滤饼与助滤剂

滤饼实际上为固体颗粒床层，随着过滤操作进行，滤饼逐渐变厚且具有一定刚性。当颗粒受压发生变形时，滤饼空隙率也会发生明显改变，导致流动阻力随压强差增大而增大，这种滤饼称为可压缩滤饼。当颗粒是不易变形的坚硬固体且滤饼两侧压差增大时，颗粒形状以及空隙率不会发生明显变化，单位厚度滤饼流动阻力可认为恒定，此类滤饼称为不可压缩滤饼。

为解决可压缩滤饼流动阻力增大问题，可加入助滤剂来改变颗粒床层结构以增加滤饼刚性、减小流动阻力，使滤液轻松通过滤饼。助滤剂基本要求：能形成固体颗粒床层，具有良好物理和化学性质，价格低廉且容易与滤饼分离。

（4）滤饼洗涤

在某些过滤结束后需要收集或去除滤饼中残留可溶性盐，可用清水或其他液体等洗涤液流过滤饼以完成洗涤操作，此过程称为滤饼洗涤。在洗涤过程中，洗出液中溶质浓度与洗涤时间关系如图4.5所示。

曲线ab段洗出液中溶质浓度较高，基本上是滤液。此过程中滤饼中接近90%的滤液被洗涤液所置换，称为置换洗涤。曲线bc段洗出液中溶质浓度快速下降，表示经过置换洗涤后，滤饼中溶质迅速被带出。曲线cd段洗出液中溶质浓度较低，滤饼中溶质缓慢地被洗涤液带出。如果洗涤目的是收集滤饼中溶质，可衡量回收费用与溶质价值选择洗涤终止。如果洗涤目的是提纯滤饼，可平衡洗涤液、洗涤时间成本与滤饼纯度要求，选择洗涤终止。

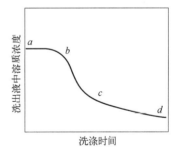

图4.5 滤饼洗涤曲线

4.3.2 过滤基本方程

（1）物料衡算

对给定悬浮液，其含固体量确定情况下，获得一定量滤液则会形成相应量的滤饼，这种关系可通过物料衡算求出。悬浮液含固体量通常有两种表示方法,即质量分数 w(颗粒质量/悬浮液质量)与体积分数 φ(颗粒体积/悬浮液体积)。对于不可压缩滤饼,按体积加和原则,两者的关系式为

$$\varphi = \frac{w/\rho_p}{w/\rho_p + (1-w)/\rho_l} \tag{4.48}$$

式中 ρ_p——颗粒密度,$kg \cdot m^{-3}$;

ρ_l——滤液密度,$kg \cdot m^{-3}$。

分别对滤饼量与总量进行物料衡算,可得

$$V_s = V_l + V_p = V_l + LS \tag{4.49}$$

$$V_s \varphi = LS(1-\varepsilon) \tag{4.50}$$

式中 V_s——滤饼厚度 L 所需悬浮液总体积,m^3;

V_l——滤液体积,m^3;

V_p——滤饼体积,m^3;

S——过滤面积,m^2。

由式(4.49)、式(4.50)可得滤饼厚度为

$$L = \frac{\varphi}{1-\varepsilon-\varphi} \times \frac{V_l}{S} \tag{4.51}$$

当悬浮液中颗粒体积分数 φ 远小于滤饼空隙率 ε 时,上式可简化为

$$L = \frac{\varphi}{1-\varepsilon} \times \frac{V_l}{S} \tag{4.52}$$

(2)过滤速率与过滤速度

单位时间内获得滤液体积称为过滤速率,单位过滤面积过滤速率称为过滤速度。若过滤操作中其他因素恒定,则滤饼逐渐变厚使过滤速度逐渐变小。任一时刻过滤速率表达式为

$$\frac{dV_l}{d\tau} = \frac{\varepsilon^3}{5a_b^2(1-\varepsilon)^2} \times \frac{S\Delta p_c}{\mu L} \tag{4.53}$$

过滤速度为

$$u = \frac{dV_l}{Sd\tau} = \frac{\varepsilon^3}{5a_b^2(1-\varepsilon)^2} \times \frac{\Delta p_c}{\mu L} \tag{4.54}$$

式中 τ——过滤时间,s。

(3)过滤阻力

① 滤饼阻力:对于不可压缩滤饼,滤饼空隙率与比表面积可认为恒定。设

$$\varsigma = \frac{5a_b^2(1-\varepsilon)^2}{\varepsilon^3} \tag{4.55}$$

式中 ς——滤饼比阻,是滤饼结构特征参数,反映颗粒形状、尺寸及床层空隙率对滤液流动的影响。

式(4.54)可写为

$$u = \frac{dV_l}{S d\tau} = \frac{\Delta p_c}{\varsigma \mu L} = \frac{\Delta p_c}{\mu R_u} \tag{4.56}$$

式中，$\varsigma\mu L$（$=\mu R_u$）为滤饼阻力。显然，滤饼两端压差为过滤操作提供推动力，颗粒床层空隙率越小及比表面积越大，则床层越致密，对滤液流动阻力就越大。

② 过滤介质阻力：流动速率表达式与电路中欧姆定律具有相似形式，当滤液经过串联的颗粒床层时，流动阻力具有加和性。过滤操作中滤液不仅受到滤饼阻力，也受到过滤介质阻力。常把过滤介质阻力看作常数，其表达式与式（4.56）类似，即

$$\frac{dV_l}{S d\tau} = \frac{\Delta p_m}{\mu R_{u,m}} \tag{4.57}$$

式中 Δp_m——过滤介质两侧压强差，Pa；

$\mu R_{u,m}$——过滤介质阻力，kg·m^{-2}·s^{-1}。

过滤操作中过滤总阻力等于滤饼阻力与过滤介质阻力之和，则过滤速度表达式为

$$\frac{dV_l}{S d\tau} = \frac{\Delta p_c + \Delta p_m}{\mu R_u + \mu R_{u,m}} = \frac{\Delta p}{\mu (R_u + R_{u,m})} \tag{4.58}$$

式中 Δp——滤饼与过滤介质两侧总压降，称为过滤压强差。实际过滤操作中，常有一侧处于大气压下，此时 Δp 为另一侧表压强，故也称过滤表压强。

4.3.3 滤液流过滤饼特点

（1）非定态过程

过滤操作中，滤液流过滤饼与过滤介质属于颗粒床层的一种情况。若维持操作压强不变，随着滤饼厚度增加，过滤阻力加大，过滤速度降低。反之，若维持过滤速度不变，则需增大操作压强。

（2）层流流动

构成滤饼的颗粒尺寸相对较小，滤液通过的孔道不仅细小曲折，而且相互交连，滤液流动阻力较大、流速很慢，因此滤液多属于层流流动。在低雷诺数下，可用康采尼公式来描述滤液层流流动。

4.3.4 强化过滤途径

可通过改变悬浮液中颗粒聚集状态、改变滤饼结构及提高压强差三种途径来提高过滤速率。

（1）悬浮液中颗粒聚集状态

悬浮液中细微颗粒形成的滤饼流动阻力大，因此可通过预处理使小颗粒聚集成大颗粒，实现过滤强化。预处理包括添加凝聚剂、絮凝剂及调整物理条件等。

（2）改变滤饼结构

改变滤饼空隙率、刚性及厚度，获得较高过滤速率。通过添加助滤剂，降低滤饼可压缩性、提高空隙率，以减小流动阻力；同时，采用机械、水力、电场等人为干扰滤饼厚度，以

提高过滤速度。

(3) 提高压强差

提高操作表压强,可线性提高过滤速度。因此,可通过真空抽滤,将过滤介质下方压强减小,实现过滤强化。

4.4 固体流态化

固体流态化是指借助流体流动作用,迫使大量固相颗粒悬浮于流体中并呈现类似于流体的某些特性。利用固相颗粒流化状态来实现生产过程的单元操作称为流态化技术。

工业生产中广泛利用固体流态化技术以强化传热、传质,实现粉粒状物料输送、混合、涂层、传热、干燥、吸附、煅烧和气-固反应等。

4.4.1 流态化现象

流态化的固体颗粒称为流化床。为便于理解,以均匀固体颗粒组成理想流化床为例进行分析。当流体以不同速度向上通过固体颗粒床层时,会出现固定床与流化床,如图4.6所示。

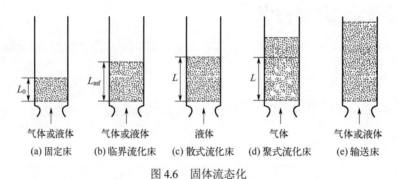

图4.6 固体流态化

(1) 固定床阶段

当通过颗粒床层的流速较低时,流体只能通过颗粒间空隙流动,而颗粒保持静止状态,这种床层称为固定床 [图4.6(a)],床层高度 L_0 不变。

保持固定床状态的流体最大流化速度为

$$u'_{max} = \varepsilon_0 u_t \quad (4.59)$$

式中 ε_0 ——固定床空隙率,无量纲;

u_t ——颗粒沉降速度,m·s^{-1}。

(2) 流化床阶段

当流体流速逐渐大于流化速度时,颗粒间开始松动,但不能自由运动,颗粒床层厚度稍有增加 [图4.6(b)],颗粒床层厚度为 L_{mf},此时称为初始流化或临界流化。

当流体与颗粒相对速度与颗粒沉降速度 u_t 相同时,即固体颗粒悬浮于流体中作随机运动,此时颗粒与流体间摩擦力约等于颗粒净重力,床层空隙率增大,床层厚度增加到 L。此后流体穿过颗粒间流速恒等于 u_t,床层厚度也随着流速提高而增厚,如图4.6(c)、(d)所示。这种床层具有类似于流体性质,称为流化床。根据流体不同性质,可将流化床分为散式流化床与聚式流化床。散式流化床[图4.6(c)]中,固体颗粒均匀地分散在流体中,颗粒间距均匀增大,没有气泡产生,床层高度上升且保持稳定上界面。固体颗粒和流体密度差较小的系统趋向于形成散式流化床,因此大多数固液流化属于散式流化。而聚式流化指流体以类气泡形式通过颗粒床层,气泡中夹带少量固体颗粒,当到达上界面时气泡破裂,如图4.6(d)所示。此时流化床内分为两种相,一种是小颗粒、高浓度均匀混合物构成的乳化相,另一种是夹带少量固体颗粒的气泡相。由于气泡在上升时会逐渐长大、合并、破裂,因此床层很不稳定,床层压降也随之波动。一般密度差较大的固体颗粒与气体构成的流化趋向于形成聚式流化。

若流体流速增加到某一极限值时($u > u_t$),流化床颗粒分散悬浮在流体中,并不断被流体带走[图4.6(e)],这种床层称为输送床。

4.4.2 流化床流体力学分析

(1)流化床压降

① 理想流化床

理想状态下流体通过颗粒床层时,产生压降与流化速度间关系如图4.7所示,可分为三阶段,即固定床、流化床、输送床阶段。

固定床阶段:当流体流速较低时,流体穿过固定床层孔隙流动,其压降与流速关系满足式(4.17)。当流速增大时,流体通过床层压降也相应增加,如图4.7中 AB 段。

流化床阶段:流速进一步增大,当超过 C 点时,床层进入流化床阶段,颗粒悬浮在流体中自由运动,整个床层压降保持不变。流化床 Δp 与 u 的关系如图4.7中 CD 段。当流化床流速低时,颗粒从悬浮态逐渐沉降,形成固定床,但空隙率比之前固定床略大,相应压降会小一些,因此曲线沿 DCA' 返回。

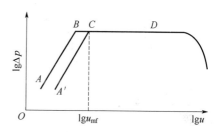

图4.7 理想流化床中流体压降 Δp 与流化速度 u 的关系

在流化床阶段,可根据颗粒与流体间摩擦力与净重力平衡关系求出床层压降 Δp。

$$\Delta p = L_{mf}(1-\varepsilon_{mf})(\rho_p - \rho)g \qquad (4.60)$$

式中 L_{mf}——开始流态化时床层高度,m;

ε_{mf}——临界空隙率,即临界流态化速度 u_{mf} 对应的床层空隙率(图4.7中 C 点),无量纲。

由于流化床层压降保持不变,因此可通过测定床层压降 Δp 来判断流化质量。流化床流体压降 Δp 为

$$\Delta p = L(1-\varepsilon)(\rho_p - \rho)g \qquad (4.61)$$

在气体-固体颗粒系统中,ρ_p 与 ρ 差别较大,空气密度 ρ 可忽略,因此 Δp 约等于单位面积床

层重力。

输送床阶段：当流化速度进一步增加时，流体中颗粒浓度降低，由浓相转变为稀相，床层压降 Δp 减小，并呈现复杂的流动输送状态。

② 实际流化床

实际情况下颗粒床层在固定床阶段时，颗粒间相互挤压，需较大推动力才能使床层松动；而当达到悬浮状态时，所需推动力会下降到理想情况，因此在固定床 AB 段与流化床 DE 段间有一个峰 BCD，如图 4.8 所示。在流化床阶段，流体通过床层时压降 Δp 绝大部分用于抵消平衡床层颗粒重力，还有一小部分用于克服颗粒间及颗粒与器壁间摩擦力，因此 DE 段相较于理想情况稍微向上倾斜。同时，由于实际流化床阶段，还存在稀相运动及气泡长大、破裂过程，进而产生压降波动，因此在 DE 上下各有一条虚线，即流化床压降 Δp 波动范围，而 DE 为两条虚线平均值。

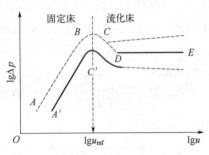

图 4.8　实际流化床流体压降 Δp 与流化速度 u 间关系

（2）流化床特点

流动性：流化床中流体、固体两相运动状态就像沸腾的流体，所以流化床也称沸腾床。流化床具有流体某些性质，如无固定形状、流动性；还具有流体静力学的某些性质，如容器倾斜时流化床上界面会保持水平，两个流化床连通时两界面将保持同一高度。我们可以利用流化床这些特点实现工业生产自动化与连续化。

传热性：流化床中固相颗粒常处于悬浮状态且不断运动着，使得整个流化床温度与组成基本一致且处于全混状态，因此流化床传热效率极高，温度也相对容易调控。

颗粒尺寸不一致：由于流化床中固相颗粒激烈运动，颗粒与颗粒间、颗粒与器壁间产生剧烈碰撞与摩擦，造成部分颗粒破碎及器壁磨损。另外，在流动床中固相颗粒连续进出床层造成停留时间不一，也会导致颗粒尺寸不一致，这不利于均匀颗粒产品制备。

（3）流化床不正常现象

腾涌现象：在气-固流化床中，当气流速度过高、床层高宽比过大或稀相出现时，会发生气泡合并现象。特别是当气泡占满整个床层直径时，气泡将床层分割为几段相互间隔的气泡层与颗粒层。颗粒层在气泡推动下向上运动，达到顶部时气泡突然破裂，颗粒床层也分散落下，这种现象称为腾涌现象。

沟流现象：当流体通过床层时，若流体与固相颗粒没有充分混合，会形成沟道使床层上下连通，大部分流体穿行沟道而过，这种现象称为沟流现象。当固相颗粒粒度过细、密度较大或容易大团聚时，容易引起沟流现象。

本章小结

含有两个及两个以上相且相间有明显分界面的物系称为非均相物系。固体颗粒处于分散状态称为分散相，流体处于连续状态称为连续相。非均相物系中分散相与连续相具有显著不同的物理性质，使两相发生相对运动，从而实现分离目的。

实际遇到固体颗粒大多数是非球形颗粒且形状各异，可用球形度描述颗粒形状，用当量直径描述颗粒尺寸。当流体在颗粒床层中流动时，会受到颗粒间空隙大小、形状，以及床层空隙率、床层自由截面积、床层比表面积、床层各向同性等影响。

沉降分离指基于非均相物系中物质间密度差异，在力作用下发生相对运动以实现物质分离的单元操作。在重力作用下实现沉降分离的单元操作称为重力沉降，而利用惯性离心力作用加快固体颗粒沉降速度以达到两相分离的单元操作称为离心沉降。离心沉降速度是随位置变化的，而重力沉降速度是恒定不变的；离心沉降速度不是颗粒绝对速度，而是绝对速度在径向的分量。

过滤指在外力作用下使非均相物系中流动相通过多孔介质孔道，而固相颗粒被截留在介质上，从而实现固相、流动相分离的单元操作。过滤操作按照过滤机理主要分为表面过滤与深层过滤。可通过改变悬浮液中颗粒聚集状态、改变滤饼结构及提高压强差三种途径来强化过滤。

固体流态化指借助流体流动作用，迫使大量固相颗粒悬浮于流体中并呈现类似于流体的某些特性。固体流态化具有流体某些性质，如无固定形状、流动性；还具有流体静力学的某些性质，如容器倾斜时流化床上界面会保持水平，两个流化床连通时两界面将保持同一高度。

本章符号说明

符号	物理意义	计量单位
a	颗粒比表面积	$m^2 \cdot m^{-3}$
a_b	床层比表面积	$m^2 \cdot m^{-3}$
d	颗粒直径	m
d_c	临界粒径	m
d_e	当量直径	m
d_{eV}	体积当量直径	m
d_{eS}	表面积当量直径	m
d_{ea}	比表面积当量直径	m
d_p	颗粒直径	m
D	重力沉降设备直径	m
F_b	浮力/向心力	N
F_c	惯性离心力	N
F_d	阻力	N
F_g	重力	N
g	重力加速度	$m \cdot s^{-2}$
K_C	离心分离因数	无量纲

续表

符号	物理意义	计量单位
K'	康采尼常数	无量纲
L	床层初始高度	m
L_0	床层高度	m
L_e	平行细管长度	m
L_{mf}	开始流态化时床层高度	m
m	颗粒床层质量	kg
N	旋转圈数	无量纲
Δp	滤饼与过滤介质两侧总压降	Pa
Δp_f	流体通过颗粒床层压降	Pa
Δp_m	过滤介质两侧压强差	Pa
R	颗粒与中心轴距离	m
Re_b	床层雷诺数	无量纲
Re_t	颗粒沉降时雷诺数	无量纲
R_m	平均半径	m
R_u	滤饼阻力系数	$m^2 \cdot m^{-3}$
$R_{u,m}$	过滤介质阻力系数	$m^2 \cdot m^{-3}$
S	球体表面积/过滤面积	m^2
S_p	颗粒表面积	m^2
T	热力学温度	K
u	流化速度/过滤速度	$m \cdot s^{-1}$
u_{mf}	临界流态化速度	$m \cdot s^{-1}$
u_r	径向速度	$m \cdot s^{-1}$
u_t	沉降速度	$m \cdot s^{-1}$
u'_t	颗粒实际沉降速度	$m \cdot s^{-1}$
u_τ	切向速度	$m \cdot s^{-1}$
V	体积	m^3
V_b	床层体积	m^3
V_l	滤液体积	m^3
V_p	颗粒/滤饼体积	m^3
V_s	悬浮液总体积	m^3
V_w	加水体积	m^3
w	质量分数	无量纲
ε	空隙率或空隙度	无量纲
ε_{mf}	临界空隙率	无量纲
λ'	流体摩擦系数	无量纲

续表

符号	物理意义	计量单位
φ	体积分数	无量纲
μ	流体黏度	Pa·s
ϕ_s	颗粒球形度	无量纲
ς	滤饼比阻	无量纲
ζ	阻力系数	无量纲
ρ	流体密度	kg·m^{-3}
ρ_b	颗粒堆积密度	kg·m^{-3}
ρ_l	滤液密度	kg·m^{-3}
ρ_p	颗粒密度	kg·m^{-3}
τ	停留/过滤时间	s
τ_θ	颗粒沉降时间	s

思考题与习题

4.1 什么是自由沉降？

4.2 多层沉降室是根据什么原理设计的？

4.3 旋风分离器分离效率如何？

4.4 固态流化床中若固体粒径差异很大，流化床中会出现哪些现象？

4.5 室温烧杯中有一种悬浮水溶液（室温下水的黏性系数 $\mu = 0.8937 \times 10^{-3}$ Pa·s），其中固体颗粒密度为 1400kg·m^{-3}，测得颗粒沉降速度为 0.01m·s^{-1}，则固体颗粒直径是多少？【2.03×10^{-4}m】

4.6 在 20℃、压差 0.05MPa 下过滤质量分数为 0.1 的 TiO_2 悬浮水溶液，取 100g 湿滤饼烘干，称得干固体质量为 55g，若 TiO_2 密度为 3850kg·m^{-3}，求：①悬浮液中 TiO_2 体积分数；②滤饼孔隙率；③1m^3 滤液所形成滤饼体积。【① 0.028；② 0.759；③ 0.131m^3·m^{-3}】

第5章 均相物系分离

本章提要

本章主要介绍液体蒸馏与精馏、液体萃取、气体吸收、吸附分离及膜分离等均相物系分离概念及基本原理。

5.1 液体蒸馏与精馏

均相物系指由相同或类似分子、化合物组成的物质体系。这些组分在空间上均匀分布且没有明确相界,以一种无固定形态混合在一起,使得整个体系表现出一致的组成与性质。由一种或多种溶质溶解在溶剂中形成的液相物质,属于均相物系。它组成可以是任意比例,并且可从稀溶液变为浓溶液,因此溶液性质能够根据组分特性进行调整。

蒸馏与精馏是利用混合物中各组分挥发度差异来实现各组分分离,是分离均相液体混合物的典型单元操作。蒸馏与精馏广泛应用于化工、轻工、石油、环保等领域。

5.1.1 理想物系气液相平衡

蒸馏或精馏时存在气液两相共存状态,因此需要讨论气液两相平衡组成关系。为方便理解,现只讨论双组分溶液蒸馏与精馏情况。

根据相律,平衡物系的自由度 F 为

$$F = N - \Phi + 2 \tag{5.1}$$

式中 N ——组分数;
Φ ——物相数。

当气液两相平衡共存时,组分数 $N=2$,物相数 $\Phi=2$,因此该物系自由度为 2。相平衡物系主要参数为温度、压强及气液两相组成。用摩尔分数表示气液两相组成,如果两相组成物系中已确定某一相摩尔分数，则可计算出另一相摩尔分数，所以气液两相组成均可用单一组成表示。当温度、压强、液相组成（或气相组成）三个参数中确定任意两个，则物系状态可确定。也就是说，蒸馏过程中确定操作压强与液相组成，则气液两相平衡共存时温度与气相组成随之确定。因此，恒压双组分平衡物系中存在气液两相组成对应关系和液相（或气相）组成与温度对应关系。

（1）气液两相平衡组成对应关系

液相为理想溶液时服从拉乌尔定律，因此液相上方平衡蒸气压为

$$p_A = p_A^\circ x_A \tag{5.2}$$

$$p_B = p_B^\circ x_B \tag{5.3}$$

式中　p_A、p_B——液相上方 A、B 组分蒸气压，kPa；

　　　x_A、x_B——液相中 A、B 组分摩尔分数；

　　　p_A°、p_B°——某温度下组分 A、B 的饱和蒸气压，kPa。

气相组成（气相摩尔分数 y）遵循道尔顿分压定律与拉乌尔定律，即

$$y_A = \frac{p_A}{p} = \frac{p_A^\circ x_A}{p} \tag{5.4}$$

设相平衡常数 $K = y_A/x_A$，则上式可写为

$$y_A = Kx_A \text{ 或 } K = \frac{p_A^\circ}{p} \tag{5.5}$$

上式表明，相平衡常数 K 实际上不是常数。当总压强不变时，K 随饱和蒸气压 p_A° 变化，混合溶液组成发生变化，必定引起泡点（从液相分离出第一批气泡的临界温度点）变化，所以相平衡常数 K 与温度、总压强有关。

（2）液相（或气相）组成与温度对应关系

① 液相组成与温度对应关系——泡点（温度）关系式

均相混合液沸腾条件是各组分蒸气压之和等于外压，即

$$p_A + p_B = p \tag{5.6}$$

$$p_A^\circ x_A + p_B^\circ (1 - x_A) = p \tag{5.7}$$

整理以上两式，可得

$$x_A = \frac{p - p_B^\circ}{p_A^\circ - p_B^\circ} = \frac{p - f_B(t)}{f_A(t) - f_B(t)} \tag{5.8}$$

p_A°、p_B° 都是温度的函数，若已知饱和蒸气压与温度的关系，则可确定液相组成与温度（泡点）之间的定量关系；若已知泡点，则可直接计算出液相组成；若已知液相组成，可计算出泡点。

② 气相组成与温度对应关系——露点（温度）关系式

气相为理想气体时服从理想气体定律或道尔顿定律，根据式（5.4）、式（5.8），可推导出

气相组成与露点（温度）关系式：

$$y_A = \frac{f_A(t)}{p} \times \frac{p - f_B(t)}{f_A(t) - f_B(t)} \tag{5.9}$$

③ 气液相组成与温度关系图

恒定操作压强下，双组分溶液气液两相组成与温度的关系如图5.1（a）所示，图中横坐标为液相（或气相）组分摩尔分数 x（气相为 y）。曲线 $AEBC$ 称为泡点线，液相组成 x 在给定操作压强下升温至 B 点达到该溶液泡点，产生第一个气泡的组成为 y_1。曲线 $ADFC$ 称为露点线，气相组成 y 冷却至 D 点达到混合气相露点，凝结出第一个液滴组成为 x_1。当混合物温度与组成位于 G 点时，物系会分为平衡态气液两相，液相组成在 E 点，而气相组成为 F 点。恒定操作压强、不同温度下气液两相平衡时组成 y 与 x 的关系如图5.1（b）所示。对于理想的气液两相平衡物系，气相组成 y 恒大于液相组成 x，所以相平衡曲线必定位于对角线上方，相平衡曲线上各点所对应温度是不同的。

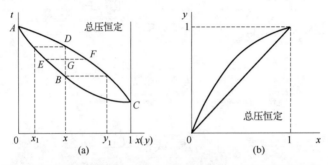

图5.1 双组分溶液气液两相组成与温度关系曲线（a）及相平衡曲线（b）

（3）气液两相组成近似表达式与相对挥发度 α

给定温度下，液体均具有挥发成气体的性质即液体汽化。挥发性指液体在低于沸点的温度下转变成气态的能力。纯组分饱和蒸气压只反映其作为纯液体时挥发性大小，而在均相混合溶液中各组分挥发性因受其他组分影响而略有不同，所以不能直接用各组分饱和蒸气压。双组分溶液中 A 与 B 组分挥发度分别为 v_A 与 v_B，一般用各组分平衡蒸气分压与其液相摩尔分数比值来表示

$$v_A = \frac{p_A}{x_A} \tag{5.10a}$$

$$v_B = \frac{p_B}{x_B} \tag{5.10b}$$

混合溶液中双组分挥发度之比称为相对挥发度 α，即

$$\alpha = \frac{p_A x_B}{p_B x_A} \tag{5.11}$$

理想情况下气相服从道尔顿分压定律，即有 $p_A = p y_A$、$p_B = p y_B$，上式可写为

$$\alpha = \frac{y_A x_B}{y_B x_A} \tag{5.12}$$

此式表示气液两相平衡时，气相双组分浓度比是液相双组分浓度比的 α 倍。

将 $y_B = 1 - y_A$ 和 $x_B = 1 - x_A$ 代入上式，可得

$$y_A = \frac{\alpha x_A}{1 + (\alpha - 1)x_A} \quad (5.13)$$

上式表示平衡时气液两相间的关系，称为相平衡方程。如果已知相对挥发度 α，可由上式计算得到气液两相平衡时浓度对应关系。

对于理想溶液，将拉乌尔定律代入式（5.11）可得

$$\alpha = \frac{p_A^\circ}{p_B^\circ} \quad (5.14)$$

上式表明，理想均相混合溶液相对挥发度仅依赖于双组分性质。同时，p_A° / p_B° 与温度的关系较单组分饱和蒸气压与温度的关系小很多。因此为使用方便，在可操作范围内取相对挥发度平均值 α_m 来表示。

一般情况下，双组分沸点下（或操作温度上、下限）物系的相对挥发度 α_1 与 α_2 差别不大，可取

$$\alpha_m = \frac{1}{2}(\alpha_1 + \alpha_2) \quad (5.15)$$

α_m 取常数时，均相混合溶液的相平衡曲线如图 5.2 所示。相对挥发度等于 1 时，相平衡曲线为对角线 $y = x$，相对挥发度 α_m 越大，同一液相组成 x 对应 y 值越大，可获得分离纯度也越大。因此，α 大小可作为用蒸馏法分离均相物系难易程度的判断依据。

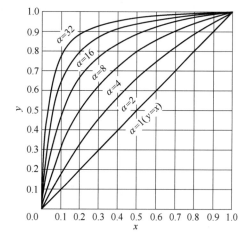

图 5.2　恒定操作压强下相对挥发度 α 为常数时相平衡曲线

5.1.2　液体蒸馏

不同液体挥发性会有差异，假设某均相液体由 A 组分与 B 组分组成，其中 A 组分挥发性大于 B 组分。当液体部分汽化时，液相中 A 组分与 B 组分的摩尔分数分别为 x_A 与 x_B，气相中 A 组分与 B 组分的摩尔分数分别为 y_A 与 y_B，则液相与气相组成存在如下关系：

$$\frac{x_A}{x_B} < \frac{y_A}{y_B} \quad (5.16)$$

因此，可将均相液体加热沸腾，使其部分汽化的操作过程称为蒸馏。一般来说，均相溶液中易挥发组分称为轻组分，难挥发组分称为重组分。蒸馏方式包括平衡蒸馏与简单蒸馏。

（1）平衡蒸馏

平衡蒸馏又称闪蒸，是一种连续、稳定的单级蒸馏过程。待分离的均相混合液经加热升温后，连续通过节流阀降压至某一规定值（图 5.3），混合液在分离器中部分汽化达到气液平

衡。平衡气体、液体两相分别从分离器顶端与底端输出产品。平衡蒸馏过程中均相混合液只进行一次部分汽化，因此分离效果较差，只适用于大量原料液（下角标为 F）的初步分离。

若原料液、气相产物、液相产物摩尔流量分别为 Q_F、Q_D、Q_W（kmol·s^{-1}）；原料液、气相产物、液相产物中轻组分摩尔分数别为 x_F、y、x，对连续稳态过程作物料衡算，可得总物料衡算关系式和轻组分物料衡算关系式，即

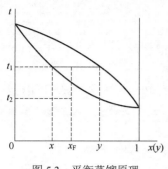

图 5.3　平衡蒸馏原理

$$Q_F = Q_D + Q_W \tag{5.17}$$

$$Q_F x_F = Q_D y + Q_W x \tag{5.18}$$

联立两式，可得

$$\frac{Q_D}{Q_F} = \frac{x_F - x}{y - x} \tag{5.19}$$

设液相产物 Q_W 占原料液 Q_F 的分率 $z = Q_W/Q_F$，则汽化率 $Q_D/Q_F = 1 - z$，将其代入上式整理得

$$y = \frac{z}{z-1}x - \frac{x_F}{z-1} \tag{5.20}$$

上述物料流量单位也可用 kg·s^{-1}，但各组成均用质量分数表示。

（2）简单蒸馏

简单蒸馏是一种间歇式操作的单级蒸馏过程，如图 5.4 所示。均相混合液全部加入蒸馏釜中，通过间接加热使混合液部分汽化，产生的蒸气通过冷凝器后作为馏出液产品。其原理：随着蒸馏进行，蒸馏釜中轻组分含量不断下降（$x_n < x_3 < x_2 < x_F$），与此同时蒸馏釜馏出液中重组分含量也随之降低（$y_n < y_3 < y_2 < y_F$），蒸馏釜中混合液汽化所需温度逐渐升高（$t_5 > t_4 > t_3 > t_2 > t_1$）。当馏出液重组分含量降至某一定值（接近 $y_n = x_F$）时，停止蒸馏操作。馏出液按时间顺序分段收集形成产品，蒸馏釜中残液在蒸馏结束后收集存放。简单蒸馏所得产品均经过一次部分汽化，因此为了提高均相物系分离效果，可在蒸馏釜顶部增加一个分凝器，使上升蒸气再一次部分冷凝，以提升轻组分含量。简单蒸馏分离次数少，分离效果较差，一般用于小批量、易分离均相混合液的初步分离。

平衡蒸馏与简单蒸馏的根本区别在于前者为连续定态，后者为间歇非定态。在原料液浓度及釜液体积相同条件下，后者得到馏出液浓度高于前者。

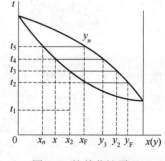

图 5.4　简单蒸馏原理

因此，简单蒸馏必须选取一个时间微元 $d\tau$，该时间微元段内液相产物量为 dQ_W，相应釜内液体浓度由 x 降为 $x - dx$，对轻组分物料衡算可得

$$Q_W x = y dQ_W + (Q_W - dQ_W)(x - dx) \tag{5.21}$$

略去二阶无穷小量，整理得

$$\frac{dQ_W}{Q_W} = \frac{dx}{y-x} \tag{5.22}$$

若液相产物由 Q_{W1} 变至 Q_{W2}，相应釜中液相浓度也由 x_1 变至 x_2，上式积分得

$$\ln\frac{Q_{W2}}{Q_{W1}} = \int_{x_1}^{x_2} \frac{dx}{y-x} \tag{5.23}$$

此式为简单蒸馏过程相平衡方程式，说明任一瞬时气相组成 y 与液相组成 x 互成平衡。

将平衡式 $y = \dfrac{\alpha x}{1+(\alpha-1)x}$ 代入式（5.23），积分可得

$$\ln\frac{Q_{W1}}{Q_{W2}} = \frac{1}{\alpha-1}\left(\ln\frac{x_1}{x_2} + \alpha\ln\frac{1-x_2}{1-x_1}\right) \tag{5.24}$$

在原料液量 Q_{W1} 及其组成 x_1 已知情况下，当给定 x_2 即可由上式求出残液量 Q_{W2}。由于釜液组成 x 随时间变化，瞬时气相组成 y 也相应变化。对全过程轻组分物料衡算，由式（5.21）可得馏出液的平均组成 $\bar{y}$ 为

$$\bar{y} = x_1 + \frac{Q_{W2}}{Q_{W1}-Q_{W2}}(x_1 - x_2) \tag{5.25}$$

例 [5.1]

将含轻组分苯 60%（摩尔分数）的甲苯溶液加热汽化，若汽化率为 1/3、物系相对挥发度为 2.47，计算：① 平衡蒸馏时气相与液相产物组成；② 简单蒸馏时残液组成及气相产物平均组成。

【分析】平衡蒸馏时，由汽化率可知液相产物 Q_W 占原料液 Q_F 的分率 z，从而建立轻组分物料衡算关系式，联立相平衡方程可求出气相、液相产物组成。简单蒸馏时，由汽化率可知始末料液量 Q_{W1} 与 Q_{W2} 比值，从而建立轻组分物料衡算关系式，求出残液组成及气相产物平均组成。

【题解】① 平衡蒸馏时，因汽化率为 1/3，故 $z = 2/3$，则轻组分物料衡算式为

$$y = \frac{z}{z-1}x - \frac{x_F}{z-1} = \frac{2/3}{2/3-1}x - \frac{0.6}{2/3-1} = -2x + 1.8$$

相平衡方程式为

$$y = \frac{\alpha x}{1+(\alpha-1)x} = \frac{2.47x}{1+(2.47-1)x} = \frac{2.47x}{1+1.47x}$$

两式联立求得　　　　　　　　　　$x = 0.532$，$y = 0.737$

② 简单蒸馏时，由汽化率可得

$$\frac{Q_{W1}}{Q_{W2}} = \frac{1}{2/3} = 1.5$$

简单蒸馏相平衡方程为

$$\ln 1.5 = \frac{1}{1.47}\left(\ln\frac{0.6}{x_2} + 2.47\ln\frac{1-x_2}{0.4}\right)$$

解得
$$x_2 = 0.52$$

馏出液平均组成 $\bar{y}$ 为

$$\bar{y} = x_1 + \frac{Q_{W2}}{Q_{W1} - Q_{W2}}(x_1 - x_2) = 0.6 + \frac{2/3}{1-2/3}(0.6-0.52) = 0.76$$

从例［5.1］可以看出，同一物系在汽化率相同条件下，简单蒸馏分离程度大于平衡蒸馏分离程度。

5.1.3 液体精馏

精馏是利用均相混合液中各组分挥发度差异来实现组分高纯度分离的多级蒸馏操作，即同时进行多次部分汽化与冷凝的过程。一般实现精馏操作的主体设备是精馏塔。

将组分 x_F 的均相混合液升温使其部分汽化，达到气液相平衡。气相与液相组成分别为 y_1 与 x_1（图 5.5），即有 $y_1 > x_F > x_1$，一次部分汽化取得一定的分离效果。继续将组成 x_1 的液相进行部分汽化，还可达到气液相平衡，使之进一步分离。因此液相被多次部分汽化，其可得到高纯度的重组分产品。同理，组成为 y_1 的气相多次部分冷凝，其可得到高纯度的轻组分产品。工业精馏过程就是通过上述原理在精馏塔内为气液相提供充分接触空间，同时实现多次部分汽化与冷凝，混合液几乎完全分离。

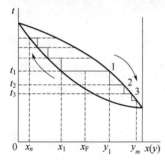

图 5.5 精馏原理

若原料液、馏出液、釜残液摩尔流量分别为 Q_{FJ}、Q_{DJ}、Q_{WJ}（kmol·s^{-1}）；原料液、馏出液、釜残液中轻组分摩尔分数分别为 x_{FJ}、x_{DJ}、x_{WJ}，对连续稳态精馏过程作物料衡算，除总物料衡算关系式［式（5.17）］之外，其轻组分物料衡算关系式为

$$Q_{FJ}x_{FJ} = Q_{DJ}x_{DJ} + Q_{WJ}x_{WJ} \tag{5.26}$$

联立总物料、轻组分物料衡算式，可得

$$\frac{Q_{DJ}}{Q_{FJ}} = \frac{x_{FJ} - x_{WJ}}{x_{DJ} - x_{WJ}} \tag{5.27}$$

$$\frac{Q_{WJ}}{Q_{FJ}} = \frac{x_{DJ} - x_{FJ}}{x_{DJ} - x_{WJ}} \tag{5.28}$$

轻组分与重组分回收率可分别定义为

$$\eta_A = \frac{Q_{DJ}x_{DJ}}{Q_{FJ}x_{FJ}} \times 100\% \tag{5.29}$$

$$\eta_A = \frac{Q_{WJ}(1-x_{WJ})}{Q_{FJ}(1-x_{FJ})} \times 100\% \tag{5.30}$$

> **例 [5.2]**
>
> 常压连续精馏乙酸溶液操作中,若原料液流量为 300kg·h^{-1},其中乙酸质量分数为 22%,馏出液乙酸质量分数为 54%,釜残液乙酸质量分数不超过 6%。求馏出液、釜残液质量流量以及乙酸回收率。
>
> 【分析】根据质量守恒定律,原料液量恒等于馏出液与釜残液量之和,原料液乙酸质量恒等于馏出液与釜残液乙酸质量之和,可求得馏出液、釜残液摩尔流量以及乙酸回收率。
>
> 【题解】根据总物料衡算关系,有
>
> $$Q_{m,\text{FJ}} = Q_{m,\text{DJ}} + Q_{m,\text{WJ}} = 300 \, (\text{kg} \cdot \text{h}^{-1})$$
>
> 根据乙酸衡算关系,有
>
> $$Q_{m,\text{DJ}} w_{\text{DJ}} + Q_{m,\text{WJ}} w_{\text{WJ}} = Q_{m,\text{FJ}} w_{\text{FJ}} = 0.54 Q_{m,\text{DJ}} + 0.06 Q_{m,\text{WJ}} = 300 \times 0.22$$
>
> 解得
>
> $$Q_{m,\text{DJ}} = 100 \, (\text{kg} \cdot \text{h}^{-1})$$
>
> $$Q_{m,\text{WJ}} = 200 \, (\text{kg} \cdot \text{h}^{-1})$$
>
> 乙酸回收率为
>
> $$\eta = \frac{100 \times 0.54}{300 \times 0.22} \times 100\% = 81.82\%$$

5.2 液体萃取

液体萃取是利用液体均相混合物各组分在外加溶剂中溶解度差异而实现混合物分离的单元操作,目前广泛应用于有机化学、石油、食品、制药、稀有元素、原子能等工业方面。

5.2.1 液体萃取概述

(1) 萃取基本概念

若待萃取的均相溶液含有组分 A、B,在萃取溶剂 S(简称萃取剂)中,组分 A 溶解度较大,而组分 B 溶解度较小。通过搅拌可增大组分 A 与溶剂 S 接触面积,以促进组分 A 从原溶液向溶剂 S 质量传递。停止搅拌并静止一段时间后,混合物系因密度差异而沉降分层重新构成两种液相,其中一种液相主要成分为溶剂 S 且含有组分 A 与少量组分 B(称为萃取相),另一种液相主要成分为组分 B 且出现少量溶剂 S(称为萃余相)。待萃取溶液中组分 A 为易溶物质,称为溶质;组分 B 为难溶物质,称为原溶剂(或稀释剂)。

萃取剂 S 必须满足两个基本要求:其一,不能与待萃取溶液完全互溶;其二,对溶质 A 与原溶剂 B 具有不同溶解能力,即萃取剂具有选择溶解性。经过萃取操作后,萃取相内溶质

A 与原溶剂 B 摩尔分数比 y_A/y_B 大于萃余相内溶质 A 与原溶剂 B 摩尔分数比 z_A/z_B，即

$$\frac{y_A}{y_B} > \frac{z_A}{z_B} \tag{5.31}$$

（2）萃取经济性

萃取操作只是将难以分离的均相物系转为两个易于分离的均相物系，并未直接完成均相物系分离任务，因此萃取过程经济性取决于后面分离过程的成本。一般情况下，以下几种情况采用萃取分离经济性较高：a. 均相混合溶液相对挥发度较小，用普通精馏方法不能分离或成本较高；b. 均相混合溶液浓度较低，采用精馏方法需将大量稀释剂汽化，能耗较大；c. 均相混合溶液热稳定性较差，采用常温萃取操作可避免物料被破坏。

同时，萃取操作经济性也取决于萃取剂性质，选择萃取溶剂时需考虑以下几个条件：a. 萃取剂应对溶质有较强的溶解能力，以减少其使用量及降低后续精馏分离能耗；b. 萃取剂选择性要高，以获得高纯产品；c. 萃取溶剂与溶质间相对挥发度要高（一般萃取剂为高沸点），以使后续精馏分离所需回流小；d. 萃取剂在待萃取的均相溶液中溶解度要小，以降低萃余相溶剂回收成本。

（3）超临界流体萃取

超临界流体萃取是国际上先进物理萃取技术，是利用超临界流体作为萃取剂从液体或固体中萃取出特定成分，以达到分离目的。超临界流体是处于临界温度、压力以上的流体，其兼具气体与液体双重特性，即其密度与液体相近、黏度与气体相近，但其扩散系数约比液体大 100 倍。由于溶解过程包含分子间相互作用与扩散作用，因此超临界流体对许多物质有很强溶解能力，可作为溶剂萃取分离单体。将超临界流体与待分离物质接触，利用其选择性可依次把极性大小、沸点高低、分子量大小不同成分萃取出来，如可从动植物中提取各种有效成分，再通过减压将其释放出来。

可作为超临界流体的物质有很多，如一氧化二氮、六氟化硫、乙烷、庚烷、氨、二氧化碳（CO_2）等，其中 CO_2 因临界温度接近室温（图 5.6），且无色、无毒、无味、化学惰性、价廉、易制成高纯度气体等特性，备受青睐。

超临界 CO_2 萃取具有如下特点。

① 超临界 CO_2 萃取可在接近室温（35～40℃）下进行，有效防止热敏性物质氧化与逸散。因此，超临界 CO_2 萃取适用于药用植物有效成分及高沸点、低挥发性、易热解物质萃取。

② 全过程不使用有机溶剂，萃取物无残留溶剂物质，避免提取过程危害人体健康、污染环境，保证100%的纯天然性。

③ 萃取与分离合二为一，压力下降或温度变化，使得 CO_2 与萃取物迅速成为气液两相而立即分开，不仅萃取效率高而且能耗较小，提高生产效率也降低费用成本。

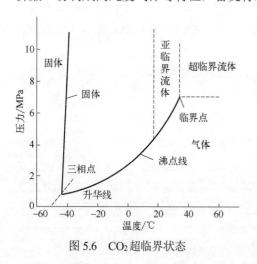

图 5.6 CO_2 超临界状态

④ CO_2 气体价格便宜、容易制取，且生产中可循环使用，从而有效降低成本。

⑤ 压力与温度均可成为调节萃取过程的参数，可通过改变温度、压力达到萃取目的，固定压力、改变温度也可使萃取物分离，反之亦然。因此，工艺简单、易掌握，而且萃取速度快。

5.2.2 溶液组成表示及其物料衡算

（1）溶液组成表示

双组分溶液萃取分离中，萃取相与萃余相均为三组分溶液。用质量分数表示各组分浓度，三组分质量分数之和应等于 1。若溶质 A 与萃取剂 S 质量分数分别为 w_A 与 w_S，则组分 B 质量分数 w_B 可表示为

$$w_B = 1 - w_A - w_S \tag{5.32}$$

因此，三组分溶液组成包含两个自由度，可用平面三角形表示。如图 5.7 所示，横向为萃取剂 S 质量分数 w_S，纵向为溶质 A 质量分数 w_A，三角形三个顶点分别表示三个纯组分，三条边上任一点则表示相应的双组分，三角形内任一点可表示任意三元组成，这就是溶液三角相图。相图中刻度并不固定，比如当萃取操作中溶质 A 浓度较低时，常将 AB 边浓度比例放大，以提高图示准确度。

（2）物料衡算与杠杆定律

假设萃余相溶液质量为 m_R（kg），溶质 A、萃取剂 S、原溶剂 B 质量分数分别为 w_{RA}、w_{RS}、w_{RB}（图 5.7 相图中 R 点）；萃取相溶液质量为 m_E（kg），三相组成分别为 w_{EA}、w_{ES}、w_{EB}。将两溶液混合，总量为 m_M（kg），三相组成则分别为 w_{MA}、w_{MS}、w_{MB}，此组成可用图 5.7 中 M 点表示。总物料衡算式及组分 A、组分 S 物料衡算分别为

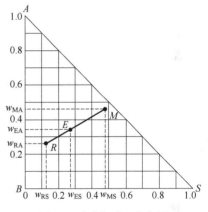

图 5.7 溶液组成三角相图

$$m_M = m_R + m_E \tag{5.33}$$

$$m_M w_{MA} = m_R w_{RA} + m_E w_{EA} \tag{5.34}$$

$$m_M w_{MS} = m_R w_{RS} + m_E w_{ES} \tag{5.35}$$

根据以上三式可得

$$\frac{m_E}{m_R} = \frac{w_{MA} - w_{RA}}{w_{EA} - w_{MA}} = \frac{w_{MS} - w_{RS}}{w_{ES} - w_{MS}} \tag{5.36}$$

上式表明，表示混合溶液组成的 M 点必在 R 点与 E 点连线上，且线段 $\overline{RM}$ 与 $\overline{ME}$ 之比与混合前两溶液质量成反比，即

$$\frac{m_E}{m_R} = \frac{\overline{RM}}{\overline{EM}} \tag{5.37}$$

上式为三角相图中物料衡算的图示方法，称为杠杆定律，其可方便地在相图上给出 M 点

位置,从而确定混合溶液组成。

三角相图中 M 点可表示溶液 R 与溶液 E 混合之后数量与组成,称为 R 与 E 两溶液和点。而当从混合物 M 中除去一定量溶液 E 时,则表明剩下溶液组成点 R 必在 $\overline{EM}$ 连线的延长线上,具体位置同样可由杠杆定律确定,即

$$\frac{m_E}{m_M} = \frac{\overline{MR}}{\overline{RE}} \tag{5.38}$$

由于 R 点可表示剩余溶液数量与组成,因此称其为溶液 M 与溶液 E 的差点。

5.2.3 部分互溶相平衡

萃取操作过程中,一定会出现萃取相与萃余相共存区,那么当两相达到动态平衡时,溶质在这两相中浓度分布如何?一般按溶质、萃取剂和原溶剂各组分互溶度不同将两相共存混合溶液分为两类:第一类是溶质 A 完全溶解于原溶剂 B 与萃取剂 S 中,而原溶剂 B 与萃取剂 S 为部分互溶;第二类是溶质 A 与原溶剂 B 完全互溶,而溶质 A 与萃取剂 S、原溶剂 B 与萃取剂 S 为部分互溶。现以第一类两相共存溶液的液-液相平衡为例说明。

(1)溶解度曲线

滴定法:恒定温度下取定量原溶剂 B 放入玻璃容器,逐渐滴加萃取剂 S,不断搅拌使其溶解。因原溶剂 B 与萃取剂 S 部分互溶,滴加一定数量萃取剂 S 后,溶液开始浑浊,此时所加萃取剂 S 量为其在组分 B 中饱和溶解度,用质量分数表示为 $w_{S(B)}$。在三角相图中可用 R 点表示萃取剂 S 的饱和溶解度,R 点称为分层点 [图 5.8(a)]。

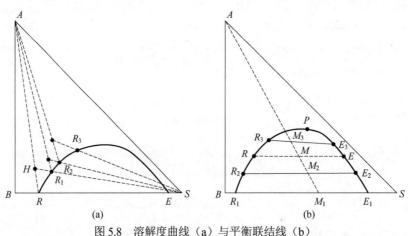

图 5.8 溶解度曲线(a)与平衡联结线(b)

在上述混合溶液中滴加少许溶质 A,由于溶质 A 会增加原溶剂 B 与萃取剂 S 互溶度,混合液又变透明,此刻混合液组成为 $\overline{AR}$ 连线上 H 点。若继续滴加萃取剂 S,溶液又开始浑浊,可计算出另一个分层点 R_1,R_1 必定在 $\overline{SH}$ 线段上。通过交替滴加溶质 A 与萃取剂 S,溶液也交替出现透明与浑浊,由此可获得多个分层点 R_2、R_3 等。

相似地,在另一个玻璃容器中取定量萃取剂 S,逐滴加入原溶剂 B 可获得分层点 E,用质量分数表示为 $w_{B(S)}$,交替滴加溶质 A 与原溶剂 B,也可得到多个分层点。将所有分层点连

成一条光滑曲线，这条曲线称为溶解度曲线。

(2) 平衡联结线

根据溶解度曲线，可确定溶质 A 在两相中浓度。量取原溶剂 B 与萃取剂 S 的双组分混合溶液，浓度组成可用图 5.8(b) 中 M_1 点表示。当静止不动时，在重力作用下混合溶液分成两层，其质量分数分别为 $w_{B(S)}$ 与 $w_{S(B)}$。因为原溶剂 B 与萃取剂 S 部分互溶，所以 $w_{B(S)}$ 与 $w_{S(B)}$ 都小于 1。

在混合溶液 M_1 中滴加少许溶质 A，混合溶液组成将沿 $\overline{AM_1}$ 线移至 M_2 点；充分搅拌并静置后，溶质 A 浓度在两相中达到动态平衡。分别取两层溶液进行分析，其组成分别在 E_2 点和 R_2 点。动态平衡两相称为共轭相，E_2 与 R_2 连线称为平衡联结线，M_2 点必在平衡联结线上。在混合溶液中依次加入少许溶质 A，重复上述实验，可获得若干平衡联结线，平衡联结线两端为动态平衡共轭相。

图 5.8(b) 中溶解度曲线将三角相图分割成两个区域：曲线与底边 R_1E_1 所包围区域为两相区，两相区外为单相区，其中两相区是可萃取操作范围。

(3) 临界混溶点

第一类两相共存溶液中溶质 A 可使原溶剂 B 与萃取剂 S 互溶度提高，当溶质 A 达到某一浓度时[如图 5.8(b) 中 P 点]，两共轭相组成将无限趋近形成单一相，表示该点（P 点）为临界混溶点。需指出的是，临界混溶点一般不在溶解度曲线最高点。

(4) 相平衡关系

由液-液相平衡可知：a. 平衡联结线两端点表示两相之间浓度关系；b. 临界混溶点右侧溶解度曲线表示平衡状态下萃取相中溶质 A 浓度与萃取剂 S 浓度之间关系。

溶质 A 分配系数可定义为动态平衡下两相中溶质 A 摩尔分数之比，即

$$k_A = \frac{x_A}{z_A} \tag{5.39}$$

同理，原溶剂 B 分配系数为

$$k_B = \frac{x_B}{z_B} \tag{5.40}$$

一般情况下，分配系数会随浓度与温度变化而变化，可用函数方程来表示，即溶质 A 相平衡方程为

$$x_A = f(z_A) \tag{5.41}$$

由于实验比较困难，测定浓度值一般为离散点，可用函数曲线拟合出光滑连续的分配曲线。

临界混溶点右侧萃取相中溶质浓度 x_A 与萃取剂浓度 x_S 之间关系可表示为

$$x_S = \varphi(x_A) \tag{5.42}$$

同理，临界混溶点左侧溶解度曲线可表示为

$$z_S = \psi(z_A) \tag{5.43}$$

处于单相区的三组分溶液，其组成包含两个自由度，若已知 z_A 与 z_S，则 $z_B = 1-z_A-z_S$。若三组分溶液处于两相区，则两相中同一组分浓度关系可由分配曲线给出，而每一相中溶质 A 与萃取剂 S 的浓度关系必须满足溶解度曲线函数关系。所以，处于动态平衡时，两相虽有

6个浓度，但只有1个自由度。若已知萃取相中溶质A浓度x_A，则可根据式（5.27）至式（5.29）及归一条件确定其他5个浓度。

5.3 气体吸收

气体吸收是根据混合气体中各组分在某溶剂中溶解度不同而将均相混合气体进行分离的单元操作。气体吸收操作所用溶剂称为吸收剂S，混合气体中可溶解于吸收剂的组分称为吸收质A，几乎不被溶解的组分称为惰性气体或载体B，吸收操作后所得溶液称为吸收液，排出气体混合物称为吸收尾气。吸收过程是气液两相间质量传递，但传质推动力不是两相浓度差。

气体吸收在化工生产中应用非常广泛，其主要目的是：a. 制取液体产品，如用水吸收氯化氢气体制取盐酸；b. 分离气体，如用硫酸吸收焦炉气体中氨气；c. 净化气体，如用水吸收合成氨原料中二氧化碳；d. 保护环境，如用水吸收工业废气中SiO_2或H_2S等有害气体成分。

5.3.1 气体吸收概述

（1）气体吸收过程

气体吸收过程涉及气液两相间质量传递，包括三个基本步骤：

① 吸收质从气相传到两相界面，即气相内传质过程；

② 吸收质在两相界面溶解，开始由气相转入液相，即界面溶解过程；

③ 吸收质从两相界面传到液相内部，即液相内传质过程。

一般认为，界面溶解过程阻力极小，很容易进行，即界面气液两相的吸收满足相平衡关系。所以，总过程速率主要由气相、液相内吸收传质速率决定。

吸收过程中，传质机理也主要有分子扩散与对流传质两种。分子扩散推动力为浓度差，发生在气相、液相内传递过程；对流传质为相界面间传质过程，流动会加快这一传质过程。

（2）气体吸收分类

① 物理吸收与化学吸收：若吸收过程中，吸收剂与吸收质不发生显著化学反应，只是气体吸收质单纯溶解在吸收剂中，称为物理吸收；如果在吸收过程中吸收剂与吸收质发生化学反应，称为化学吸收。

② 等温吸收与非等温吸收：吸收质溶解于吸收剂时常伴有溶解热或化学反应热效应，使吸收操作温度发生变化，这种吸收称为非等温吸收；而如果吸收操作中热效应很小或温度变化不大，可认为是等温吸收。

③ 单组分吸收与多组分吸收：如果混合气体中只有一个组分被液体吸收，这种吸收称为单组分吸收；若混合气体中有多种气体被吸收，则称多组分吸收。

④ 低浓度吸收与高浓度吸收：吸收操作中如果吸收质在气、液两相中摩尔分数均比较小（一般不超过0.1），这种吸收称为低浓度吸收；如果吸收质摩尔分数比较大，则称高浓度吸收。

（3）吸收剂选择

一般来说，吸收剂性能对吸收操作影响很大，会直接决定吸收操作成功与否。选择合适吸收剂应主要考虑以下几点。

① 吸收剂应对混合气体中目标吸收质有较大溶解度，使吸收速率加快，完成吸收任务所需设备体积小，吸收剂用量也小。

② 吸收剂对混合气体中其他组分有较小溶解度，使吸收剂具有较高选择性，以达到良好分离效果。

③ 吸收质在吸收剂中溶解度对温度变化较敏感，使吸收质在某一温度下溶解度高，在另一温度下溶解度低而实现解吸，这样通过控制操作温度，可循环利用吸收剂，降低成本。

④ 吸收剂挥发度小，避免吸收剂在吸收与再生过程中损失或污染产品。

⑤ 吸收剂具有较稳定化学性能，以避免操作过程中发生变质。

⑥ 吸收剂应具有较低黏度，使之在吸收操作中流动阻力小且不易产生气泡，以实现良好气液接触与气液分离。

⑦ 吸收剂应尽可能满足价低、易得、无毒、不易燃易爆等经济与安全条件。

5.3.2 气液相平衡

为更好理解气体吸收基本原理，我们在讨论时仅限于较简单情况：首先，气体混合物中只有一个组分易溶解于吸收剂中，其余组分可视为载气或惰性气体；其次，吸收剂蒸气压很低，几乎可认为不会挥发；最后，吸收操作在连续、稳态条件下进行。

（1）平衡溶解度

一定温度下气液两相充分接触后，两相逐渐趋于平衡，此刻吸收质组分在两相中浓度服从某一确定关系，即相平衡关系，其可用溶解度曲线、亨利定律等表示。

溶解度曲线：当气液两相处于平衡状态时，吸收质在液相中浓度称为溶解度。溶解度与温度及吸收质在气相中分压有关。一定温度下，若将气液平衡时吸收质在气相中分压 p_e 与液相中摩尔分数 x 相关联，则可得到溶解度曲线。图 5.9 为不同温度下氨气（吸收质）在水（吸收剂）中的溶解度曲线。由图可知，随着温度升高，氨气在气相中分压也升高，表明氨气溶解度降低。

吸收操作中，影响气液相平衡关系的主要因素包括以下几点。

① 操作温度：当总压与气相中吸收质摩尔分数一定时，吸收温度下降将使溶解度大幅提升。因此在吸收工艺中，吸收剂一般在进入吸收塔前需冷却处理。

② 操作总压：一定温度下气相中吸收质组成一定时，若总压增大，则吸收质分压随之增大，吸收剂溶解度也随之增大。因此，吸收操作一般在加压条件下进行。

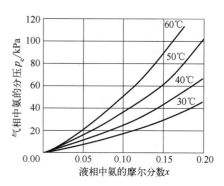

图 5.9 不同温度下氨气在水中溶解度

③ **吸收质性质**：不同吸收质在同一吸收剂中溶解度差别很大，吸收操作也正是基于溶解度不同才可能将它们有效分离。

④ **吸收剂性质**：同种气体在不同吸收剂中溶解度差异同样很大，所以选择不同吸收剂吸收效果大不相同。

吸收操作常用于分离低浓度的气体混合物，低浓度气体混合物经过吸收剂时，其在液相中浓度也相对较低，其溶解度曲线通常近似为一条直线，此时吸收质在液相中摩尔分数 x 与气相平衡分压 p_e 间关系服从亨利定律：

$$p_e = Ex \tag{5.44}$$

式中　E——亨利常数，kPa。

亨利定律也可用吸收质在液相中摩尔浓度 C 表示，即

$$p_e = \frac{C}{H_E} \tag{5.45}$$

式中　H_E——溶解度系数，反映溶质溶解于特定溶剂的难易程度，kmol·m^{-3}·kPa^{-1}。

H_E 随温度升高而降低。易溶气体的 H_E 很大，而难溶气体的 H_E 则很小。

H_E 与 E 关系推导如下：若密度 ρ、体积 V 的溶液中溶质 A 的摩尔浓度为 C_A，溶质 A、溶剂 D 的摩尔质量分别为 M_A、M_D，则溶质 A 在液相中摩尔分数为

$$x_A = \frac{C_A V}{C_A V + \dfrac{\rho V - C_A V M_A}{M_D}} = \frac{C_A M_D}{\rho + C_A (M_D - M_A)} \tag{5.46}$$

将式（5.46）带入式（5.44），可得

$$p_e = \frac{E C_A M_D}{\rho + C_A (M_D - M_A)} \tag{5.47}$$

比较式（5.45）与式（5.47），可得

$$H_E = \frac{\rho + C_A (M_D - M_A)}{E M_D} \tag{5.48}$$

对于稀溶液，C_A 很小，则 $C_A(M_D - M_A) \ll \rho$，上式可简化为

$$H_E = \frac{\rho}{E M_D} \tag{5.49}$$

亨利定律还可用气液平衡时吸收质在气相中摩尔分数 y_e 表示

$$y_e = K^* x \tag{5.50}$$

式中　K^*——相平衡常数，其也可反映溶质在特定溶剂中溶解的难易程度，其越大则气体越难溶。K^* 是温度与压力的函数，可由实验测得。

K^* 与 E 的关系推导如下：若系统总压为 p，由理想气体分压定律可知

$$p_e = p y_e \tag{5.51}$$

结合式（5.44）、式（5.50）及式（5.51），可得

$$K^* = \frac{E}{p} \tag{5.52}$$

亨利定律表示互成平衡时气液两相组成关系，由于组成可采用不同的表示方法，因此亨利定律具有不同的表达形式，相应的系数也不同，但涉及浓度及各系数可依据亨利及浓度换算关系进行换算。计算时，应注意单位一致性。

（2）吸收过程中气液相平衡

吸收与解吸：一定条件下某吸收剂相平衡方程为 $y_e = K^* x$，而实际气相浓度 $y > y_e$、液相浓度 $x < x_e$（相平衡时吸收质在液相中的摩尔分数），则两相接触时会有部分气相吸收质转入液相以达到相平衡，即发生吸收过程。反之，若气相浓度 $y < y_e$、液相浓度 $x > x_e$，则部分吸收质将从液相进入气相，即发生解吸过程。

吸收极限：浓度为 y_{in} 混合气从某吸收塔底部送入，吸收剂从塔顶加入形成逆流吸收操作。若减少吸收剂用量，则吸收剂在吸收塔底部出口浓度 x_{out} 将增加。即使吸收剂很少或吸收剂与吸收质之间充分接触，x_{out} 也不会无限增大，其极限是气相浓度 y_{in} 平衡浓度，即

$$x_{out,max} = x_{out,e} = \frac{y_{in}}{K^*} \tag{5.53}$$

反之，当吸收剂用量很大而气体流量极小时，出口气体吸收质浓度也不会低于吸收剂入口浓度 x_{in} 平衡浓度，即

$$y_{out,min} = y_{out,e} = K^* x_{in} \tag{5.54}$$

因此，气液相平衡关系限制吸收剂离塔时最高浓度与气体混合物离塔时最低浓度。

吸收推动力：气液相平衡是吸收过程极限，只有不平衡两相接触才会发生气体吸收或解吸。实际浓度偏离平衡浓度越大，吸收过程推动力才会越大，速率也越大。在吸收过程中，通常以实际浓度与平衡浓度差来表示吸收推动力，即可用气相浓度差 $y - y_e$、液相浓度差 $x_e - x$ 表示吸收推动力。

5.3.3 相际传质

（1）相际传质速率

吸收过程相际传质由气相与界面对流传质、界面吸收质组分溶解、液相与界面对流传质三个过程串联而成（图5.10）。为方便分析与理解，借鉴冷热流体间壁式传热过程处理方法，建立相际传质速率方程。

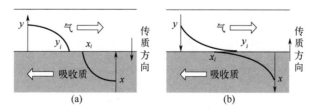

图 5.10 吸收（a）与解吸（b）过程相际传质的浓度分布

图 5.11 中 a、i 两点分别为气液两相实际浓度、界面浓度，根据菲克定律，吸收过程气相传质速率方程为

$$N_A = k_y(y_a - y_i) \tag{5.55}$$

同理，液相传质速率方程为

$$N_A = k_x(x_i - x_a) \tag{5.56}$$

界面气液两相平衡时，有

$$y_i = f(x_i) \tag{5.57}$$

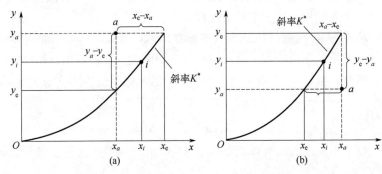

图 5.11 吸收（a）与解吸（b）过程相际传质主体浓度与界面浓度

对于稀溶液，物系服从亨利定律，则有

$$y_i = K^* x_i \tag{5.58}$$

在计算范围内，平衡线可近似看作直线，即

$$y_i = K^* x_i + b \tag{5.59}$$

对于稳态过程，传质速率可写成推动力与阻力之比，即

$$N_A = \frac{y_a - y_i}{\dfrac{1}{k_y}} = \frac{x_i - x_a}{\dfrac{1}{k_x}} = \frac{K^*(x_i - x_a)}{\dfrac{K^*}{k_x}} = \frac{y_a - y_i + K^*(x_i - x_a)}{\dfrac{1}{k_y} + \dfrac{K^*}{k_x}} \tag{5.60}$$

平衡线在界面浓度 i 点处斜率为 K^*，即 $K^*(x_i - x_a) = y_i - y_e$，则上式可写为

$$N_A = \frac{y_a - y_e}{\dfrac{1}{k_y} + \dfrac{K^*}{k_x}} \tag{5.61}$$

因此，以气相浓度差 $y_a - y_e$ 为推动力的相际传质速率方程式

$$N_A = K_y(y_a - y_e) \tag{5.62}$$

其中

$$K_y = \frac{1}{\frac{1}{k_y} + \frac{K^*}{k_x}} \tag{5.63}$$

K_y 称为以气相浓度差 $y - y_e$ 为推动力的总传质系数。

同样，相际传质速率方程也可写为

$$N_A = K_x(x_e - x_a) \tag{5.64}$$

其中

$$K_x = \frac{1}{\frac{1}{k_y K^*} + \frac{1}{k_x}} \tag{5.65}$$

K_x 称为以液相浓度差 $x_e - x$ 为推动力的总传质系数。

比较式（5.63）与式（5.65），可得

$$K^* K_y = K_x \tag{5.66}$$

不难导出解吸速率方程为

$$N_A = K_x(x_a - x_e) \tag{5.67}$$

$$N_A = K_y(y_i - y_a) \tag{5.68}$$

（2）传质阻力

将式（5.63）写成

$$\frac{1}{K_y} = \frac{1}{k_y} + \frac{K^*}{k_x} \tag{5.69}$$

即总传质阻力 $1/K_y$ 为气相传质阻力 $1/k_y$ 与液相传质阻力 K^*/k_x 之和。

当 $1/k_y$ 远大于 K^*/k_x 时，

$$K_y \approx k_y \tag{5.70}$$

表明传质阻力主要集中于气相，这称为气相阻力控制过程。

反之，当 $1/k_y$ 远小于 K^*/k_x 时，

$$K_y \approx \frac{k_x}{K^*} \tag{5.71}$$

表明传质阻力主要集中于液相区，这称为液相阻力控制过程。

气液相平衡关系对两相传质阻力大小及传质总推动力分配有着极大的影响。易溶气体平衡线斜率 K^* 小，其吸收过程通常为气相阻力控制。难溶气体平衡线斜率 K^* 大，其吸收过程多为液相阻力控制。实际吸收过程气相阻力与液相阻力各占一定比例。当吸收操作以气相阻力为主时，增加气体流量可降低气相阻力而有效地加快吸收过程，而增加液体流量则不会对吸收速率产生显著影响。反之，当实验发现吸收过程总传质系数主要受液相流量影响时，则该过程为液相阻力控制。

例 [5.3]

室温、常压下用水吸收混合气中氨气，若其气液平衡关系 $y_e = 1.04x$，气相传质分系数 $k_y = 5.18 \times 10^{-4} \text{kmol} \cdot \text{m}^{-2} \cdot \text{s}^{-1}$，液相传质分系数 $k_x = 5.28 \times 10^{-3} \text{kmol} \cdot \text{m}^{-2} \cdot \text{s}^{-1}$，测得吸收塔某一截面氨的气相摩尔分数 $y = 0.04$、液相摩尔分数 $x = 0.01$，求该截面的传质速率及气液界面两相浓度。

【分析】 根据气、液相传质系数及其平衡关系，可求出总传质系数，再利用截面、平衡气相摩尔浓度，可得传质速率。基于界面相际传质速率方程，可得气液界面两相浓度。

【题解】 由气液平衡关系 $y_e = 1.04x$，可知 $K^* = 1.04$，则总传质系数为

$$K_y = \cfrac{1}{\cfrac{1}{k_y} + \cfrac{K^*}{k_x}} = \cfrac{1}{\cfrac{1}{5.18 \times 10^{-4}} + \cfrac{1.04}{5.28 \times 10^{-3}}} = 4.70 \times 10^{-4} \text{ (kmol} \cdot \text{m}^{-2} \cdot \text{s}^{-1})$$

与实际液相浓度平衡的气相浓度为

$$y_e = K^* x = 1.04 \times 0.01 = 0.0104$$

以气相浓度差 $y - y_e$ 为推动力的传质速率为

$$N_A = K_y(y - y_e) = 4.70 \times 10^{-4} \times (0.04 - 0.0104) = 1.39 \times 10^{-5} \text{ (kmol} \cdot \text{m}^{-2} \cdot \text{s}^{-1})$$

由 $N_A = k_y(y - y_i) = K_y(y - y_e)$，可得

$$y_i = y - \frac{K_y}{k_y}(y - K^* x) = 0.04 - \frac{4.70 \times 10^{-4}}{5.18 \times 10^{-4}} \times (0.04 - 1.04 \times 0.01) = 0.0131$$

$$x_i = y_i / K^* = 0.0131 / 1.04 = 0.0126$$

可见，界面气相浓度 y_i 与气相主体浓度 $y = 0.04$ 相差较大，而界面液相浓度 x_i 与液相主体浓度 $x = 0.01$ 比较接近。

5.4 吸附分离

吸附分离是利用多孔固体颗粒选择性吸附流体中一种或几种组分，从而使均相混合物得以分离的单元操作。被吸附的物质称为吸附质，用作吸附的多孔固体颗粒称为吸附剂。吸附作用源于多孔固体颗粒表面力，一般通过范德瓦耳斯力使单层或多层吸附质附着在吸附剂表面，所以这种吸附属于物理吸附。吸附时常伴有热量释放，称为吸附热。通过吸附质与吸附剂表面原子间化学键合作用的吸附操作属于化学吸附，吸附热相对较高。化工吸附分离大多属于物理吸附。

与吸附操作相反，组分脱离固体吸附剂表面的操作称为脱附，吸附-脱附循环操作构成一个完整的工业吸附过程。

5.4.1 吸附相平衡

（1）气固吸附等温线

一定温度、分压（或浓度）下，气体吸附质与固体颗粒吸附剂长时间接触，气、固两相浓度达到动态平衡，此时吸附剂平衡吸附量 w_a 与气相中吸附质浓度 ρ 的关系曲线称为吸附等温线。常见吸附等温线可分为三种（图 5.12）。Ⅰ表示随气相浓度 ρ 增加，平衡吸附量 w_a 先快速增加，然后缓慢增加，吸附曲线呈凸形。此种等温线在气相吸附质浓度 ρ 很低时仍有可观平衡吸附量 w_a，称为有利吸附等温线。Ⅱ表示随气相浓度 ρ 增加，平衡吸附量 w_a 先缓慢增加，然后快速增加，吸附曲线呈凹形，称为不利吸附等温线。Ⅲ是平衡吸附量 w_a 与气相吸附质浓度 ρ 成线性关系。

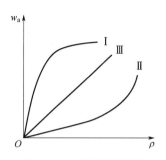

图 5.12　气固吸附等温线

（2）液固吸附平衡

液固吸附操作中，溶液中吸附质、电解质，以及溶解度、吸附剂结构、溶剂性质、pH 值、温度、浓度对吸附机理与吸附等温线都有影响。研究表明，同族序列有机化合物分子量越大，吸附量越大；溶解度小、疏水程度高的吸附质较易被吸附；一般芳香族化合物比脂肪族化合物更易被吸附；支链化合物比侧链化合物更易被吸附。

（3）吸附平衡关系式

根据吸附机理不同，可以导出相应吸附模型与平衡关系式。常见吸附平衡关系式有低浓度吸附、单分子层吸附、多分子层吸附。

① 低浓度吸附：当低浓度气体在均匀吸附剂表面发生物理吸附时，相邻分子间相互独立，气体与吸附剂固体间平衡浓度成线性关系，即吸附量 w_a 可用吸附质浓度 ρ 或分压 p 表示，即

$$w_a = H_r \rho \tag{5.72}$$

$$w_a = H'_r p \tag{5.73}$$

式中　H_r——比例常数，$m^3 \cdot kg^{-1}$；

H'_r——比例常数，Pa^{-1}。

② 单分子层吸附——朗格缪尔方程：当气体浓度较高时，吸附平衡时不再呈线性关系。设吸附表面覆盖率为 $\phi = w_a/w_m$（朗格缪尔方程模型参数），则吸附、脱附速率可分别表示为 $k_a p(1-\phi)$、$k_d \phi$，当吸附-脱附达到动态平衡时，有

$$\frac{\phi}{1-\phi} = \frac{k_a}{k_d} p = k_L p \tag{5.74}$$

式中　k_a——吸附系数，无量纲；

k_d——脱附系数，无量纲；

k_L——朗格缪尔吸附平衡常数，Pa^{-1}。

根据吸附表面覆盖率 $\phi = w_a/w_m$，整理上式可得

$$\phi = \frac{w_a}{w_m} = \frac{k_L p}{1 + k_L p} \tag{5.75}$$

此式为单分子层吸附朗格缪尔方程，该方程可较好地描述图 5.12 中 I 等温吸附平衡。但当吸附质浓度很高、分压接近饱和蒸气压时，蒸气容易在毛细管中冷凝而偏离朗格缪尔模型。

③ 多分子层吸附——BET 方程：Brunauer、Emmett 与 Teller 提出固体表面吸附第一层分子后仍可吸附气体吸附质，形成多层分子吸附，该模型关系式（即 BET 方程）为

$$w = w_m \frac{bp/p°}{(1-p/p°)[1+(b-1)p/p°]} \tag{5.76}$$

式中　$p°$——吸附质饱和蒸气压，Pa；

　　　$p/p°$——吸附质分压与饱和蒸气压的比值，无量纲；

　　　b——常数。

BET 方程常用于氮气、氧气、乙烷、苯等作为吸附质以测量吸附剂或其他固体粉末比表面积，常将式（5.76）改成

$$\frac{p/p°}{w(1-p/p°)} = \frac{1}{w_m b} + \frac{b-1}{w_m b} p/p° = k_p \left(\frac{p}{p°}\right) + \delta_p \tag{5.77}$$

式中　k_p、δ_p——直线斜率、截距，由 k_p 与 δ_p 可求出模型参数 w_m 为

$$w_m = \frac{1}{k_p + \delta_p} \tag{5.78}$$

则比表面积为

$$a = N_0 S_0 w_m / M \tag{5.79}$$

式中　N_0——阿伏伽德罗常数（$= 6.023 \times 10^{23}$）；

　　　S_0——分子截面积，m²；

　　　M——摩尔质量，kg·kmol⁻¹。

例［5.4］

78.6K、不同 N_2 分压下，测得某种材料 N_2 吸附量如下。

p/kPa	9.03	11.51	18.61	26.28	29.66
w/(mg·g⁻¹)	18.78	19.29	22.49	24.37	26.30

已知 78.6K 时 N_2 饱和蒸气压 $p° = 118.8$kPa，N_2 分子截面积 $S_0 = 0.16$nm²，求该材料的比表面积。

【分析】利用 N_2 吸附量、分压及其饱和蒸气压，求得 $p/p°/[w(1-p/p°)]$ 与 $p/p°$ 关系并作图，获得 BET 模型参数，从而求出比表面积。

【题解】由该材料在 78.6K 时不同 N_2 分压下 N_2 吸附量及其饱和蒸气压，可算出相应数据如下。

p/p°	0.07601	0.09689	0.15665	0.22121	0.24966
$\dfrac{p/p^\circ}{w(1-p/p^\circ)}/(\text{mg}\cdot\text{g}^{-1})$	0.00438	0.00556	0.00826	0.01166	0.01265

根据上述数据作图（见图5.13），可得截距斜率 $k_p = 0.04808\text{g}\cdot\text{mg}^{-1}$，$\delta_p = 8.05\times10^{-4}\text{g}\cdot\text{mg}^{-1}$，则有

$$w_m = \frac{1}{k_p + \delta_p} = \frac{1}{8.05\times10^{-4} + 0.04808}$$
$$= 20.46\,(\text{mg}\cdot\text{g}^{-1})$$

比表面积为

$$a = N_0 S_0 w_m / M$$
$$= 6.023\times10^{23} \times 16\times10^{-20} \times 20.46\times10^{-3} / 28$$
$$= 70.42\,(\text{m}^2\cdot\text{g}^{-1})$$

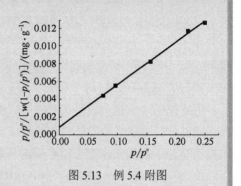

图5.13 例5.4附图

（4）气体混合物双组分吸附

若吸附剂对气体混合物中两组分均有吸附能力，吸附剂对一组分吸附量将受另一组分的影响。以组分 A、B 混合物为例，给定温度、压强下气相两组分浓度比为 ρ_A/ρ_B，固相两组分浓度比为 w_A/w_B，将固相两组分浓度比除气相两组分浓度比，可得其分离系数 α_{AB} 为

$$\alpha_{AB} = \frac{w_A/w_B}{\rho_A/\rho_B} \tag{5.80}$$

它与精馏中相对挥发度、萃取中选择性系数非常类似。显然，α_{AB} 越偏离1，该吸附剂越有利于两组分气体混合物分离。

5.4.2 吸附机理及吸附速率

（1）吸附传质机理

组分吸附操作也属于传质过程，主要分外扩散、内扩散及吸附三步骤。组分外扩散指吸附质从固体颗粒周围气膜（或液膜）对流扩散到固体颗粒外表面的过程，而组分内扩散指吸附质从固体颗粒外表面沿固体内部微孔扩散到固体内表面的过程。吸附过程指吸附质被固体吸附剂吸附在表面的过程。对大多数吸附过程，吸附质内扩散是吸附传质的主要阻力，所以吸附过程被内扩散控制。

由于固体吸附剂内部孔道大小及表面性质不同，内扩散包括以下几种类型。

① 分子扩散：当孔道直径 d 远大于扩散分子平均自由程 λ 时，其扩散为分子扩散。

② 克努森（Knudsen）扩散：当孔道直径 d 小于扩散分子平均自由程 λ 时，则为克努森扩散。此时，分子与孔道壁碰撞显著影响扩散系数大小。通常，用克努森数 Kn 作为是否碰撞的判据，即

$$Kn = \frac{\lambda}{d} \tag{5.81}$$

克努森扩散理论认为在混合气体中每个分子动能是相等的，即

$$\frac{1}{2}M_1 u_1^2 = \frac{1}{2}M_2 u_2^2 \tag{5.82}$$

式中 M_1、M_2——摩尔质量，$kg \cdot kmol^{-1}$；
u_1、u_2——分子平均速度，$m \cdot s^{-1}$。

上式说明大质量分子平均速度小。当 $Kn \gg 1$ 时，分子在孔道入口与孔道内不经过碰撞而直接通过，其分子数与分子平均速度成正比，这一流量称为克努森流。因此，微孔中克努森流对不同分子量的气体混合物有一定分离作用。

③ 表面扩散：吸附质分子沿孔道壁表面移动而形成的扩散。

④ 固体扩散：吸附质分子在固体颗粒内进行扩散。孔道中扩散机理不仅与孔道孔径有关，也与吸附质浓度、温度等因素有关。通过孔道的扩散流 J 一般可用菲克定律表示。

（2）吸附速率

单位时间、单位吸附剂外表面所传递的吸附质量称为吸附速率 n_A（$kg \cdot m^{-2} \cdot s^{-1}$）。外扩散过程中，吸附推动力为流体主体浓度 ρ 与颗粒外表面流体浓度 ρ_i 之差，其传质速率表示为

$$n_A = k_f(\rho - \rho_i) \tag{5.83}$$

式中 k_f——外扩散传质分系数，$m \cdot s^{-1}$。

内扩散过程中，传质推动力为平衡时颗粒外表面吸附相浓度 w_i 与吸附相平均浓度 w 之差，其传质速率表示为

$$n_A = k_s(w_i - w) \tag{5.84}$$

式中 k_s——内扩散传质分系数，$kg \cdot m^{-2} \cdot s^{-1}$。

为方便起见，常用总传质系数表示传质速率，即

$$n_A = K_f(\rho - \rho_e) = K_s(w_e - w) \tag{5.85}$$

式中 K_f——以流体相浓度差为推动力的总传质系数，$m \cdot s^{-1}$；
K_s——以固体相浓度差为推动力的总传质系数，$m \cdot s^{-1}$；
ρ_e——w 达到相平衡时的流体相浓度，$kg \cdot m^{-3}$；
w_e——ρ 达到相平衡时的固体相浓度，无量纲。

显然，对于内扩散控制的吸附操作过程，总传质系数 $K_s \approx k_s$。

5.4.3 固定床吸附过程

（1）理想吸附过程

为方便理解吸附操作过程，我们将固定床做理想化处理：

① 流体均相混合物仅包含一个吸附质组分，其他为惰性组分，吸附等温线为有利相平衡线；
② 固定床层中吸附剂分布均匀，即各处吸附剂初始浓度、温度相等；
③ 吸附过程中流体稳态流过，即进入固定床层流体浓度、温度、流量保持不变；
④ 吸附热可忽略，流体与吸附剂温度相等，不需热量衡算与传热速率计算。

（2）吸附相负荷曲线

固定床层在恒温下进行吸附操作[图5.14(a)]：开始阶段，床层内吸附剂脱附再生后浓度为 w_2，入口处流体浓度为 ρ_1。经过一段时间吸附操作后，入口处吸附相浓度逐渐增大到与 ρ_1 相平衡的浓度 w_1。在后续一段床层 L_0 中，吸附相浓度沿轴向降低至 w_2。床层中吸附相浓度沿流体流动方向的变化曲线称为负荷曲线，其波形随操作时间延续而不断向前移动。吸附相饱和段 L_1 也随时间变长，而未吸附的床层 L_2 不断减小。在 L_1 与 L_2 床层中气固两相各自达到动态平衡，而只有负荷曲线 L_0 段发生吸附传质，所以 L_0 称为传质区。

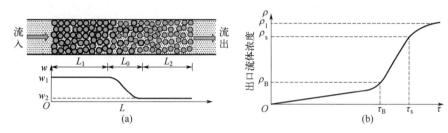

图 5.14　固定床层吸附的负荷曲线（a）与透过曲线（b）

（3）流体相浓度波与透过曲线

流体中吸附质浓度沿轴向变化类似于吸附相负荷曲线，即 L_0 段内流体浓度由 ρ_1 降至与 w_2 相平衡的浓度 ρ_2，该波形称为流体相浓度波。

流体相浓度波与固定床层负荷曲线均匀速向前移动到出口，此后出口处流体浓度将与时俱增，其与时间的关系曲线称为透过曲线[图5.14(b)]。一般规定出口流体浓度为进口流体浓度的5%时称为透过点，即 $\rho_B = 5\%\rho_1$；相应操作时间称为透过时间 τ_B。若继续吸附操作，出口流体浓度不断增加直至接近进口浓度，该点称为饱和点，相应操作时间称为饱和时间 τ_s。一般取出口流体浓度为进口流体浓度的95%时为饱和点，即 $\rho_s = 95\%\rho_1$。

负荷曲线、透过曲线形状与吸附传质速率、流体流速、相平衡有关。传质速率越大，传质区越薄，对于一定厚度床层与气体负荷，其透过时间越长，流体流速越小，停留时间越长，相应传质区越薄。当传质速率无限大时，传质区趋于零，负荷曲线与透过曲线呈阶跃式曲线。操作完毕时，传质区床层未吸附至饱和，传质区负荷曲线为对称形曲线，未被利用的床层相当于传质区厚度的一半。因此，传质区越薄，床层利用率越高。

（4）固定床吸附过程物料衡算关系

床层内流体浓度 ρ 和吸附相浓度 w 与时间、距离相关。为便于讨论，取传质区为控制体，使控制体以浓度波速度 u_c 向前移动，这使得控制体 ρ、w 分布均与时间无关，而只是空间位置的函数，如图5.15所示。若床层截面积为 S，空塔速度为 u_s，流体在孔隙 ε_B 的床层中体积流量为 Q_V，则其速度 u_0 为

$$u_0 = \frac{Q_V}{S\varepsilon_B} = \frac{u_s}{\varepsilon_B} \tag{5.86}$$

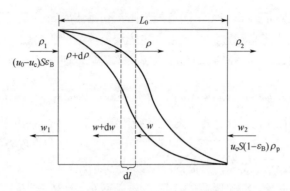

图 5.15 传质区内微分控制体

密度 ρ_p 的吸附剂进入控制体的速度为 u_c，则其质量流量为 $u_cS(1-\varepsilon_B)\rho_p$；流体进入控制体的速度为 $u_0 - u_c$，则其体积流量为 $(u_0-u_c)S\varepsilon_B$；若单位床层体积吸附剂颗粒的外表面积为 a_B，图 5.15 中虚线部分的微元控制体，其传质面积为 a_BSdl，质量为 n_Aa_BSdl，对流体相作物料衡算，有

$$(u_0 - u_c)S\varepsilon_B d\rho = n_A a_B S dl \tag{5.87}$$

对吸附相作物料衡算，有

$$u_c S(1-\varepsilon_B)\rho_p dw = n_A a_B S dl \tag{5.88}$$

（5）固定床吸附过程计算

① 吸附过程积分表达式：将相际传质速率式[式(5.85)]代入流体相物料衡算式[式(5.87)]，可得

$$\int dl = \frac{(u_0 - u_c)\varepsilon_B}{K_f a_B}\int \frac{1}{\rho - \rho_e}d\rho = \frac{u_s - u_c\varepsilon_B}{K_f a_B}\int \frac{1}{\rho - \rho_e}d\rho \tag{5.89}$$

为使浓度波大部分变化曲线包含在传质区内，可视 l 从 0 到 L_0 变化时，ρ 从 ρ_B 到 ρ_s 变化，则可得

$$L_0 = \frac{u_s - u_c\varepsilon_B}{K_f a_B}\int_{\rho_B}^{\rho_s} \frac{1}{\rho - \rho_e}d\rho \tag{5.90}$$

② 浓度波移动速度：将流体相物料衡算式[式(5.87)]与吸附相物料衡算式[式(5.88)]联立，并利用 ρ_1 至 ρ_2、w_1 至 w_2 边界条件积分可得

$$(u_s - u_c\varepsilon_B)(\rho_1 - \rho_2) = u_c(1-\varepsilon_B)\rho_p(w_1 - w_2) \tag{5.91}$$

整理可得浓度波移动速度表达式，即

$$u_c = \frac{u_s}{\varepsilon_B + (1-\varepsilon_B)\rho_p\dfrac{w_1 - w_2}{\rho_1 - \rho_2}} \tag{5.92}$$

该式表明浓度波移动速度与进料速度成正比。

③ 传质单元数与传质单元高度：通常浓度波移动速度 u_c 远小于空塔速度 u_s，式（5.90）可写为

$$L_0 = \frac{u_s}{K_f a_B} \int_{\rho_B}^{\rho_s} \frac{1}{\rho - \rho_e} \mathrm{d}\rho = H_{OF} N_{OF} \tag{5.93}$$

式中　H_{OF}——传质单元高度；

　　　N_{OF}——传质单元数。

④ 传质区两相浓度关系——操作性方程：仍以传质区为研究对象，对图 5.15 所示虚线右侧控制体进行物料衡算，可得

$$(u_s - u_c \varepsilon_B)(\rho - \rho_2) = u_c(1-\varepsilon_B)\rho_p(w-w_2) \tag{5.94}$$

与式（5.91）相比，可得

$$w = w_2 + \frac{w_1 - w_2}{\rho_1 - \rho_2}(\rho - \rho_2) \tag{5.95}$$

该式为操作性方程，表示同一塔截面上两相浓度间线性关系。图 5.16 表示操作线与平衡线的关系，两线间垂直距离表示吸附相浓度差推动力 $w_e - w_{op}$，两线间水平距离表示流体相浓度推动力 $\rho_{op} - \rho_e$。

⑤ 总物料衡算：当固定床吸附操作达到透过点时，未被利用床层高度约为传质区高度的 0.5。对透过时间段内流体相与吸附相作物料衡算，可得

$$\tau_B Q_V (\rho_1 - \rho_2) = (L - 0.5L_0)S(1-\varepsilon_B)\rho_p(w_1 - w_2) \tag{5.96}$$

将 $Q_V = u_s S$ 代入上式，可得

$$\tau_B u_s (\rho_1 - \rho_2) = (L - 0.5L_0)(1-\varepsilon_B)\rho_p(w_1 - w_2) \tag{5.97}$$

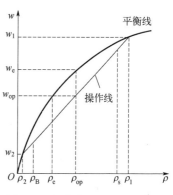

图 5.16　操作线与平衡线的关系

5.5　膜分离

膜分离指利用固体膜对流体混合物中各组分进行选择性渗透而实现分离的单元操作。膜起着半渗透的屏障作用，对两液相、两气相或者液相与气相间各种分子移动起控制作用。膜分离推动力是压差或者电位差，膜分离相对于其他均相物系分离操作是比较节能的。

膜分离特点是不需要大量热能，可在常温下进行，对食品、生物药品加工特别合适；膜分离操作不仅可除去病毒、细菌等微粒，也可除去溶液中大分子物质、无机盐，还可分离共沸物或沸点比较接近的组分；以压差或电位差为推动力，装置简单，操作方便。本节介绍反渗透、超滤、电渗析、气体混合物分离操作。

5.5.1 膜分离概述

（1）膜分类

膜材质、结构、性能对分离操作效果起决定性作用。通常，固体膜可分为生物膜与合成膜两大类。合成膜按材质有无机膜与高分子聚合物膜两大类，其中无机膜由陶瓷、玻璃、金属等无机材料制成，孔径为1nm～60μm，膜耐热性与化学稳定性好，孔径较均匀。高分子聚合物膜通常用醋酸纤维素、芳香烃化合物、聚酰胺、聚四氟乙烯等材料制成，膜结构有均质致密膜、多孔膜、非对称膜等，其厚度一般较薄。

（2）分离透过性能参数

通常用截留率、透过速率、截留分子量等参数表示膜分离透过性能。

① 截留率 R：若主体中被分离物质浓度为 C_1，透过液中被分离物质浓度为 C_2，则截留率 R 为

$$R = \frac{C_1 - C_2}{C_1} \times 100\% \tag{5.98}$$

② 透过速率 J：单位时间、单位面积透过膜的物质的量称为透过速率（$kmol \cdot m^{-2} \cdot s^{-1}$）。由于膜分离操作中压密、堵塞等多种原因，膜的透过速率会随操作时间而衰减，因此透过速率可表示为

$$J = J_0 \tau^n \tag{5.99}$$

式中　J_0——操作初始时透过速率；

　　　τ——操作时间，s；

　　　n——衰减指数。

③ 截留分子量：对溶液中大分子物质进行膜分离时，截留物分子量在某种程度上反映膜孔大小。但因多孔膜孔径大小不一，被截留分子量在某一范围内分布，所以一般取截留率为90%的物质分子量称为膜截留分子量。

选择膜时需要对被分离物质进行初步判断，以权衡截留率、截留分子量与透过速率间关系。同时，膜分离中还需要膜有足够的机械强度与化学稳定性。

5.5.2 反渗透

反渗透是通过半透膜对水中溶解物质过滤，实现水处理与脱盐的膜分离技术。如图5.17所示，在纯水与盐水中间用一张固体膜隔开，初始阶段纯水与盐水液面高度相同，尔后纯水分子穿过膜向盐水一侧移动，致使盐水液面不断升高，这一现象称为渗透。当盐水液面升到 h 且不再升高时，盐水渗透压 $p' = \rho g h$。如果在盐水侧施加一个大于 p 的压差 Δp，则水分子从盐水侧向纯水反向移动，这一现象称为反渗透，可以实现反渗透的固体膜称为反渗透膜。

反渗透膜对溶质截留机理不是尺寸大小的筛分作用，而是水与膜间存在各种亲和力使膜对水选择性通过，通常用于水溶液分离的反渗透膜是亲水性的。影响反渗透膜的两个重要参数是浓差极化与透过速率。

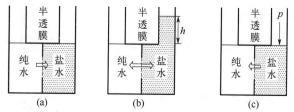

图 5.17 渗透（a）、平衡（b）与反渗透（c）

反渗透过程中，膜截留大部分溶质而在膜一侧形成溶质高浓度区，当达到稳态时，膜表面溶液浓度 x_3 明显高于主体溶液浓度 x_1，此现象称为浓差极化。为量化浓度边界层 δ 中溶质浓度 x 的分布，可采用分子扩散速率方程来描述。若料液主体中溶质摩尔分数为 x_1，膜两侧溶液中溶质摩尔分数分别为 x_2 与 x_3（图 5.18），取浓度边界层 δ 内平面 I 与低浓度侧表面 II 之间为控制体作物料衡算，有

$$Jx - DC\frac{\mathrm{d}x}{\mathrm{d}l} - Jx_2 = 0 \tag{5.100}$$

式中 J——膜透过速率，$\mathrm{kmol \cdot m^{-2} \cdot s^{-1}}$；
C——料液总浓度，$\mathrm{kmol \cdot m^{-3}}$；
D——溶质扩散系数，$\mathrm{m^2 \cdot s^{-1}}$。

将 $l=0$ 处 $x=x_1$、$l=\delta$ 处 $x=x_3$ 边界条件代入上式并积分，可得边界层厚度 δ 内浓度分布

$$\ln\frac{x_3 - x_2}{x_1 - x_2} = \frac{J\delta}{DC} \tag{5.101}$$

一般情况下反渗透膜具有较高截留率，透过的溶质浓度 x_2 很低，有

$$\frac{x_3}{x_1} = \exp\left(\frac{J}{CD_\delta}\right) \tag{5.102}$$

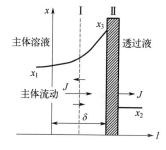

图 5.18 反渗透膜浓差极化

式中 D_δ（$= D/\delta$）——溶质单位长度扩散系数，$\mathrm{m \cdot s^{-1}}$；
x_3/x_1——浓度极化比，无量纲。

对于一定透过速率 J，溶质单位长度扩散系数 D_δ 越大，浓差极化比越小。

当反渗透膜两侧渗透压之差为 $\Delta p'$ 时，反渗透推动力为 $\Delta p - \Delta p'$。则水的透过速率 J_V 为

$$J_V = A_V(\Delta p - \Delta p') \tag{5.103}$$

式中 A_V——水的透过系数，即在单位压差下单位时间、单位膜面积的水透过量。

另外，也有少量溶质因膜两侧浓度差而扩散透过反渗透膜，溶质透过速率 J_S 与膜两侧溶液浓度差有关，可写成

$$J_S = B_S(C_3 - C_2) \tag{5.104}$$

式中 B_S——溶质透过系数；
C_3、C_2——膜两侧溶质浓度，$\mathrm{kmol \cdot m^{-3}}$。

A_V 与 B_S 主要取决于反渗透膜结构与性能，也受温度、压力等因素影响。

根据水与溶质透过速率，可得总透过速率 J 为

$$J = J_V + J_S \tag{5.105}$$

影响反渗透速率的因素包括以下几点。

① 膜结构与性能：A_V 与 B_S 直接决定透过速率，A_V 越大且 B_S 越小，则透过速率越大。

② 混合液浓缩程度：浓缩程度越高，反渗透膜两侧浓度差越大、渗透压越大，在操作压强差固定情况下，水的透过速率越低；另外，浓缩程度大容易导致反渗透膜堵塞，降低膜分离性能。

③ 浓差极化：浓差极化导致反渗透膜表面浓度 x_3 增高，使渗透压差增大、水的透过速率降低，同时也会使溶质透过速率提高、截留率降低。另外，表面浓度 x_3 增高，可能导致溶质在膜表面沉淀，额外增加反渗透膜透过阻力，所以浓差极化是反渗透操作中一个不利因素。

5.5.3 超滤

超滤是以压差为推动力，用固体多孔膜截留混合溶液中微粒与大分子溶质，而使溶剂透过固体膜孔的分离操作（图 5.19），其分离机理主要是多孔膜的筛分作用。大分子溶质在膜表面及孔道内吸附与滞留虽能起到一定截留作用，但易造成固体膜污染。因此，操作中应选用适当流速、压力、温度等操作条件，并定期清洗以减少固体膜污染。

反渗透操作主要用于去除混合溶液中小分子溶质，操作压强相对较高；而超滤膜是非对称膜，只截留混合溶液中大分子溶质，即使溶液浓度较高，但因渗透压较低，故操作压强相对较低。

根据超滤分离机理，其透过速率仍可用式（5.103）表示。当大分子溶质浓度较低、渗透压可忽略时，超滤透过速率与操作压差成正比，即

$$J_V = A_V \Delta p \tag{5.106}$$

用 $R_m = 1/A_V$ 表示透过阻力，称为膜阻。水的透过系数 A_V 与膜阻 R_m 是超滤膜的性能参数。

由于超滤透过速率比反渗透速率大得多，而大分子溶质扩散系数小，因此超滤中浓差极化现象非常严重。当膜表面大分子溶质浓度达到凝胶化浓度 x_g 时，超滤膜表面形成一种不流动的凝胶层［图 5.20（a）］。凝胶层的存在使膜阻大为增加，在同一操作压差下透过速率显著降低。超滤中操作压差 Δp 与水的透过速率 J_V 间关系如图 5.20（b）所示。在纯水超滤中，透过速率与操作压差成正比。但在蛋白质溶液超滤中，透过速率随压差增加而呈一条曲线。当压差足够大时凝胶层逐渐形成，透过速率达到最大值时的通量称为极限通量 $J_{\lim}$，其可由式（5.102）推导出，即

$$J_{\lim} = D_\delta C \ln \frac{x_g}{x_1} \tag{5.107}$$

式中 $D_\delta (= D/\delta)$——凝胶层以外浓度边界层中大分子溶质单位长度扩散系数，$m \cdot s^{-1}$。

由此可知，极限通量 $J_{\lim}$ 与膜阻无关，而与料液浓度 x_1 有关。料液浓度越大，对应极限通量越小。对于一定浓度料液，增大操作压强并不能有效提高透过速率。

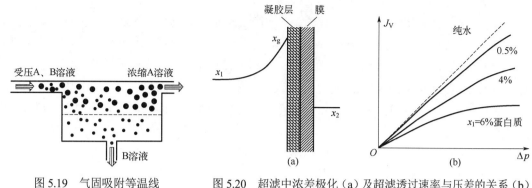

图 5.19　气固吸附等温线　　图 5.20　超滤中浓差极化（a）及超滤透过速率与压差的关系（b）

5.5.4　电渗析

电渗析是利用离子交换膜在电位差作用下选择性透过，从而使混合溶液中离子定向移动以达到脱除或富集的分离操作。电渗析通常应用于离子选择性分离与浓缩，特别适合处理含有多种离子的溶液。

离子交换膜有两种类型：只允许阳离子通过的阳膜与只允许阴离子通过的阴膜。电渗析结构示意图如图 5.21 所示，阳膜与阴膜交替排列成若干平行通道，其间有隔膜以避免阳膜与阴膜接触。在外加直流电场作用下，料液流过通道时阳离子穿过阳膜向阴极移动而进入浓缩室，阴离子穿过阴膜向阳极方向移动而进入浓缩室，从而收集到浓缩液与淡化液。

离子交换膜常用高分子材料为基体，其分子链存在一些可电离的活性基团。阳膜中带负电的固定基团吸引溶液中阳离子并允许其通过，而排斥溶液中阴离子。类似地，阴膜中带正电的固定基团吸引阴离子而截留阳离子，因此形成离子交换膜的选择性。

离子交换膜允许所带电荷相反离子穿过的现象称为反离子通过，这是电渗析分离作用的原因。但是，电渗析过程中存在一些不利于分离的现象：

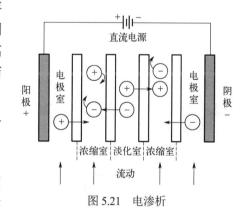

图 5.21　电渗析

① 离子交换膜不可能完全截留与固定基团相同电荷的离子，同性离子在电场作用下也会少量通过离子交换膜，即同性离子通过。

② 由于离子交换膜两侧存在溶质浓度差，因此溶质会由高浓度向低浓度扩散，同时，纯水在渗透压作用下也会由低浓度向高浓度渗透，也不利于电渗析操作。

另外，水电离产生的 H^+ 与 OH^- 造成电渗析以及淡化室与浓缩室间压差泄漏，这些非理想传质现象，加大操作能耗与降低截留率。

5.5.5　气体混合物分离

压差作用下不同类型气体分子在通过膜时传递速率会有差别，从而使气体混合物中各组分得以分离或富集的操作，称为气体混合物分离。

用于分离气体混合物的膜有多孔膜、均质膜以及非对称膜三类：a. 多孔膜材质一般为无机陶瓷、金属、高分子材料，其孔径 d 小于气体分子平均自由程 λ，气体分子在微孔中以克努森流扩散通过。b. 均质膜材质一般为高分子材料，气体分子首先溶于膜的高压侧表面，通过膜内分子扩散迁移至膜的低压侧表面，然后脱附进入气相。因此，均质膜分离机理是利用各气体组分在膜中溶解度与扩散系数差异而分离的。c. 非对称膜则以多孔底层为支撑体，均质膜覆在其表面构成。

对于均质膜，气体组分在膜表面的溶解度与扩散系数直接影响膜的分离能力。若高压侧与低压侧透过组分 A 的摩尔浓度分别为 C_{A1} 与 C_{A2}，则膜中透过组分的扩散速率为

$$J_A = \frac{D_A}{\delta}(C_{A1} - C_{A2}) \tag{5.108}$$

式中　δ——膜厚，m；

D_A——A 组分在膜中的扩散系数，$m^2 \cdot s^{-1}$。

溶于膜中 A 组分浓度 C_A 与气相分压 p_A 的关系可写成类似于亨利定律的表达式，即 $p_A = HC_A$，则上式可写为

$$J_A = \frac{Q_A}{\delta}(p_{A1} - p_{A2}) \tag{5.109}$$

式中　$Q_A (= D_A/H)$——组分 A 的渗透速率，是膜-气的系统特性。

气体混合物分离中常用分离系数 α 表示膜对组分透过的选择性，其定义为

$$\alpha_{AB} = \frac{(y_A/y_B)_2}{(y_A/y_B)_1} \tag{5.110}$$

式中　y_A 与 y_B——组分 A、B 在气相中摩尔分数；

下标 1 与 2——透过侧与原料侧。

对于理想气体，上式可写为

$$\alpha_{AB} = \frac{p_{2A}/p_{2B}}{p_{1A}/p_{1B}} \tag{5.111}$$

联立式（5.95）与式（5.97），在低压侧压强远小于高压侧压强的条件下可得

$$\alpha_{AB} = \frac{Q_A}{Q_B} \tag{5.112}$$

例[5.5]

用内径 $d = 1.25$cm、长 $L = 3$m 的管超滤分子量为 7 万、浓度 $\rho_1 = 5$kg$\cdot$m^{-3} 的葡聚糖水溶液，若料液处理量 $Q_{V0} = 0.3$m$^3\cdot$h^{-1}，出口浓缩液浓度 $\rho_2 = 50$kg$\cdot$m^{-3}，超滤膜对葡聚糖全部截留，纯水透过系数 $A_V = 1.8 \times 10^{-4}$m$^3\cdot$m$^{-2}\cdot$kPa$^{-1}\cdot$h^{-1}，操作平均压差 $\Delta p = 200$kPa、温度为 25℃，求所需膜面积及超滤管数。

【分析】利用葡聚糖物料衡算，计算出透过液流量，再通过超滤透过速率关系式可求出所需膜面积，进而求出超滤管数。

【题解】 对葡聚糖物料衡算，可得透过液流量 Q_V

$$Q_{V0}\rho_1 = (Q_{V0} - Q_V)\rho_2 = 0.3 \times 5 = (0.3 - Q_V) \times 50$$

解得

$$Q_V = 0.27 \ (\text{m}^3 \cdot \text{h}^{-1})$$

所需膜面积 S

$$S = \frac{Q_V}{J_V} = \frac{Q_V}{A_V \Delta p} = \frac{0.27}{1.8 \times 10^{-4} \times 200} = 7.5 \ (\text{m}^2)$$

管数 n

$$n = \frac{S}{\pi d L} = \frac{7.5}{3.14 \times 0.0125 \times 3} = 64 \ (根)$$

本章小结

一个或多个溶质溶解在溶剂中形成的液相物质，属于均相物系。它的组成可以是任意比例，并且可从稀溶液变为浓溶液，因此溶液性质能够根据组分特性调整。

蒸馏与精馏是利用混合物中各组分挥发度差异以实现各组分分离，是分离均相液体混合物的典型单元操作。将均相液体加热沸腾，使其部分汽化的操作过程称为蒸馏。蒸馏方式包括平衡蒸馏与简单蒸馏。平衡蒸馏与简单蒸馏的根本区别在于前者为连续定态，后者为间歇非定态；在原料液浓度及釜液体积相同条件下，后者得到馏出液浓度高于前者。精馏是利用均相混合液中各组分挥发度差异以实现组分高纯度分离的多级蒸馏操作，即同时进行多次部分汽化与冷凝的过程。

液体萃取是利用液体均相混合物各组分在外加溶剂中溶解度差异以实现混合物分离的单元操作。萃取操作只是将难以分离的均相物系转为两个易于分离的均相物系，并未直接完成均相物系分离，因此萃取过程经济性取决于后面分离过程的成本。超临界流体萃取则是利用超临界流体作为萃取剂从液体或固体中萃取出特定成分的过程。

气体吸收是根据混合气体中各组分在某溶剂中溶解度不同而将均相混合气体进行分离的单元操作。吸收传质机理主要有分子扩散与对流传质两种，其中分子扩散推动力为浓度差，传递过程发生在气相、液相内；而对流传质为相界面间传质过程。

吸附分离是利用多孔固体颗粒选择性吸附流体中一种或几种组分，从而使均相混合物得以分离的单元操作。通过范德瓦耳斯力使单层或多层吸附质附着在吸附剂表面的吸附操作属于物理吸附，而通过吸附质与吸附剂表面原子间化学键合作用的吸附操作属于化学吸附，其吸附热相对较高。

膜分离指利用固体膜对流体混合物中各组分选择性渗透而实现分离的单元操作。膜起着半渗透的屏障作用，对两液相、两气相或者液相与气相之间各种分子移动起控制作用，膜分离推动力是压差或者电位差。

本章符号说明

符号	物理意义	计量单位
a	比表面积	$m^2 \cdot m^{-3}$
A_V	水的透过系数	$kmol \cdot m^{-2} \cdot s^{-1} \cdot Pa^{-1}$
b	多分子层吸附常数	无量纲
B_S	溶质透过系数	$kmol \cdot m^{-2} \cdot s^{-1} \cdot Pa^{-1}$
C	料液/吸收质摩尔浓度	$kmol \cdot m^{-3}$
C_A	溶质 A 的摩尔浓度	$kmol \cdot m^{-3}$
d	孔道直径	m
D	溶质扩散系数	$m^2 \cdot s^{-1}$
D_A	A 组分在膜中扩散系数	$m^2 \cdot s^{-1}$
D_δ	单位长度扩散系数	$m \cdot s^{-1}$
E	亨利常数	kPa
h	盐水液面高度	m
H_E	溶解度系数	$kmol \cdot m^{-3} \cdot kPa^{-1}$
H_{OF}	传质单元高度	m
H_r	比例常数	$m^3 \cdot kg^{-1}$
H'_r	比例常数	Pa^{-1}
J	透过速率	$kmol \cdot m^{-2} \cdot s^{-1}$
J_0	初始时透过速率	$kmol \cdot m^{-2} \cdot s^{-1}$
J_{lim}	极限通量	$kmol \cdot m^{-2} \cdot s^{-1}$
J_S	溶质透过速率	$kmol \cdot m^{-2} \cdot s^{-1}$
J_V	水的透过速率	$kmol \cdot m^{-2} \cdot s^{-1}$
k	浓度边界层内溶质传质系数	$kmol \cdot s^{-1} \cdot m^{-2}$
k_a	吸附系数	无量纲
k_A	溶质 A 分配系数	无量纲
k_B	原溶剂 B 分配系数	无量纲
k_d	脱附系数	无量纲
k_f	外扩散传质分系数	$m \cdot s^{-1}$
k_p	直线斜率	无量纲
k_s	内扩散传质分系数	$kg \cdot m^{-2} \cdot s^{-1}$
k_x	液相传质系数	$kmol \cdot m^{-2} \cdot s^{-1}$
k_y	气相传质系数	$kmol \cdot m^{-2} \cdot s^{-1}$
k_L	朗格缪尔吸附平衡常数	Pa^{-1}
K	相平衡常数	无量纲
K_f	流体相浓度差为推动力的总传质系数	$m \cdot s^{-1}$
Kn	克努森数	无量纲
K_s	固体相浓度差为推动力的总传质系数	$kg \cdot m^{-2} \cdot s^{-1}$
K_x	以液相浓度差为推动力的总传质系数	$kmol \cdot m^{-2} \cdot s^{-1}$
K_y	以气相浓度差为推动力的总传质系数	$kmol \cdot m^{-2} \cdot s^{-1}$

续表

符号	物理意义	计量单位
K^*	相平衡常数	无量纲
m_E	萃取相溶液质量	kg
m_M	溶液总质量	kg
m_R	萃余相溶液质量	kg
M	摩尔质量	$kg \cdot kmol^{-1}$
M_A	溶质 A 摩尔质量	$kg \cdot kmol^{-1}$
M_D	溶剂 D 摩尔质量	$kg \cdot kmol^{-1}$
n	衰减指数	无量纲
n_A	吸附速率	$kg \cdot m^{-2} \cdot s^{-1}$
N_0	阿伏伽德罗常数	mol^{-1}
N_{OF}	传质单元数	无量纲
p	蒸气压	kPa
p_e	吸收质在气相中分压	kPa
p°	饱和蒸气压	kPa
p'	盐水渗透压	kPa
Q_A	组分 A 的渗透速率	$kmol \cdot m^{-2} \cdot s^{-1}$
Q_V	体积流量	$m^3 \cdot s^{-1}$
R	截留率	无量纲
R_m	透过阻力	$m^2 \cdot s \cdot Pa \cdot kmol^{-1}$
S	床层截面积	m^2
S_0	分子截面积	m^2
t	温度	℃
u	分子平均速度	$m \cdot s^{-1}$
u_c	浓度波速度	$m \cdot s^{-1}$
u_s	空塔速度	$m \cdot s^{-1}$
v	挥发度	kPa
V	溶液体积	m^3
w_a	吸附量	无量纲
w_A	溶质 A 的质量分数	无量纲
w_B	原溶剂 B 的质量分数	无量纲
$w_{B(S)}$	原溶剂 B 在萃取剂 S 中饱和溶解度	无量纲
w_e	与 ρ 达到相平衡的固体相浓度	无量纲
w_{EA}	萃取相中溶质 A 的质量分数	无量纲
w_{EB}	萃取相中原溶剂 B 的质量分数	无量纲
w_{ES}	萃取相中萃取剂 S 的质量分数	无量纲
w_i	颗粒外表面吸附相浓度	无量纲
w_{MA}	总溶液中溶质 A 的质量分数	无量纲

续表

符号	物理意义	计量单位
w_{MB}	总溶液中原溶剂 B 的质量分数	无量纲
w_{MS}	总溶液中萃取剂 S 的质量分数	无量纲
w_{RA}	萃余相中溶质 A 的质量分数	无量纲
w_{RB}	萃余相中原溶剂 B 的质量分数	无量纲
w_{RS}	萃余相中萃取剂 S 的质量分数	无量纲
w_S	萃取剂 S 的质量分数	无量纲
$w_{S(B)}$	萃取剂 S 在原溶剂 B 中饱和溶解度	无量纲
x	液相摩尔分数	无量纲
x_A	液相中溶质浓度（摩尔分数）	无量纲
x_B	液相中原溶剂浓度（摩尔分数）	无量纲
x_e	相平衡时吸收质在液相中的摩尔分数	无量纲
x_i	界面气液两相平衡时吸收质在液相中摩尔分数	无量纲
x_{in}	吸收剂入口浓度	无量纲
x_{out}	吸收剂出口浓度	无量纲
x_S	萃取相中萃取剂浓度（摩尔分数）	无量纲
y	气相摩尔分数	无量纲
y_e	相平衡时吸收质在气相中摩尔分数	无量纲
y_i	界面气液两相平衡时吸收质在气相中摩尔分数	无量纲
y_{in}	混合气入口浓度	无量纲
y_{out}	混合气出口浓度	无量纲
z	液相产物占原料液的分率	无量纲
z_A	萃余相中溶质浓度（摩尔分数）	无量纲
z_B	萃余相中原溶剂浓度（摩尔分数）	无量纲
z_S	萃余相中萃取剂浓度（摩尔分数）	无量纲
α_{AB}	分离/选择性系数	无量纲
α_m	相对挥发度平均值	无量纲
ρ	密度	$kg \cdot m^{-3}$
ρ_B	透过点浓度	$kg \cdot m^{-3}$
ρ_e	与 w 达到相平衡的流体相浓度	$kg \cdot m^{-3}$
ρ_i	颗粒外表面流体浓度	$kg \cdot m^{-3}$
ρ_s	饱和点浓度	$kg \cdot m^{-3}$
δ	边界层厚度	m
ε_B	孔隙率	无量纲
ϕ	吸附表面覆盖率	无量纲
λ	扩散分子平均自由程	m
τ	操作时间	s
τ_B	透过时间	s
τ_s	饱和时间	s

思考题与习题

5.1 蒸馏与精馏的区别与联系？

5.2 若用有机溶剂萃取水溶液物质，在未知溶剂密度情况下，如何判断哪一层是有机层？

5.3 温度与压强对吸收、解吸操作的影响有何不同？

5.4 吸附等温线的物理意义是什么？温度、吸附质分压如何影响吸附？

5.5 什么是膜分离？常用膜分离操作有哪几种？

5.6 将含有摩尔分数为 0.38 轻组分的混合液进行简单蒸馏，若料液流量为 150kmol·h^{-1}，且物系相对挥发度 α = 3.0，①若残液中轻组分摩尔分数为 0.28，求馏出液量与平均组成；②若原料液中 45%（摩尔分数）被馏出，求馏出液量与平均组成。【①102.89kmol·h^{-1}，0.60；②65.08kmol·h^{-1}，0.54】

5.7 常压连续精馏乙酸溶液，若原料液流量为 300kg·h^{-1}，其中乙酸质量分数为 22%，馏出液乙酸质量分数为 54%，釜残液乙酸质量分数不超过 6%。求馏出液、釜残液摩尔流量以及乙酸回收率。【3.452kmol·h^{-1}，10.648kmol·h^{-1}，81.61%】

5.8 某液体组成 w_A = 0.6，w_B = 0.4，试在三角相图中表示出该点坐标位置。若向其中加入等量萃取剂 S，此时坐标点位置该在何处（请标出坐标位置），并求其组成。【略】

5.9 温度 30℃、压强 101.3kPa 下，含体积分数为 20%CO_2 的空气-CO_2 混合气与水充分接触，试求液相中 CO_2 摩尔浓度、摩尔分数及摩尔比（30℃下 CO_2 在水中的亨利系数 E = 1.88×10^{5}kPa）。【6.00×10^{-3}kmol·m^{-3}，1.08×10^{-4}，1.08×10^{-4}】

5.10 吸收塔用水吸收混合气中氨气，规定塔底液相摩尔分数 x = 0.01，气相摩尔分数 y = 0.05，若液、气两相传质分系数分别 k_x = 8.0×10^{-4}kmol·m^{-2}·s^{-1}、k_y = 5.0×10^{-4}kmol·m^{-2}·s^{-1}，操作压强 101.3kPa 时气液平衡关系 y_e = 2x，求塔底传质速率及界面两相浓度。【6.66×10^{-6}kmol·m^{-2}·s^{-1}，0.0367，0.01835】

5.11 -195℃、不同 N_2 分压下，测得某分子筛 N_2 平衡吸附量如下表所示：

p/kPa	9.13	11.59	17.07	23.89	26.71
w/(mg·g^{-1})	40.14	43.60	47.20	51.96	52.76

已知-195℃时 N_2 饱和蒸气压为 111.0kPa，每个氮分子截面积 S_0 为 0.154nm^2，试求该分子筛比表面积。【41.67mg·g^{-1}】

第6章 晶体析出与固体干燥

本章提要

本章简要介绍溶液结晶原理、结晶过程、结晶条件选择与控制、结晶过程物料与热量衡算，还介绍湿空气性质、湿物料水分、恒定干燥条件下干燥速率与干燥时间及干燥过程物料与热量衡算、空气状态变化。

6.1 溶液结晶

固体有晶体与无定形两种状态，二者区别在于构成原子、离子或分子排列方式不同，前者规则、有序排列，而后者无序排列。在条件缓慢变化时，溶质分子有足够时间有序排列以形成晶体；而条件剧烈变化时，溶质分子快速析出以致来不及有序排列，从而形成无定形沉淀。

物质由原子结构无序非晶态向具有一定结构晶体转变的过程称为结晶。可由液态（溶液或熔化状态）或气态物系中析出晶体。结晶技术作为固态精细纯化的重要方法之一，具有操作简单、适用范围广泛等优点。

根据析出晶体原因不同，结晶操作主要有熔融结晶、升华结晶、溶液结晶三大类，其中溶液结晶是工业中常用结晶方法，即采用降温、浓缩等方法使溶液溶质含量超过饱和溶液溶质含量，诱导它们彼此靠拢、碰撞、聚集并按一定规律排列而析出晶体。

6.1.1 溶液结晶概述

溶液结晶不仅包括溶质分子凝聚成固体，还包括这些分子有规律排列在一定晶格中；这种有规律排列与表面分子化学键变化有关，涉及表面反应过程。溶液结晶是一种复杂的分离操作，也涉及多相、多组分传热与传质过程，尚存在晶体粒度及其分布问题，因此需考虑以下几个重要因素：

① 选择合适溶剂以兼顾产物、杂质溶解度及去除杂质方法；
② 根据溶解度特点选择溶液结晶方法，如冷却、蒸发结晶；
③ 控制结晶条件以使产物处于过饱和状态而析出所需粒度、晶形的晶体，而使残余杂质处于饱和浓度以下以留在母液中；
④ 过滤、洗涤以使析出晶体与母液中杂质分离；
⑤ 母液中还含有一定量产物，需考虑如何回收。

除此之外，溶液结晶还有如下两个特点：
① 溶液结晶从原理上排除杂质析出，与其他分离过程相比，能得到高纯甚至超纯产品；
② 母液中通常还含有一定量产物，单就溶液结晶而言，难以得到高的单程产品收率。

鉴于上述两个特点，结晶通常被视为产品提纯过程而不是分离过程。为实现完整的分离与提纯，溶液结晶常与其他分离过程结合。例如与精馏结合，精馏过程排出浓缩的杂质，结晶过程得到高纯产品，母液则返回精馏过程。

溶液结晶操作需控制以下几个要点。
① 溶液结晶实施中最繁重的操作不是结晶而是过滤。
② 得到高纯产品需要洗涤与去除杂质。
③ 结晶设计与操作控制不好，会出现大量过小晶粒，使过滤与洗涤操作困难。有的物料容易形成细小晶粒，更需严格控制结晶条件，如搅拌强度、冷却速度、蒸发速度等。

溶液结晶一般分为3个阶段：过饱和溶液形成、晶核形成及其长大阶段。因此，为促使溶液结晶，必须先使溶液达到过饱和以促进晶体析出。最初是极细小晶核形成，然后晶核长大形成一定大小、形状晶体。

6.1.2 溶解度与溶液过饱和

（1）溶解度与溶液状态

溶质在溶剂中溶解形成溶液，一定条件下溶质溶解与析出达到平衡状态，此时溶质浓度称为该溶质溶解度或饱和浓度，该溶液称为饱和溶液。如图6.1所示，溶质浓度与温度关系可用饱和曲线 AB 来表示。当溶质浓度恰好等于溶质溶解度时，溶质溶解度与结晶速度相等尚不能使晶体析出；只有当溶质浓度超过饱和浓度时，才能析出晶体。开始有晶核形成的过饱和浓度与温度关系可用过饱和曲线 CD 来表示，其与曲线 AB 将溶解度与温度关系图分为3个区域。

① 稳定区（AB 线以下区域）

此区域溶质浓度未达到饱和，不能产生晶核。

② 介稳区（AB 与 CD 间区域）

该区域溶液不会自发产生晶核，若向溶液

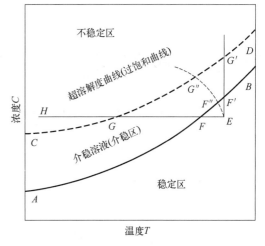

图 6.1 溶质浓度与温度关系

中加入晶体则可诱导结晶，加入的晶体称为籽晶。

③ 不稳定区（CD 线以上区域）

此区域中溶液能自发产生晶核及其长大。

此外，大量研究证实，一个特定物系只有一条确定的溶解度（饱和）曲线，但超溶解度（过饱和）曲线位置受很多因素影响，如有无搅拌、搅拌强度大小、冷却速度快慢、有无籽晶、籽晶大小与多少等。因此，超溶解度曲线应是一簇曲线，为表示这一特点，CD 线用虚线表示。予以说明，实际物系介稳区很小，超溶解度曲线与溶解度曲线是两条非常靠近的曲线。

工业结晶过程要避免自发成核，只有尽量控制在介稳区内结晶，才能保证得到平均粒度大的结晶产品。因此，只有按工业结晶条件测出超溶解度曲线与介稳区才有实用价值。

(2) 过饱和度表示方法

过饱和度指溶质浓度超过该条件下饱和浓度的程度，可用过饱和度 ΔC、过饱和度比 β、相对过饱和度 δ 来表示

$$\Delta C = C - C^* \tag{6.1}$$

$$\beta = C/C^* \tag{6.2}$$

$$\delta = \Delta C/C^* \tag{6.3}$$

式中　C——溶质浓度，$kmol \cdot m^{-3}$；

　　　C^*——溶液饱和浓度，$kmol \cdot m^{-3}$。

(3) 过饱和溶液形成方法

溶液结晶都必须以溶液过饱和度作为推动力，过饱和溶液形成的基本方法有两种：一种方法是直接将溶液温度降低至过饱和状态以使溶质析出，此称为冷却结晶，如图 6.1 中 EFH 线所示；另一种方法是溶液浓缩，通常采用蒸发以除去部分溶剂，如图 6.1 中 EF'G' 线所示。

实际操作往往兼用上述两种方法，更有效地达到饱和状态。例如，先将溶液加热至一定温度，然后减压闪蒸使部分溶剂汽化以增加浓度，同时蒸发吸热而使溶液温度降低，如图 6.1 中 EF"G" 线所示。

显然，溶解度曲线形状是选择上述操作方法的重要依据。陡峭溶解度曲线的物系选用降温方法较为有利，而溶解度与温度关系不大的物系则适用浓缩方法。

6.1.3 结晶过程

溶液溶质结晶过程需经历两个阶段：晶核形成及其长大。

(1) 晶核形成

溶液中溶质成核在结晶中占有重要地位，其成核机理有两种：初级成核与二次成核。

① 初级成核

过饱和溶液自发成核现象，即在没有籽晶条件下自发形成晶核的过程。初级成核根据饱和溶液中有无微粒诱导，可分为初级非均相成核与初级均相成核。初级均相成核指溶液在较高过饱和度下自发生成晶核的过程，即溶质质点（分子、原子、离子）在溶液中快速运动结合在一起，并增大到某种极限时则成为晶核。

实际上，溶液中常难以避免外来物质颗粒，如大气中灰尘或其他人为引入固体粒子，这种外来颗粒诱导的成核过程，称为初级非均相成核。因非均相成核可在比均相成核更低过饱和度下发生，故在工业结晶器中常见初级非均相成核。

② 二次成核

二次成核是含有晶体的溶液在晶体相互碰撞或晶体与搅拌桨（或器壁）碰撞时产生新晶核的过程。二次成核普遍存在于工业结晶操作，其成核机理有剪应力成核与接触成核两种。剪应力成核指当过饱和溶液以较大流速流过晶体表面时，在流体边界层存在的剪应力将一些附着于晶体的粒子扫落，从而形成新的晶核。接触成核是指晶体与其他固体接触时所产生的晶体表面碎粒。

工业结晶器中，一般接触成核概率往往大于剪应力成核。例如，水与冰晶连续混合搅拌结晶试验表明，晶体与搅拌桨接触成核速率在总成核速率中约占40%，晶体与器壁或挡板接触成核速率约占15%，晶体与晶体接触成核速率约占20%，剩余25%可归因于流体剪切力成核。

（2）晶体生长

过饱和溶液中形成晶核或加入籽晶后，溶质质点（分子、原子、离子）在过饱和度下会在晶核上继续一层层排列上去而形成晶粒并不断长大，这就是晶体生长。工业结晶中，有关晶体生长理论及模型很多，传统理论有扩散理论、吸附层理论，近年来还提出形态学理论、统计学表面模型、二维成核模型等，这里仅介绍普遍应用的扩散理论。

按照扩散理论，晶体生长过程由以下3个步骤组成。

① 分子扩散：溶液溶质借助扩散作用穿过晶粒表面滞流层到达晶体表面，即溶质从溶液主体转移到晶体表面的过程，属于分子扩散过程。

② 表面反应：到达晶体表面的溶质长入晶面，使晶体增大同时放出结晶热，属于表面反应过程。

③ 传热：释放出结晶热再传递到溶液主体的过程，属于传热过程。

（3）结晶速率

结晶速率包括成核速率与晶体生长速率，其中成核速率 $\varphi_\text{核}$ 指单位时间、单位体积溶液产生的晶核数 N，即

$$\varphi_\text{核} = \frac{dN}{d\tau} = K_\text{核} \Delta C^m \tag{6.4}$$

式中　ΔC——过饱和度，$kmol \cdot m^{-3}$；

　　　m——晶核形成级数，一般大于2；

　　　$K_\text{核}$——成核速率常数。

单位时间内晶体平均粒度 L 的增量称为晶体生长速率 $\varphi_\text{长}$，即

$$\varphi_\text{长} = \frac{dL}{d\tau} = K_\text{长} \Delta C^n \tag{6.5}$$

式中　n——晶体生长级数，介于1～2之间；

　　　$K_\text{长}$——晶体生长速率常数。

比较式（6.4）与式（6.5），可得

$$\frac{\varphi_{核}}{\varphi_{长}} = \frac{K_{核}}{K_{长}} \Delta C^{m-n} \tag{6.6}$$

由于 $m-n$ 大于零，所以当过饱和度 ΔC 较大时，成核较快而晶体生长较慢，有利于形成颗粒小、数目多的结晶产品；而当过饱和度 ΔC 较小时，成核较慢而晶体生长较快，有利于形成大颗粒的结晶产品。

（4）影响结晶速率因素

影响结晶速率的因素很多，如过饱和度、pH 值、黏度、密度、搅拌、杂质等。在实际工业生产中，控制晶体生长速率时，还要考虑设备结构、产品纯度等方面的要求。

① 过饱和度：温度与浓度直接影响溶液过饱和度，进而影响结晶速率以及晶形、晶粒数量、粒度分布。例如，低过饱和度下 β-石英晶体多呈均匀、短而粗的外形，而高过饱和度下 β-石英晶体多呈细长形状，且均匀性较差。

② pH 值：溶液 pH 值对电解质结晶会有较大影响，例如 pH=3 条件下结晶可得到较大的硫酸铵晶体，而在 pH 值较高或较低条件下得到的硫酸铵晶体较小。

③ 黏度：溶液黏度大则流动性差，溶质向晶体表面的质量传递主要靠分子扩散。由于晶体顶角、棱边比晶面更易获得溶质，故出现晶体棱角长得快、晶面长得慢现象，这种现象会使晶体长成特殊形状。

④ 密度：晶体周围溶液因溶质不断析出而使局部密度下降，结晶放热又使该区域温度较高而加剧局部密度下降。重力场作用下溶液局部密度差会造成涡流，这种涡流在晶体周围分布不均会使晶体处于溶质供应不均匀下生长，导致晶体形状歪曲。

⑤ 搅拌：搅拌是影响晶粒分布的重要因素。搅拌强度大会使介稳区变窄，二次成核速率增加，晶粒变细；温和、均匀搅拌则有利于粗晶形成。

⑥ 杂质：杂质存在对晶体生长有很大影响，有些杂质能完全抑制晶体生长，有些能促进晶体生长，有些则能对同一种晶体不同晶面产生选择性影响，从而改变晶体形状。总之，杂质对晶体生长影响复杂多样。杂质影响晶体生长速率途径也各不相同，有的通过改变晶体与溶液界面液层特性以影响晶体生长，有的通过杂质在晶面吸附而发生阻挡作用以影响晶体生长。如果杂质晶格与晶体晶格相近，则杂质可长入晶体。有些杂质能在极低浓度下产生影响，有些却需要在相当高的浓度下才能起作用。

过饱和度增大往往使溶液黏度增大，从而降低扩散速率、结晶速率。另外，高过饱和度还会使晶形发生变化，因此不能一味地追求高过饱和度，应通过相关实验确定一个合适的过饱和度，以控制适宜的晶体生长速率。

现以冷却结晶为例，比较冷却速度及有无籽晶添加对结晶的影响，如图 6.2 所示。未添加籽晶快速冷却［图 6.2（a）］时，溶解度迅速穿过介稳区而达到过饱和，即发生自然结晶现象，大量细小晶粒从溶液中析出，溶液很快达到饱和，由于没有时间充分养晶，所以小晶体无法长大，所得晶体尺寸细小。未添加籽晶缓慢冷却［图 6.2（b）］时，虽然其结晶速度比快速冷却慢，但能较精确地控制晶粒生长，所得晶体尺寸较大，这是一种常见的结晶方法。为缩短操作周期，饱和溶液在冷却结晶开始阶段可缓慢冷却，当浓度下降到介稳区时可加快冷却速度使晶体快速生长。添加籽晶快速冷却［图 6.2（c）］时，溶液很快变成过饱和，籽晶生长同时又大量成核，故所得产品尺寸大小不一。添加籽晶缓慢冷却［图 6.2（d）］时，整个操作过程始终将浓度控制在介稳区，溶质在籽晶上生长速度完全被冷却速度所控制，没有自然晶核析出，晶体能有规则地按一定尺寸生长，产品整齐完好。目前，很多大规模生产采用这种方法。

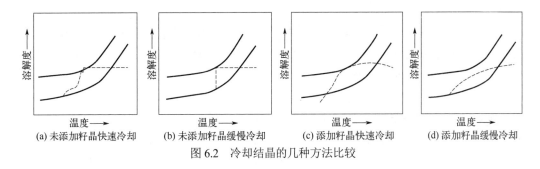

图 6.2　冷却结晶的几种方法比较

采用其他化学方法来改变溶液浓度，其起晶、结晶情况与蒸发浓缩改变溶液浓度基本类似。

作为结晶设计或操作人员，应注意以下几点：

① 控制形核速度：尽可能避免自发成核过速，以防止晶核"泛滥"无法长大。

② 控制机械磨损：尽可能防止使用机械冲击、研磨严重的循环泵，最好使用螺旋桨叶轮循环装置，外循环泵应使用轴流泵或混流泵，忌用高速离心泵；尽可能使结晶器内壁、循环管内壁表面光洁，无焊缝、无刺和粗糙面。

③ 去除料液杂质：加料溶液悬浮杂质微粒要在预处理时去除，以防外界微粒过多。

6.1.4　结晶条件选择与控制

由结晶过程可知，溶液过饱和度、结晶温度、时间、搅拌及籽晶等操作条件对晶体质量影响很大，必须根据粒度大小、分布、晶形以及纯度等要求，选择合适的结晶条件，并严格控制结晶过程。

① 过饱和度：溶液过饱和度是结晶过程推动力，因此在较高过饱和度下结晶可提高结晶速率与收率。在工业生产中，当过饱和度增大时，溶液黏度增大，杂质含量也增大，可能出现成核速率过快而致使晶体细小，生长速率过快而致使晶体表面产生液泡，影响结晶质量；过饱和度增大也致使结晶器壁易产生晶垢，给结晶操作带来困难。因此，过饱和度与成核速率、晶体生长速率及产品质量之间存在一定关系，应根据具体产品质量要求，确定最适宜的过饱和度。

② 温度：温度对溶解度影响较大，直接影响晶体尺寸、形状及收率。因此，结晶操作温度控制很重要，一般控制在较低温度及较小温度范围。但温度较低时，溶液黏度增大，可能会使结晶速率变慢，因此应控制适宜的结晶温度。

③ 晶浆浓度：结晶操作一般要求结晶液具有较高浓度，以利于溶液溶质分子间相互碰撞、聚集，获得较高结晶速率与收率。但当晶浆浓度增高时，相应杂质浓度及溶液黏度也随之增大，悬浮液流动性降低，反而不利于晶体析出；也可能造成晶体细小，使结晶产品纯度较差，甚至形成无定型沉淀。因此，晶浆浓度应在保证晶体质量前提下尽可能取较大值。对

于添加籽晶的分批结晶操作，籽晶添加量也应根据最终产品要求，选择较大晶浆浓度。只有根据结晶生产工艺与具体要求，确定或调整晶浆浓度，才能得到较好晶体。

④ 结晶时间：生产中主要控制过饱和溶液形成时间，防止形成晶核数量过多而造成晶粒过小。

⑤ 溶剂与 pH 值：结晶操作选用的溶剂与 pH 值，都应使目的产物溶解度降低，以提高结晶收率。另外，溶剂种类与 pH 值对晶形也有影响，因此需通过实验确定溶剂种类与 pH 值，以保证结晶产品质量和较高收率。

⑥ 搅拌与混合：增大搅拌速率，可提高成核速率，也有利于溶质扩散而加速晶体生长；但搅拌速率过快会造成晶体剪切破碎，影响结晶产品质量。工业生产中，为获得较好混合状态，同时避免晶体破碎，一般通过实验选择搅拌桨和确定适宜的搅拌速率，以获得所需晶体。搅拌速率在整个结晶过程中可以是不变的，也可以根据不同阶段选择不同搅拌速率；也可采用直径及叶片较大的搅拌桨以及降低转速，以获得较好混合效果；也可采用气体混合方式，以防止晶体破碎。

⑦ 籽晶：添加籽晶是控制结晶过程、提高结晶速率、保证产品质量的重要方法之一。工业中引入籽晶有两种方法：一是通过蒸发、降温等方法使溶液成为过饱和溶液，当自发形核一定数量后，通过稀释法迅速降低溶液浓度使溶液处于介稳区，以这些晶核作为籽晶；二是向处于介稳区的过饱和溶液中直接添加均匀、细小籽晶。工业生产中对不易结晶（即难以形核）物质，常采用加入籽晶方法以提高结晶速率。另外，对于溶液黏度较高的物系，形核较困难，且在较高过饱和度下由于形核速率较快，容易发生晶核聚集现象，使产品质量不易控制。因此，高黏度物系大多采用在介稳区添加籽晶的操作方法。

6.1.5 结晶过程物料与热量衡算

（1）结晶过程物料衡算

由投料溶质初始浓度、最终温度下溶解度、蒸发水量可计算结晶过程的晶体产率。因此，料液量、料液浓度与产物量、产物浓度之间关系可由物料衡算和溶解度决定。

物料衡算时，需考虑晶体产物是否为水合物。当晶体产物为非水合物时，晶体可按纯溶质计算。当晶体产物为水合物时，晶体溶质质量分数浓度可按溶质分子量与晶体分子量之比计算。物料衡算主要是总物料衡算与溶质物料衡算（或水的物料衡算）。

进出结晶器物量流程如图 6.3 所示，对溶质物料衡算有

$$m_1 w_1 = m w_2 + (m_1 - m_w - m) w_3 \tag{6.7}$$

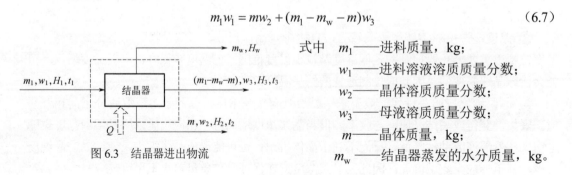

式中 m_1——进料质量，kg；
w_1——进料溶液溶质质量分数；
w_2——晶体溶质质量分数；
w_3——母液溶质质量分数；
m——晶体质量，kg；
m_w——结晶器蒸发的水分质量，kg。

图 6.3 结晶器进出物流

（2）结晶过程热量衡算

溶液溶质析出时放出热量，焓发生变化。生成单位质量晶体所放出的热量称为结晶热，而单位质量溶质溶解所吸收的热量称为溶解热。在溶液相平衡条件下，结晶热应等于负的溶解热。由于许多物质的稀释热与溶解热相比很小，因此结晶热可近似等于负的溶解热。

结晶过程中溶液与晶体颗粒间传热、传质速率均与结晶器内流体流动情况密切相关，可采用球形颗粒传热、传质系数关联式估算。溶液与晶体颗粒间传热、传质速率均影响晶体形状与纯度，故在提高速率、设备生产能力时必须兼顾产品质量。

对图6.3中虚线所示控制体作热量衡算，可得

$$m_1 H_1 + Q = m_w H_w + m H_2 + (m_1 - m_w - m) H_3 \tag{6.8}$$

式中　Q——外界对控制体的加热量（当Q为负值时，外界从控制体移走热量）；

　　　H_1——单位质量进料溶液焓；

　　　H_2——单位质量晶体焓；

　　　H_3——单位质量母液焓；

　　　H_w——单位质量水蒸气焓。

将式（6.8）整理，可得

$$m_w(H_w - H_3) = m(H_3 - H_2) + m_1(H_1 - H_3) + Q \tag{6.9}$$

上式表明，结晶器水分汽化热$m_w(H_w - H_3)$为溶液结晶放热量$m(H_3 - H_2)$、溶液降温放热量$m_1(H_1 - H_3)$与外界加热量Q之和。

例[6.1]

40℃下质量分数$w_1 = 30\%$、$m_1 = 100$kg的$MgSO_4$水溶液真空绝热蒸发降温至10℃，结晶形成$MgSO_4 \cdot 7H_2O$，其中10℃时$MgSO_4$溶解度$w_3 = 21.7\%$。已知物系结晶热$\gamma_m = 50$ kJ·kg^{-1}、平均比热$C = 3.1$kJ·kg^{-1}·℃$^{-1}$及水的汽化潜热$\gamma_w = 2468$ kJ·kg^{-1}，求蒸发水分质量m_w与晶体产量m为多少千克？

【分析】由绝热条件可知外界加热量Q为零，另外由$MgSO_4 \cdot 7H_2O$可计算晶体溶质质量分数w_2，利用结晶过程物料与热量衡算可求出蒸发水分质量m_w与晶体产量m。

【题解】因$MgSO_4$分子量为120.37、$MgSO_4 \cdot 7H_2O$分子量为246.48，则晶体溶质质量分数$w_2 = 120.37/246.48 = 0.488$，由结晶过程物料与热量衡算关系式，可得

$$m_1 w_1 = m w_2 + (m_1 - m_w - m) w_3$$

$$m_w \gamma_w = m \gamma_m + m_1 C(t_1 - t_2)$$

即有

$$100 \times 0.3 = 0.488 m + (100 - m_w - m) \times 0.217$$

$$2468 m_w = 50 m + 100 \times 3.1 \times (40 - 10)$$

解得

$$m_w = 4.46 \text{ (kg)}$$

$$m = 34.15 \text{ (kg)}$$

6.2 固体干燥

结晶完成后，为便于运输及防止产品在保存中变性、变质，需将固体物料湿分（水分或其他溶剂）去除。所以，含水量是固体产品中一项重要指标。

祛湿方法很多，常用方法有：a. 机械祛湿，如沉降、过滤、离心分离等利用重力或离心力祛湿，这种方法适合除去大量湿分，其特点是能耗少，但祛湿不彻底；b. 吸附祛湿，即用无水氯化钙、硅胶等吸附剂吸附湿物料水分，该法只能用于去除少量湿分，仅适合实验室使用；c. 加热祛湿（干燥），即利用热能将湿物料湿分汽化而排除的过程，该法祛湿彻底，但能耗较高。为节约能源，工业生产常将两种方法联合，先用经济的机械祛湿去除湿物料大部分湿分，再利用干燥方法继续祛湿，以获得符合湿分指标的产品。

干燥由两个基本过程构成：一是传热过程，即外部热传给湿物料使其温度升高；二是传质过程，即物料内湿分向表面扩散并在表面汽化离开。这两个过程同时进行，方向相反，可见干燥过程是一个传质与传热相结合的过程。

干燥方法选择对产品质量至关重要，根据加热方式不同，干燥可分为以下5种：

① 传导干燥：热能以传导方式通过金属壁面而传给湿物料，其特点是热效率较高，可达70%～80%，从节能角度出发是较有前途的干燥方法。

② 对流干燥：利用热空气、烟气等介质将热量以对流方式传给湿物料，然后汽化湿分。这类干燥方法热效率为30%～70%。

③ 辐射干燥：热能以电磁波形式由辐射器发射，湿物料吸收后转化为热能，使物料湿分汽化。用于辐射的电磁波一般是红外线或远红外线，多数湿物料在近红外区有部分吸收带，而有机湿物料则在远红外区有吸收带。辐射干燥特点是干燥速率高、生产强度大、干燥时间短、产品均匀而洁净，特别适用于以表面蒸发为主的膜状物质，但热效率约为30%、能耗较大。

④ 介电干燥：湿物料置于高频交变电场中，物料水分子在高频交变电场内频频变换取向位置而产生热量。一般低于300MHz的称作高频加热，300～3000GHz的称微波加热。目前微波加热使用的频率是915MHz与2450MHz两种。介电干燥主要特点是加热时间短，加热均匀性较好；因微波为水优先吸收，对内部水分分布不均匀的物料有"调平作用"；热效率较高，约为50%。

⑤ 冷冻干燥：将湿物料或溶液在低温下冻结成固态，然后在高真空下供给热量，将水分直接由固态升华为气态的脱水干燥过程。冷冻干燥具有如下特点：由于水分子冻结后由固态直接升华为气态，物料物理结构与分子结构变化极小，有利于多孔材料制备及热敏性物料处理。

干燥过程中，常采用热空气或烟气作为干燥介质，其总含有一定数量水蒸气，特别在干燥器中随物料水分蒸发，干燥介质含有更多水分。因此，所研究的干燥介质属于湿空气（或湿烟气），即由干空气（或干烟气）与水蒸气所组成的混合气体。

从干燥角度来看，湿空气与湿烟气性质接近，其状态变化反映干燥过程的传热、传质状况。为此，需先了解湿空气性质。

6.2.1 湿空气性质

（1）湿空气中水蒸气量

湿空气中水蒸气量表示方法有绝对湿度、相对湿度与含水量。

① 绝对湿度 ρ_w：指在给定温度与压强下，单位体积空气中所含水蒸气的质量，即水蒸气密度（$kg \cdot m^{-3}$）。

在一定压强与温度下，单位体积空气中所含有的水蒸气是有极限的，若单位体积空气中所含水蒸气超过这个限度，则水蒸气会凝结成水。水蒸气含量越多，则空气绝对湿度越高。当空气被水蒸气饱和时，这时空气的绝对湿度 ρ_w 称为饱和绝对湿度 ρ_{as}，对应饱和蒸汽分压以 p_{as} 表示，其随温度升高而升高。

空气绝对湿度 ρ_w 不能反映空气被水蒸气饱和的程度。

② 相对湿度 Φ：空气绝对湿度 ρ_w 与同温度下饱和绝对湿度 ρ_{as} 之比，即

$$\Phi = \frac{\rho_w}{\rho_{as}} \tag{6.10}$$

相对湿度 Φ 反映空气接近饱和的程度，若相对湿度 Φ 小，则意味着空气还有较大的吸湿能力，反之吸湿能力小。

把水蒸气当作理想气体，运用理想气体状态方程 $p/\rho = RT/M$，有

$$\frac{p_w}{p_{as}} = \frac{\rho_w}{\rho_{as}} \tag{6.11}$$

相对湿度 Φ 也可用湿空气中蒸汽分压 p_w 与同温度下饱和蒸汽分压 p_{as} 之比来表示，即有

$$\Phi = \frac{p_w}{p_{as}} \tag{6.12}$$

③ 含水量 X：每千克干空气中所含水蒸气的质量，即

$$X = \frac{m_w}{m_a} \tag{6.13}$$

式中　m_w——水蒸气质量，kg；

　　　m_a——干空气质量，kg。

同样，运用理想气体状态方程 $pV = nRT$，故含水量 X 也可用湿空气所含蒸汽分压 p_w 和干空气分压 p_a 之比来表示，即有

$$X = \frac{m_w}{m_a} = \frac{M_w p_w}{M_a p_a} = \frac{18 p_w}{29 p_a} = 0.621 \frac{p_w}{p_a} \tag{6.14}$$

式中　M_w——水蒸气摩尔质量，$kg \cdot kmol^{-1}$；

　　　M_a——干空气摩尔质量，$kg \cdot kmol^{-1}$。

因大气压 p 等于干空气分压 p_a 与蒸汽分压 p_w 之和，则有

$$X = 0.621 \frac{p_w}{p - p_w} = 0.621 \frac{\Phi p_{as}}{p - \Phi p_{as}} \tag{6.15}$$

上式表明，当大气压 p 一定时，含水量 X 只取决于蒸汽分压 p_w，即含水量 X 随蒸汽分压 p_w 增大而增大。

（2）湿空气比容与密度

① 湿空气比容 v：一定总压 p、温度 T 下 1kg 干空气与其携带质量为 Xkg 的水蒸气体积总和，单位为 $m^3 \cdot kg^{-1}$，即有

$$v = v_a + Xv_w = \frac{RT}{M_a p_a} + X\frac{RT}{M_w p_w} \tag{6.16}$$

式中　v_w——水蒸气比容，$m^3 \cdot kg^{-1}$；

　　　v_a——干空气比容，$m^3 \cdot kg^{-1}$；

　　　R——摩尔气体常数，其值为 $8.314 kJ \cdot kmol^{-1} \cdot K^{-1}$。

② 湿空气密度 ρ：单位体积湿空气的质量（$kg \cdot m^{-3}$）。由于湿空气是干空气与水蒸气的混合物，因此湿空气密度等于湿空气中空气质量浓度与水蒸气质量浓度之和。根据湿空气密度定义则又可表示为

$$\rho = \frac{1+X}{v} = \frac{1+X}{RT} \times \frac{M_w p_w + XM_a p_a}{M_w p_w M_a p_a} \tag{6.17}$$

（3）湿空气比热容与焓

① 湿空气比热容 C_X：1kg 干空气及其携带 Xkg 水蒸气在定压下升高或降低单位温度所吸收或释放的热量，单位为 $kJ \cdot kg^{-1} \cdot ℃^{-1}$，即有

$$C_X = C_a + XC_w \tag{6.18}$$

式中　C_a——干空气比定压热容，$kJ \cdot kg^{-1} \cdot ℃^{-1}$；

　　　C_w——水蒸气比定压热容，$kJ \cdot kg^{-1} \cdot ℃^{-1}$。

常用温度范围内，C_a 与 C_w 分别约 $1.01 kJ \cdot kg^{-1} \cdot ℃^{-1}$ 与 $1.88 kJ \cdot kg^{-1} \cdot ℃^{-1}$，因此湿空气比热容 C_X 可用下式近似计算。

$$C_X = 1.01 + 1.88X \tag{6.19}$$

② 湿空气焓 H：1kg 干空气焓与 Xkg 蒸汽焓的总和，即有

$$H = H_a + XH_w \tag{6.20}$$

式中　H_a——干空气焓，$kJ \cdot kg^{-1}$；

　　　H_w——水蒸气焓，$kJ \cdot kg^{-1}$。

焓是相对值，计算时需规定基准状态。为简化计算，取 0℃ 干空气与水的焓为零，此时水的汽化潜热 $\gamma_{0w} = 2490 kJ \cdot kg^{-1}$，则湿空气焓为

$$H = C_a t + (\gamma_{0w} + C_w t)X = (1.01 + 1.88X)t + 2490X \tag{6.21}$$

由此可见，湿空气焓随空气温度 t、含水量 X 的增加而增加。

（4）湿空气温度参数

湿空气温度参数包括干球温度 t_d、湿球温度 t_w、绝热饱和温度 t_{as} 与露点 t_{dp}。

① 干球温度 t_d：将温度计置于湿空气中所测得的温度，其是湿空气的实际温度，可用温度计直接测得。

② 湿球温度 t_w：将温度计感温球用湿纱布包裹起来并使纱布一端浸入水中，平衡状态时的温度。当空气相对湿度 $\Phi<1$ 时，纱布水蒸发首先从水中吸取所需汽化潜热，水温下降使纱布水与周围形成温度差，空气将向纱布水传热，当水温降至某一温度时，空气传给水的热量恰好等于水分蒸发所消耗的热量，无须再从水中吸取热量，水温不再下降，此时温度计所示温度即为湿球温度 t_w，其计算公式如下：

$$t_w = t_d - \frac{k_X \gamma_w}{h}(X_{as,w} - X) \tag{6.22}$$

式中 k_X——湿度差为推动力的传质系数，$kg \cdot m^{-2} \cdot s^{-1}$；

γ_w——湿球温度 t_w 时水的汽化潜热，$kJ \cdot kg^{-1}$；

h——空气向湿纱布对流传热系数，$W \cdot m^{-2} \cdot ℃^{-1}$；

$X_{as,w}$——湿球温度 t_w 下空气饱和含水量，$kg \cdot kg^{-1}$。

湿球温度并不代表空气的真实温度，而是说明空气状态与性质，其取决于湿空气温度与相对湿度。当气温一定时，相对湿度越小，水分越易蒸发，水温下降越多，亦即湿球温度越低。

③ 绝热饱和温度 t_{as}：湿空气降温、增湿直至饱和时的温度。绝热情况下不饱和空气与足够水接触，水分不断汽化进入空气，汽化所需潜热只能由空气温度下降放出显热来供给，而水分汽化时又将这部分热量以潜热形式带回空气中，空气温度将逐渐降低，同时空气逐渐为水汽所饱和。当空气达到饱和，其温度不再下降，这时温度称为绝热饱和温度 t_{as}，与之相应的湿度称为绝热饱和含水量 X_{as}，其两者间关系如下：

$$t_{as} = t_d - \frac{\gamma_{as}}{C_X}(X_{as} - X) \tag{6.23}$$

式中 t_d——湿空气初始温度，℃；

γ_{as}——绝热饱和温度 t_{as} 时水的汽化潜热，$kJ \cdot kg^{-1}$。

由上式可知，绝热饱和温度 t_{as} 是湿空气初始温度 t_d 与含水量 X 的函数，是湿空气在绝热冷却、增湿过程达到的极限冷却温度。一定总压 p 下，若测出湿空气初始温度 t_d 与绝热饱和温度 t_{as}，则可算出含水量 X。

实验证明，湍流状态水蒸气-空气物系在常用温度范围内的 h/k_X 值与湿空气比热容 C_X 值很接近，且 $\gamma_{as} \approx \gamma_w$，所以一定 t_d 与含水量 X 下，湿球温度 t_w 近似等于绝热饱和温度 t_{as}。

予以指出，湿球温度 t_w 与绝热饱和温度 t_{as} 是两个完全不同的概念，均为湿空气初始温度 t_d 和含水量 X 的函数，只是对于水蒸气-空气物系二者数值近似相等，这为其干燥计算带来便利。而对于其他物系，二者并不相等。

④ 露点 t_{dp}：将不饱和空气冷却到饱和状态而即将凝结成水的温度，对应的饱和含水量 $X_{as,dp}$ 与其关系为

$$p_{as,dp} = \frac{X_{as,dp} p}{0.621 + X_{as,dp}} \tag{6.24}$$

式中 $p_{as,dp}$——露点 t_{dp} 时水的饱和蒸气压，Pa。

一定总压 p 下，若已知空气含水量，可用上式算出露点 t_{dp} 时水的饱和蒸气压 $p_{as,dp}$，再从

水蒸气表中查出相应温度，即为露点 t_{dp}。

对于不饱和空气，$t_d > t_w > t_{dp}$；而对于饱和空气，$t_d = t_w = t_{dp}$。

例 [6.2]

北京奥运会要求测定每天的天气情况，以便运动员适时调整比赛状态，其中 2008 年 8 月 10 日常压湿空气温度 $t = 30℃$、含水量 $X = 0.010 \text{kg} \cdot \text{kg}^{-1}$，此时饱和蒸汽分压 $p_{as} = 4.245 \text{kPa}$，求：①湿空气相对湿度，②湿空气蒸汽分压，③湿空气比热容，④湿空气焓。

【分析】利用含水量与相对湿度关系，求出湿空气相对湿度，然后再根据湿空气相对湿度、比热容、焓定义式，分别求出水汽分压、比热容、焓。

【题解】① 根据式（6.15），求得湿空气相对湿度为

$$\Phi = \frac{Xp}{(0.621+X)p_{as}} = \frac{0.010 \times 101.3}{(0.621+0.010) \times 4.245} = 0.3776$$

② 湿空气蒸汽分压

$$p_w = \Phi p_{as} = 0.3776 \times 4.245 = 1.603 \text{ (kPa)}$$

③ 湿空气比热容

$$C_X = 1.01 + 1.88X = 1.01 + 1.88 \times 0.010 = 1.029 \text{ (kJ} \cdot \text{kg}^{-1} \cdot \text{℃}^{-1})$$

④ 湿空气焓

$$H = (1.01+1.88X)t + 2490X = (1.01+1.88 \times 0.010) \times 30 + 2490 \times 0.010 = 55.76 \text{ (kJ} \cdot \text{kg}^{-1})$$

6.2.2 湿物料水分

水分在固体物料中以不同形式存在，并以不同方式与固体物料结合，其结合特征、强度不同，分离固体物料中水分的条件也有所不同。

（1）结合水分与非结合水分

根据干燥过程去除难易程度不同，物料中水分可分为结合水分与非结合水分。

① 结合水分：凭借化学力或物理化学力结合的水分。当物料与水以化学力结合时，即水存在于物料分子结构中，这部分水分称为化学结合水。物料中细胞壁内水分及小毛细管内水分以物理化学力与物料结合的水分称为物理化学结合水。由于化学力与物理化学力的存在，结合水所产生的蒸汽分压小于同温度下纯水饱和蒸气压，干燥过程传质推动力小，所以较难去除。

② 非结合水分：机械地附着在固体物料表面或颗粒堆积层空隙中的水分。非结合水分与物料的结合属于机械结合，其结合力较弱，水分所产生蒸汽分压等于同温度下纯水饱和蒸气压，故极易用干燥方法去除。

结合水分与非结合水分是根据物料与水分结合方式划分，仅取决于物料本身特性，而与

空气状态无关。

（2）平衡水分与自由水分

① 平衡水分 X^*：湿物料与一定温度的不饱和空气接触，物料含水量逐渐降低，直至物料表面蒸汽分压与空气蒸汽分压相等，此时物料中含水量称为物料在该空气状态的平衡水分。

只要空气状态不变，物料平衡水分不会因与空气接触时间长短而改变，物料中水分与空气中水分处于动态平衡。平衡水分是一定干燥条件下不能被去除的水分，是物料在该条件下被干燥的极限。

物料平衡水分与物料种类、空气状态有关。对于一定温度的同一物料，空气相对湿度愈大，平衡水分越大。空气相对湿度一定时，温度越高，平衡水分则越小，但变化量不大。非吸水性物料的平衡水分很低，可接近零；而吸水性物料的平衡水分较高。

② 自由水分：物料中超过平衡水分 X^* 的那部分水分，即可在一定空气状态下用干燥方法去除的水分，其大小为 $X - X^*$。

物料中平衡水分与自由水分划分不仅与物料性质有关，还与空气状态有关。

图 6.4 为物料平衡水分曲线，其中 X^* 为平衡水分。从图中可看出，通过干燥方法可除去水分（$X - X^*$）包括非结合水分（$X - X_{max}$）与结合水分（$X_{max} - X^*$）两部分。固体物料中只要有非结合水存在，物料表面饱和蒸汽分压即为饱和水蒸气分压，对应 $\Phi = 1$。利用平衡水分曲线可确定物料结合水分与非结合水分的大小，判断水分去除的难易程度。

予以注意，当固体水分较低而空气相对湿度 Φ 较大时，两者接触非但不能达到干燥目的，水分反而可从气相转入固相，此为吸湿现象，例如饼干返潮。

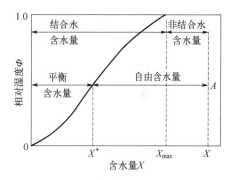

图 6.4 物料平衡水分曲线

6.2.3 恒定干燥条件下干燥速率

对流干燥过程利用未饱和空气流与湿物料接触，未饱和空气吸收湿物料水分。为提高湿空气吸湿能力，常在干燥前加热湿空气，因此干燥过程包括湿空气加热过程与绝热吸湿过程。

由于干燥过程的复杂性，干燥一般是在恒定条件下进行的。恒定干燥条件指干燥过程中空气湿度、温度、速度及与湿物料接触状况都不变。大量空气与少量湿物料接触可认为是恒定干燥条件，空气各项性质可取进、出口的平均值，这种条件下干燥，可直接分析物料本身干燥特性。

物料干燥速率 j 即水分汽化速率，可用单位时间单位干燥面积汽化的水分质量 m_w 表示，其表达式为

$$j = \frac{dm_w}{Sd\tau} = -\frac{m_0 dX}{Sd\tau} \tag{6.25}$$

式中　m_0——湿物料中绝对干物料质量，kg；

　　　X——物料含水量，kg·kg^{-1}；

S——干燥面积，m^2。

图 6.5 为恒定干燥条件下干燥速率曲线，其中 AB 段为预热阶段，干燥速率在短时间内升高；BC 段为恒速干燥阶段，即去除非结合水阶段，此阶段干燥速率大且不随含水量 X 变化。C 点为临界点，相应物料含水量为临界含水量 X_c；低于临界含水量 X_c 时转入降速干燥阶段（即 CD 段与 DE 段），这是去除结合水分的过程，所以干燥速率随 X 降低而急速下降；当物料含水量降至平衡水分 X^*（E 点）时，干燥过程终止。

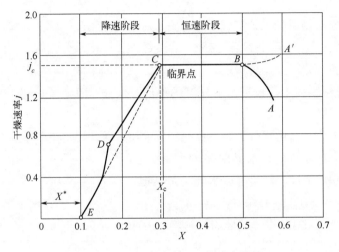

图 6.5　恒定干燥条件下干燥速率曲线

（1）恒速干燥阶段

这一阶段，物料内部水分能及时扩散至表面，物料整个表面都有充分的非结合水分。由于结合水与物料结合力极弱，空气传递给物料的热量全部用于蒸发水分，空气与物料间传热速率等于物料表面水分汽化速率对应的吸热速率，故物料表面温度保持不变，即为该空气状态下湿球温度 t_w，则其对流传热速率 q 与传质速率 j 分别为

$$q = h(t - t_w) = \frac{dm_w}{S d\tau}\gamma_w = j\gamma_w \tag{6.26}$$

$$j = k_X(X_{as,w} - X) \tag{6.27}$$

式中　h——对流传热系数。

由式（6.26）、式（6.27），可得恒速干燥阶段干燥速率 j 为

$$j = \frac{h(t - t_w)}{\gamma_w} = k_X(X_{as,w} - X) \tag{6.28}$$

对于恒定干燥条件，h 与 k_X 保持不变，且 $(t - t_w)$ 与 $(X_{as,w} - X)$ 亦为定值，故此阶段干燥速率保持恒定，其不随物料含水量改变而变化。由此不难看出，只要物料表面全部被非结合水所覆盖，干燥速率必为定值。

在恒速干燥阶段，物料内部水分向表面扩散速率（内扩散速率）等于或大于物料表面水分汽化速率（外扩散速率），物料表面始终维持湿润状态。此时，干燥速率取决于干燥条件，即由物料表面水分汽化速率所控制，所以恒速干燥阶段也称为表面汽化控制阶段（或称外扩散控制阶段）。

（2）降速干燥阶段

在降速干燥阶段，物料内部水分向表面扩散的速率小于物料表面水分汽化速率，物料表面不能保持完全湿润而形成部分"干区"[图6.6（a）]，导致汽化面积减小以致物料平均干燥速率降低（图6.5中 CD 段），这一阶段称为第一降速阶段。当物料中非结合水分全部除去（图6.5中 D 点），物料外表面全部成为"干区"[图6.6（b）]，水分汽化面由物料表面移向内部，使传热与传质途径增长，其汽化的是平衡蒸气压较小的各种结合水分，致使传质推动力减小、干燥速率下降。当物料含水量达到平衡水分 X^*（图6.5中 E 点）时，物料中仅存极少量结合水分 [图6.6（c）]。

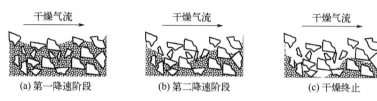

(a) 第一降速阶段　　(b) 第二降速阶段　　(c) 干燥终止

图 6.6　水分在多孔物料中分布

在降速干燥阶段，干燥速率主要取决于物料内部水分扩散速率，与物料本身结构、形状、尺寸等因素有关，受外部干燥介质条件影响较小，这一阶段也称为内部迁移控制阶段（或称内扩散控制阶段）。这一阶段物料中水分多时主要以液态形式扩散，水分少时主要以气态形式扩散。

临界含水量 X_c 不仅与物料性质、厚度有关，也受恒速干燥阶段干燥速率影响。通常，吸水性物料临界含水量 X_c 比非吸水性物料大；物料越厚，临界含水量 X_c 越大；恒速干燥阶段干燥速率越大，临界含水量 X_c 越大。

对于黏土制品，制品水分沿厚度方向按抛物线分布时，临界含水量 X_c 可表示为

$$X_c = X_{\max} + \frac{jl}{D\rho\zeta} \tag{6.29}$$

式中　$X_{\max}$——物料最大含水量，$kg \cdot kg^{-1}$；

　　　ρ——物料密度，$kg \cdot m^{-3}$；

　　　l——双面干燥时制品的特性尺寸，m；

　　　D——物料质量扩散系数，$m^2 \cdot s^{-1}$；

　　　ζ——物料形状系数，其中平板 $\zeta=6$，圆柱 $\zeta=8$，球 $\zeta=10$。

物料临界含水量 X_c 总是大于其最大吸湿量 $X_{\max}$，随着物料厚度增加、干燥速率提高，X_c 增加；物料初始密度 ρ_0、干燥介质传质系数 k_X 增大，则使 X_c 下降。X_c 越大，干燥产生的内应力越大。在干燥速率较大情况下，为降低 X_c 与制品内应力，必须提高干燥介质传质系数 k_X。

例 [6.3]

在大气压强 $p=101.3kPa$ 环境下，将温度 $t_1=20℃$、蒸汽分压 $p_{w1}=1.823kPa$ 空气送入预热器预热（$t_2=100℃$）后，进入干燥器作为干燥介质，流出干燥器时温度 $t_3=40℃$，求：①预热器中空气吸收的热量，②1kg 干空气所吸收的水分。

【分析】 从饱和水蒸气附表查得饱和蒸气压，再计算空气含水量，然后可得空气吸收的热量和水分。

【题解】 ① 从附录 A.2 可知，$t_1 = 20$℃时 $p_{as1} = 2.3$kPa，$t_2 = 100$℃时 $p_{as2} = 101.3$kPa，$t_3 = 40$℃时 $p_{as1} = 7.4$kPa，则预热前空气相对湿度Φ_1、含水量X_1和焓H_1分别为

$$\Phi_1 = \frac{p_{w1}}{p_{as1}} = \frac{1.823}{2.3} = 0.7926$$

$$X_1 = 0.621\frac{p_{w1}}{p - p_{w1}} = 0.621 \times \frac{1.823}{101.3 - 1.823} = 0.0114 \text{ (kg} \cdot \text{kg}^{-1})$$

$$H_1 = (1.01 + 1.88X_1)t_1 + 2490X_1 = (1.01 + 1.88 \times 0.0114) \times 20 + 2490 \times 0.0114 = 49.01 \text{ (kJ} \cdot \text{kg}^{-1})$$

加热过程$X_2 = X_1$，预热后湿空气相对湿度Φ_2与焓H_2分别为

$$\Phi_2 = \frac{X_2 p}{(0.621 + X_2)p_{as2}} = \frac{0.0114 \times 101.3}{(0.621 + 0.0114) \times 101.3} = 0.0180$$

$$H_2 = (1.01 + 1.88X_2)t_2 + 2490X_2 = (1.01 + 1.88 \times 0.0114) \times 100 + 2490 \times 0.0114$$
$$= 131.53 \text{ (kJ} \cdot \text{kg}^{-1})$$

加热器中空气所吸收的热量ΔH为

$$\Delta H = H_2 - H_1 = 131.53 - 49.01 = 82.52 \text{ (kJ} \cdot \text{kg}^{-1})$$

② 干燥器中绝热吸湿过程$H_3 = H_2$，则干燥后空气含水量X_3为

$$X_3 = \frac{H_3 - 1.01t_3}{1.88t_3 + 2490} = \frac{131.53 - 1.01 \times 40}{1.88 \times 40 + 2490} = 0.0355 \text{ (kg} \cdot \text{kg}^{-1})$$

干燥过程中吸收水分为

$$\Delta X = X_3 - X_2 = 0.0355 - 0.0114 = 0.0241 \text{ (kg} \cdot \text{kg}^{-1})$$

6.2.4 干燥速率的影响因素

（1）恒速干燥阶段

恒速干燥阶段特点是物料表面充满非结合水，物料表面温度为湿球温度t_w，物料表面水分汽化与自由液面水分汽化相同，此时干燥速率大小取决于外扩散速率。在外扩散控制阶段，影响干燥速率的主要因素有以下几点：

① 干燥介质性质：若干燥介质温度不变，其含水量降低，传质推动力$X_{as,w} - X$增大，干燥速率增加；若干燥介质含水量不变，提高其温度t，虽然其湿球温度t_w也增加但增加幅度很小，从而$t - t_w$增加，所以干燥速率仍增加。需注意的是，若干燥物料具有热敏性，干燥介质温度不能过高，否则将导致物料升华或分解。

② 干燥介质流速：干燥介质流速越大，物料表面汽化阻力越小，因此干燥速率越大。当干燥介质辐射传热对物料起重要作用时，干燥介质流速影响将减弱。

③ 干燥介质与物料接触方式：若物料悬浮在干燥介质中，促使物料颗粒彼此分开并与干燥介质充分接触，可大大改善干燥速率，提高干燥效率。当干燥介质掠过物料表面时，空气与物料接触面积小，干燥速率较低。

④ 压强：干燥器内压强大小与物料汽化速率成反比，真空干燥器可使物料水分在较低温度下快速汽化，因此适合干燥热敏物质。

（2）降速干燥阶段

降速干燥阶段特点是物料中只含有结合水分，干燥速率取决于物料内部水分扩散，而与干燥介质条件关系不大。水分在物料内部扩散机制主要有液体扩散理论与毛细管理论。液体扩散理论认为物料内部水分不均匀而形成浓度梯度，水分在浓度梯度作用下依靠扩散而运动，其吻合非多孔性湿物料的降速干燥阶段。毛细管理论认为固体物料间存在空隙而形成截面大小不同且相互贯通的孔道，孔道在物料表面有大小不同的开口，进入干燥降速阶段后，表面上每个开口形成凹型液面，由于表面张力作用而产生毛细管力，促使物料水分迁移，该理论适用于由颗粒或纤维组成的多孔性物料。

大多数固体物料干燥介于多孔性和非多孔性物料之间，在降速干燥阶段前期，水分迁移依靠毛细管作用力；而在后期，水分移动则以扩散方式进行。

① 湿物料中因水分梯度引起的质量传递现象称为湿传导，其可采用稳态菲克定律表示，即

$$j_X = -D_X \frac{\mathrm{d}\rho}{\mathrm{d}n} \tag{6.30}$$

式中 j_X——浓度梯度引起的质量扩散通量，$kg \cdot m^{-2} \cdot s^{-1}$；

ρ——物料内部水分质量浓度，$kg \cdot m^{-3}$；

D_X——湿扩散系数，$m^2 \cdot s^{-1}$。

湿扩散速率大小不仅与物料性质、结构、含水量有关，还与物料或制品形状、尺寸有关。

② 若物料内部存在温度梯度，内部水分因热扩散而产生质量传递现象称为热湿传导。当传热方向与传质方向一致时，由温度梯度引起的质量扩散通量 j_t 可表示为

$$j_t = -D_t \rho_0 s_t \frac{\mathrm{d}t}{\mathrm{d}n} \tag{6.31}$$

式中 D_t——热湿扩散系数，$m^2 \cdot s^{-1}$；

ρ_0——干物料密度，$kg \cdot m^{-3}$；

s_t——物料温度梯度系数（物料传热能力与传质能力之比，$s_t = \dfrac{\partial X/\partial n}{\partial t/\partial n}$），$℃^{-1}$。

热湿扩散速率大小不仅与加热强度有关，而且还与加热方式有关。若物料内部毛细管两端温度为 t_1 与 t_2 且 $t_1 > t_2$，相应温度表面张力 $\Theta_1 < \Theta_2$，毛细管内水分由高温端向低温端移动，显然增加物料内部温差有利于提高干燥速率。

③ 干燥过程中若物料温度高于对应饱和温度，物料内部产生的过剩蒸气压会形成不松弛的压力梯度，其促使升温时水分由表及里迁移，冷却时则相反。一般情况下，物料水分在压力梯度作用下产生的质量扩散通量 j_p 可表示为

$$j_p = -D_w \rho_0 \frac{\mathrm{d}p}{\mathrm{d}n} \tag{6.32}$$

式中　D_w——水蒸气的质量扩散系数，表明物料内部水分以蒸汽形态传递。

根据物料中各种传递过程的耦合分析，若沿 x 方向一维干燥，内扩散速率 j_A 表示为

$$j_A = j_X \mp j_t + j_p = -D_X \frac{d\rho}{dx} \pm D_t \rho_0 s_t \frac{dt}{dx} - D_w \rho_0 \frac{dp}{dx} \tag{6.33}$$

式中，± 表示传热方向与传质方向的关系。采用外部加热时，物料表面温度高于内部温度，传热方向与传质方向相反，这时温差引起的质量扩散通量取 "+"；反之，内热源加热时取 "−"。

当物料被加热时，物料内部易产生过剩蒸气压以使水分或水蒸气迁移；而物料温度较低时，物料内部压力梯度很小，j_p 项可忽略。

湿扩散系数 D_X 与热湿扩散系数 D_t 大小与物料种类、结构、形状等性质有关，一般可通过实验测得。

6.2.5　恒定条件下干燥时间

物料在恒定干燥条件下所需干燥时间原则上应由该物料干燥试验确定，试验物料分散、堆积方式必须与生产时相同，物料干燥时间可根据下述方法进行估算。

（1）恒速阶段干燥时间

若物料含水量 X_1 大于临界含水量 X_c，则干燥过程必先有一恒速阶段，其干燥时间 τ_1 可由式（6.25）积分求得

$$\tau_1 = \int_0^{\tau_1} d\tau = -\frac{m_0}{S} \int_{X_1}^{X_c} \frac{dX}{j} \tag{6.34}$$

因干燥速率 j 为一常数，则干燥时间 τ_1 为

$$\tau_1 = \frac{m_0(X_1 - X_c)}{jS} \tag{6.35}$$

干燥速率 j 可由实验测定，也可按传质或传热速率式［式（6.28）］估算。

（2）降速阶段干燥时间

当物料含水量 X 降至临界含水量 X_c 时，降速干燥阶段开始。物料从临界含水量 X_c 降至含水量 X_2 所需时间 τ_2 为

$$\tau_2 = \int_0^{\tau_2} d\tau = -\frac{m_0}{S} \int_{X_c}^{X_2} \frac{dX}{j} \tag{6.36}$$

若物料在降速阶段干燥曲线可近似为通过临界点与坐标原点直线（图 6.7），则降速阶段干燥速率 j 可写成

$$j = K_X X \tag{6.37}$$

式中　K_X——比例系数，可由临界含水量 X_c 与恒速阶段干燥速率 j_c 求得

$$K_X = \frac{j_c}{X_c} \tag{6.38}$$

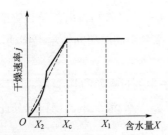

图 6.7　将降速干燥曲线处理为直线

降速阶段干燥时间 τ_2 为

$$\tau_2 = \frac{m_0}{SK_X}\ln\left(\frac{X_c}{X_2}\right) = \frac{m_0 X_c}{j_c S}\ln\left(\frac{X_c}{X_2}\right) \tag{6.39}$$

因此，物料干燥所需时间 τ 为

$$\tau = \tau_1 + \tau_2 \tag{6.40}$$

例 [6.4]

已知某物料在恒定干燥条件下含水量从 $X_1 = 0.15\text{kg}\cdot\text{kg}^{-1}$ 降至 $X_2 = 0.05\text{kg}\cdot\text{kg}^{-1}$ 需 4h，且其临界含水量 $X_c = 0.09\text{kg}\cdot\text{kg}^{-1}$，若将此物料继续干燥至 $X_3 = 0.01\text{kg}\cdot\text{kg}^{-1}$，还需多长时间？

【分析】 已知物料临界含水量 X_c，则降速阶段干燥速率曲线可按过原点直线处理。

【题解】 自由含水量从 $X_1 = 0.15\text{kg}\cdot\text{kg}^{-1}$ 降至 $X_2 = 0.05\text{kg}\cdot\text{kg}^{-1}$ 历经恒速与降速两个干燥阶段，即有

$$\tau_1 = \frac{m_0(X_1 - X_c)}{jS}$$

$$\tau_2 = \frac{m_0}{SK_X}\ln\left(\frac{X_c}{X_2}\right) = \frac{m_0 X_c}{j_c S}\ln\left(\frac{X_c}{X_2}\right)$$

联立上述两式，可得

$$\frac{\tau_1}{\tau_2} = \frac{X_1 - X_c}{X_c \ln\left(\dfrac{X_c}{X_2}\right)} = \frac{0.15 - 0.09}{0.09\ln\left(\dfrac{0.09}{0.05}\right)} = 1.1342$$

因 $\tau_1 + \tau_2 = 4$，

解得 $\tau_1 = 2.13\,(\text{h})$，$\tau_2 = 1.87\,(\text{h})$

自由含水量从 $X_c = 0.09\text{kg}\cdot\text{kg}^{-1}$ 降至 $X_3 = 0.01\text{kg}\cdot\text{kg}^{-1}$ 所需干燥时间 τ_3，则有

$$\frac{\tau_3}{\tau_2} = \frac{\ln\left(\dfrac{X_c}{X_3}\right)}{\ln\left(\dfrac{X_c}{X_2}\right)} = \frac{\ln\left(\dfrac{0.09}{0.01}\right)}{\ln\left(\dfrac{0.09}{0.05}\right)} = 3.7381$$

$$\tau_3 - \tau_2 = (3.7381 - 1)\tau_2 = (3.7381 - 1) \times 1.87 = 5.12\,(\text{h})$$

6.2.6 干燥过程物料与热量衡算

干燥过程是气、固两相间传热、传质过程，因此干燥过程物料与热量衡算是确定空气用量、分析热效率的基础。

热空气干燥物料流程如图 6.8 所示，空气经预热进入干燥器与湿物料接触，将热量传给

物料用于蒸发物料水分,然后排出干燥器。湿物料进入干燥器被热空气加热,蒸发其中水分,干物料由干燥器卸出。干燥过程各参数如下:X_0、X_1、X_2分别为进预热器、出预热器(进干燥器)、出干燥器的空气含水量;H_0、H_1、H_2分别为进预热器、出预热器(进干燥器)、出干燥器的空气焓值,kJ·kg^{-1};t_0、t_1、t_2分别为进预热器、出预热器(进干燥器)、出干燥器的空气温度,℃;G_1、G_2分别为进、出干燥器的物料量,kg·s^{-1};t_1'、t_2'分别为进、出干燥器的物料温度,℃;G_V为干空气消耗量,kg·s^{-1};w_{d1}、w_{d2}分别为进、出干燥器的干基含水量;w_{X1}、w_{X2}分别为进、出干燥器的湿基含水量;Q_S为单位时间内预热器消耗的热量,kW·s^{-1};Q_D为单位时间内向干燥器补充的热量,kW·s^{-1};Q_L为单位时间内干燥器损失的热量,kW·s^{-1}。

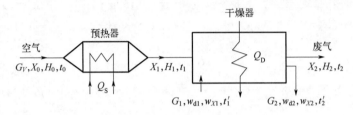

图6.8 干燥过程物料与衡算示意图

(1)物料衡算

物料含水量可以绝对干物料为基准(干基)表示,干基含水量w_d为物料水分量G_w与绝对干物料量G_d之比,即

$$w_d = \frac{G_w}{G_d} \tag{6.41}$$

物料含水量还可以湿物料为基准(湿基)表示,湿基含水量w_X为物料水分量G_w与湿物料量G_X之比,即

$$w_X = \frac{G_w}{G_X} \tag{6.42}$$

干基含水量w_d与湿基含水量w_X间关系为

$$w_d = \frac{w_X}{1-w_X} \text{ 或 } w_X = \frac{w_d}{1+w_d} \tag{6.43}$$

通过干燥系统物料衡算,可计算干燥产品流量、物料水分蒸发量、空气消耗量。假设干燥器内无物料损失,对进、出干燥器水分作物料衡算,可得单位时间水分蒸发量W为

$$W = G_V(X_2 - X_1) = G_1 w_{X1} - G_2 w_{X2} = G_d(w_{d1} - w_{d2}) \tag{6.44}$$

因湿物料量与绝对干物料量G_d间关系

$$G_d = G_1(1-w_{X1}) = G_2(1-w_{X2}) \tag{6.45}$$

联立式(6.44)与式(6.45),可得单位时间水分蒸发量W为

$$W = G_1 \frac{w_{X1} - w_{X2}}{1-w_{X2}} = G_2 \frac{w_{X1} - w_{X2}}{1-w_{X1}} \tag{6.46}$$

由式(6.44),可得干空气消耗量G_V为

$$G_V = \frac{G_d(w_{d1} - w_{d2})}{X_2 - X_1} = \frac{W}{X_2 - X_1} \tag{6.47}$$

(2) 热量衡算

干燥过程涉及空气预热与物料干燥两部分，应对预热器和干燥器进行热量衡算。

① 预热器热量衡算

若忽略预热器热损失，对预热器热量衡算，则空气在预热器所获得热量为

$$Q_S = G_V(H_1 - H_0) = G_V(1.01 + 1.88X_0)(t_1 - t_0) \tag{6.48}$$

② 干燥器热量衡算

干燥过程除空气与物料间存在热量传递之外，还有外界给干燥器补充的热量或干燥器的热损失。根据热量平衡关系，单位时间进入干燥器的热量应等于单位时间从干燥器移出的热量，即

$$Q_D = G_V(H_2 - H_1) + G_d(C_{m1}t_1' - C_{m2}t_2') + Q_L \tag{6.49}$$

式中　C_m——湿物料比热容，kJ·kg^{-1}·℃$^{-1}$，其应是绝对干物料比热容 C_d 与水比热容 C_w 之和，即

$$C_m = C_d + w_d C_w \tag{6.50}$$

(3) 热效率与干燥效率

干燥过程热量的有效利用是决定干燥经济性的重要方面，其可用热效率 η_t 与干燥效率 η_d 来表示。

干燥过程热效率 η_t 与干燥效率 η_d 分别定义为

$$\eta_t = \frac{Q_1 + Q_2}{Q} \times 100\% \tag{6.51}$$

$$\eta_d = \frac{Q_1}{Q} \times 100\% \tag{6.52}$$

式中　Q_1——物料中水分汽化耗热量，kg·s^{-1}；
　　　Q_2——物料温度升高所消耗热量，kg·s^{-1}；
　　　Q——加热干燥系统的总热量，$Q = Q_S + Q_D$，kg·s^{-1}。

6.2.7　干燥过程空气状态变化

在干燥过程中，外界与干燥器的热量交换使得空气在干燥器中状态变化比较复杂，空气离开干燥器的状态取决于空气在干燥器内所经历的过程。通常，根据空气在干燥器中的状态变化，可将干燥过程分为绝热干燥过程与非绝热干燥过程两大类。

(1) 绝热干燥过程

绝热干燥又称等焓干燥，绝热干燥过程应满足以下条件：

① 不向干燥器补充热量，即 $Q_D = 0$；
② 干燥器向周围散失的热量可忽略，即 $Q_L = 0$；

③ 进、出干燥器物料焓相等，即 $C_{m1}t_1 = C_{m2}t_2$。

当然，实际操作中很难保证绝热过程，因此绝热干燥过程又称为理想干燥过程。

（2）非绝热干燥过程

相对于理想干燥过程而言，非绝热干燥过程又称为非理想干燥过程或实际干燥过程。非绝热干燥过程根据空气焓变化有以下几种情况。

① 干燥过程空气焓降低（$H_1 > H_2$）　当 $Q_D - G_d(C_{m1}t_1 - C_{m2}t_2) - Q_L < 0$，即干燥器补充的热量小于干燥器的热损失与物料带出干燥器的热量之和时，离开干燥器的空气焓小于进入干燥器的空气焓。

② 干燥过程空气焓增加（$H_1 < H_2$）　若向干燥器补充的热量大于损失的热量与加热物料消耗热量的总和，空气经过干燥器后焓增加。

③ 干燥过程空气等温过程　若向干燥器补充的热量足够多，恰好使干燥过程在等温下进行，即空气在干燥过程维持恒定温度。

例[6.5]

某工厂有一干燥器，温度 $t_0 = 20℃$、含水量 $X_0 = 0.01 \text{kg} \cdot \text{kg}^{-1}$ 的空气经预热（$t_1 = 110℃$）后，常压下可批量处理含水量 $w_{X1} = 15\%$、$t'_1 = 20℃$ 的湿物料（$G_1 = 10.00 \text{kg} \cdot \text{s}^{-1}$），获得 $w_{X2} = 1\%$、$t'_2 = 60℃$ 的干燥产物，废气出口温度 $t_3 = 65℃$，若干物料比热容 $C_d = 2.0 \text{kJ} \cdot \text{kg}^{-1} \cdot ℃^{-1}$，连续干燥过程热损失按空气在预热中热量的5%计算，且干燥过程不补充热量，求：①空气用量，②预热器热负荷。

【分析】实际干燥过程考虑5%的热量损失，且不补充热量，可按式(6.49)计算。

【题解】① 绝对干物料处理量 G_d 为

$$G_d = G_1(1 - w_{X1}) = 10.00 \times (1 - 0.15) = 8.50 \text{ (kg} \cdot \text{s}^{-1})$$

进、出干燥器含水量 w_{d1}、w_{d2} 分别为

$$w_{d1} = \frac{w_{X1}}{1 - w_{X1}} = \frac{0.15}{1 - 0.15} = 0.1765$$

$$w_{d2} = \frac{w_{X2}}{1 - w_{X2}} = \frac{0.01}{1 - 0.01} = 0.0101$$

水分汽化量 W 为

$$W = G_d(w_{d1} - w_{d2}) = 8.50 \times (0.1765 - 0.0101) = 1.4144 \text{ (kg} \cdot \text{s}^{-1})$$

进预热器的空气焓

$$H_0 = (1.01 + 1.88 X_0)t_0 + 2490 X_0 = (1.01 + 1.88 \times 0.01) \times 20 + 2490 \times 0.01 = 45.48 \text{ (kJ} \cdot \text{kg}^{-1})$$

因 $X_1 = X_0$，则出预热器（或进干燥器）的空气焓

$$H_1 = (1.01 + 1.88 X_1)t_1 + 2490 X_1 = (1.01 + 1.88 \times 0.01) \times 110 + 2490 \times 0.01 = 138.07 \text{ (kJ} \cdot \text{kg}^{-1})$$

由附录A.1可知，进、出干燥器物料的比热容分别为

$$C_{m1} = C_d + w_{d1} C_{w,t} = 2.0 + 0.1765 \times 4.183 = 2.7383 \text{ (kJ} \cdot \text{kg}^{-1} \cdot ℃^{-1})$$

$$C_{m2} = C_d + w_{d2}C_{w,t} = 2.0 + 0.0101 \times 4.177 = 2.0422 \, (\text{kJ} \cdot \text{kg}^{-1} \cdot \text{°C}^{-1})$$

因干燥过程热损失为预热热量的5%且不补充热量，由物料衡算关系[式（6.49）]，可得

$$G_V(H_2 - H_1) + G_d(C_{m1}t_1' - C_{m2}t_2') + 0.05G_V(H_1 - H_0) = 0$$

另外，出干燥器的空气焓、空气消耗量表达式分别为

$$H_2 = (1.01 + 1.88X_2)t_2 + 2490X_2$$

$$G_V = \frac{W}{X_2 - X_1}$$

联立上述三式，解得

$$X_2 = 0.0283 \, (\text{kg} \cdot \text{kg}^{-1})$$

空气用量 G_V 为

$$G_V = \frac{W}{X_2 - X_1} = \frac{1.4144}{0.0283 - 0.01} = 77.29 \, (\text{kg} \cdot \text{s}^{-1})$$

② 预热器热负荷为

$$Q_S = G_V(H_1 - H_0) = 77.29 \times (138.07 - 45.48) = 7156.28 \, (\text{kW})$$

本章小结

固体有晶体与无定形两种状态，二者区别在于构成原子、离子或分子排列方式不同，前者规则、有序排列，而后者无序排列。

根据析出晶体原因不同，结晶过程主要有熔融结晶、升华结晶、溶液结晶三大类，其中溶液结晶经过饱和溶液形成、晶核形成及晶体长大三个阶段。溶液结晶必须以溶液过饱和度作为推动力，过饱和度是溶液结晶一个极其重要的参数，其可以通过溶液冷却、浓缩来促使过饱和度形成。晶核形成根据成核机理不同，可分为初级成核与二次成核。初级成核根据饱和溶液中有无其他微粒诱导而分为非均相成核、均相成核。二次成核机理有剪应力成核与接触成核两种。晶体生长理论与模型有扩散理论、吸附层理论、形态学理论、统计学表面模型、二维成核模型等。

溶液过饱和度、pH值、黏度、密度、搅拌、杂质等因素对晶体质量影响很大，必须根据粒度大小、分布、晶形以及纯度等方面要求，选择合适的结晶条件，并严格控制结晶过程。通过结晶过程物料与热量衡算可确定进料温度、蒸发水分量及晶体产量。

物料祛湿常用方法有机械祛湿、吸附祛湿及加热祛湿，其中加热祛湿（即干燥），是利用热能将湿物料中水分汽化而排除的过程，该法除湿彻底，但能耗较高。依据加热方式不同，干燥方法有传导、对流、辐射、介电、冷冻干燥。

湿空气性质可由绝对湿度、相对湿度、含水量、比容、密度、比热容、焓、干球温度、湿球温度、绝热饱和温度、露点等状态参数进行描述。

依据水分与物料结合方式，物料水分可分为结合水分与非结合水分。利用平衡水分曲线可确定物料结合水分与非结合水分的大小，判断水分去除的难易程度。

干燥过程是一个传质与传热相结合的过程，干燥速率取决于湿分向固体表面扩散的速率与湿分表面汽化速率。依据干燥速率变化情况，干燥过程可分为恒速干燥与降速干燥阶段，恒速干燥阶段物料内部水分向表面扩散的速率（内扩散速率）等于或大于物料表面水分汽化速率（外扩散速率），其干燥速率主要受干燥介质性质、流速及介质与物料接触方式影响；降速干燥阶段物料内部水分向表面扩散的速率小于物料表面水分汽化速率，其干燥速率主要取决于物料内部水分扩散速率，与物料本身结构、形状、尺寸等因素有关。

通过干燥过程物料与热量衡算可确定空气用量、热量消耗、分析热效率、干燥效率。

本章符号说明

符号	物理意义	计量单位
c	比热容	$kJ \cdot kg^{-1} \cdot ℃^{-1}$
c	溶质浓度	$kmol \cdot m^{-3}$
c^*	溶液饱和浓度	$kmol \cdot m^{-3}$
Δc	过饱和度	$kmol \cdot m^{-3}$
D	物料质量扩散系数	$m^2 \cdot s^{-1}$
G	物料量/空气用量	$kg \cdot s^{-1}$
h	对流传热系数	$W \cdot m^{-2} \cdot ℃^{-1}$
H	焓	$kJ \cdot kg^{-1}$
j	干燥速率或水分汽化速率	$kg \cdot m^{-2} \cdot s^{-1}$
k_X	湿度差为推动力的传质系数	$kg \cdot m^{-2} \cdot s^{-1}$
K	比例系数	无量纲
$K_核$	成核速率常数	无量纲
$K_长$	晶体生长速率常数	无量纲
l	制品的特性尺寸	m
L	平均粒度	m
m	质量	kg
M	摩尔质量	$kg \cdot mol^{-1}$
N	晶核数	无量纲
p	大气压/分压	Pa
Q	热量	kJ
R	摩尔气体常数	$kJ \cdot kg^{-1} \cdot K^{-1}$
s_t	物料温度梯度系数	$℃^{-1}$

续表

符号	物理意义	计量单位
S	干燥面积	m^2
t	温度	℃
t_{dp}	露点	℃
T	热力学温度	K
v	比容	$m^3 \cdot kg^{-1}$
V	体积	m^3
w	质量分数	无量纲
W	单位时间水分蒸发量	$kg \cdot s^{-1}$
X	含水量	无量纲
β	过饱和度比	无量纲
γ	结晶热/潜热	$kJ \cdot kg^{-1}$
δ	相对过饱和度	无量纲
η	效率	无量纲
$\varphi_{核}$	成核速率	无量纲
$\varphi_{长}$	晶体生长速率	无量纲
Φ	相对湿度	无量纲
Θ	表面张力	$N \cdot m^{-1}$
ζ	物料形状系数	无量纲
ρ	密度/绝对湿度	$kg \cdot m^{-3}$
τ	结晶/干燥时间	s

下标	说明
0	0 ℃时/绝对干/预热前
1	投料时/进干燥器前
2	出干燥器后
a	干空气
as	饱和状态
c	临界状态
d	干的/干基
D	补充的
L	损失的
m	湿物料
max	最大
p	与压力相关的参数
S	消耗的

续表

下标	说明
V	空气消耗
t	与温度相关的参数
w	水/水蒸气/湿基
X	湿空气/与湿度有关的参数

思考题与习题

6.1 工业结晶起晶方法有哪些?

6.2 影响晶体生长速率的主要因素有哪些?

6.3 结晶条件如何选择与控制?

6.4 简述结晶的基本原理。

6.5 物料中水分有哪些类型?

6.6 什么是平衡水分、自由水分、结合水分及非结合水分?

6.7 什么是干燥过程表面汽化控制,处于表面汽化控制时如何提高干燥速率?

6.8 什么是干燥过程内部扩散控制,处于内部扩散控制时如何提高干燥速率?

6.9 简述真空干燥的主要优缺点。

6.10 质量分数 $w_1 = 30\%$、$m_1 = 100kg$ 的 $CuSO_4$ 水溶液在结晶器中冷却到 20℃,结晶形成 $CuSO_4 \cdot 5H_2O$,其中 20℃时 $CuSO_4$ 溶解度 $w_3 = 20.7\%$,且结晶过程自蒸发水分 $m_w = 5kg$,求晶体产量 m 为多少?【23.92kg】

6.11 质量分数 $w_1 = 35\%$、$m_1 = 100kg$ 的 KNO_3 水溶液在真空绝热蒸发水分 3.5kg 降温至 20℃,结晶形成不含结晶水的 KNO_3,其中 20℃时 KNO_3 溶解度 $w_3 = 31.6\%$。已知物系结晶热 $\gamma_m = 68 kJ \cdot kg^{-1}$、平均比热容 $C_{mix} = 2.9 kJ \cdot kg^{-1} \cdot ℃^{-1}$ 及水的汽化潜热 $\gamma_w = 2446 kJ \cdot kg^{-1}$,求加料温度是多少?【47.98℃】

6.12 在大气压强 $p = 101.3kPa$ 环境下,求温度 $t = 20℃$($p_a = 2.3kPa$)、相对湿度 $\Phi = 60\%$、容积 $V = 100m^3$ 空间的空气含水量 X、干空气质量 m_a、水蒸气质量 m_w 及空气焓 H 各为多少?【0.009kg·kg^{-1},118.95kg,1.07kg,42.95kJ·kg^{-1}】

6.13 已知某物料在恒定干燥条件下含水量从 $X_1=0.12kg \cdot kg^{-1}$ 降至 $X_2=0.04kg \cdot kg^{-1}$ 需 4h,且其临界含水量 $X_c=0.08kg \cdot kg^{-1}$,若将此物料继续干燥至 $X_3=0.01kg \cdot kg^{-1}$,还需多长时间?【4.64h】

6.14 某工厂有一干燥器,温度 $t_0 = 20℃$、含水量 $X_0 = 0.01kg \cdot kg^{-1}$ 的空气经预热($t_1 = 130℃$)后,常压下可批量处理含水量 $w_{X1} = 10\%$ 的湿物料($G_1 = 5.00kg \cdot s^{-1}$),获得 $w_{X2} = 1\%$ 的干燥产物,废气出口温度 $t_2 = 80℃$,若该过程为理想干燥过程,求:①空气用量,②预热器热负荷。【①23.31kg·s^{-1},②2637.95kW】

附录

附录 A 常见流体的热物理性质（数字资源）

附录 A.1　饱和水的热物理性质

附录 A.2　干饱和水蒸气的热物理性质

附录 A.3　过热水蒸气的热物理性质（$p = 1.01 \times 10^5$ Pa）

附录 A.4　几种饱和液体的热物理性质

附录 A.5　液态金属的热物理性质

附录 A.6　某些液体的热物理性质（20℃和 $p = 1.01 \times 10^5$ Pa）

附录 A.7　常见气体的热物理性质（$p = 1.01 \times 10^5$ Pa）

附录 B 常见材料的导热系数（数字资源）

附录 B.1　金属材料的密度、比热、导热系数

附录 B.2　耐火材料及建筑材料的导热系数

附录 B.3　绝热材料的导热系数

附录 C　常见材料的辐射黑度（数字资源）

思考题与习题解析（数字资源）

参考文献

[1] 刘海晶. 2024 年中国战略性新兴产业之——高性能材料产业全景图谱（附供需规模、区域布局、竞争格局和发展预测等）[EB/OL]. （2024-06-18）[2024-11-17]. https://www.qianzhan.com/ analyst/ detail/ 220/240618-22262b9e.html.

[2] 韩艳婷. 预见 2024:《2024 年中国化工新材料行业全景图谱》(附市场规模、竞争格局和发展前景等)[EB/OL]. （2024-08-08）[2024-11-17]. https://www.qianzhan.com/analyst/detail/220/ 240808-d011b64e.html.

[3] 王译文. 材料成形加工技术发展现状与趋势[J]. 信息记录材料, 2018, 19(8): 26-27.

[4] 徐德龙, 谢峻林. 材料工程基础[M]. 武汉: 武汉理工大学出版社, 2008.

[5] Streeter V L, Wylie E B, Bedford K W. Fluid Mechanics[M]. 5th ed. 影印版. 北京: 清华大学出版社, 2018.

[6] 姜金宁. 硅酸盐工业热工过程及设备[M]. 北京: 冶金工业出版社, 1994.

[7] 胡敏良, 吴雪茹. 流体力学[M]. 武汉: 武汉理工大学出版社, 2008.

[8] 刘鹤年, 刘京. 流体力学[M]. 北京: 中国建筑工业出版社, 2015.

[9] 郝晓刚, 段东红. 化工原理[M]. 北京: 科学出版社, 2019.

[10] 李素君, 赵薇. 化工原理[M]. 大连: 大连理工大学出版社, 2020.

[11] 任永胜, 王淑杰, 田永华, 等. 化工原理[M]. 北京: 清华大学出版社, 2018.

[12] 中国海洋发展研究中心, "奋斗者"号全海深载人潜水器项目通过综合绩效评价[EB/OL]. 2021-07-20 [2024-11-17]. http://aoc.ouc.edu.cn/2021/0727/c9828a343555/page.htm.

[13] 潘鹤林, 黄婕, 吴艳阳, 等. 理工科专业基础核心课程思政教学实践——以化工原理课程为例[J]. 大学化学, 2019, 34(11): 113-120.

[14] 蔡艳华, 马冬梅, 彭汝芳, 等. 超音速气流粉碎技术应用研究新进展[J]. 化工进展, 2008, 27(5): 671-714.

[15] 夏前锦, 连龙, 翟建雄, 等. 倾斜吹吸控制下湍流边界层减阻的直接数值模拟研究[J]. 力学学报, 2020, 52(1): 1-15.

[16] 张顺磊, 杨旭东, 宋笔锋, 等. 应用协同射流原理的旋翼翼型增升减阻试验研究[J]. 航空工程进展, 2021, 12(4): 44-51.

[17] 张子良, 张明明. 仿生减阻翼型的气动性能[J]. 航空动力学报, 2021, 36(8): 1740-1748.

[18] 李田, 戴志远, 刘加利, 等. 中国高速列车气动减阻优化综述[J]. 交通运输工程学报, 2021, 21(1): 59-80.

[19] 高国强, 颜馨, 彭开晟, 等. 等离子体流动技术在列车减阻应用上的初步研究[J]. 电工技术学报, 2019, 34(4): 855-862.

[20] 徐英华. 流量计量[M]. 北京: 中国质检出版社, 2012.

[21] 杨世铭, 陶文铨. 传热学[M]. 北京: 高等教育出版社, 2006.

[22] Jeans J. Dynamical theory of gases[M]. London: Cambridge University Press, 1921.

[23] Chapman S, Cowling T G. Mathematical theory of non-uniform gases[M]. London: Cambridge University Press, 1959.

[24] Reid R C, Prausnitz J M, Sherwood T K. The properties of gases and liquids[M]. 3rd ed. New York: McGraw-Hill Book Company, 1977.

[25] Glasstone S, Laidler K J, Eyring H. Theory of rate processes[M]. New York: McGraw-Hill Book Company, 1941.

[26] Vignes A. Diffusion in binary solutions[J]. Industrial and Engineering Fundamentals, 1986, 5: 189.

[27] Leffler J, Cullinan H T. Variation of liquid diffusion coefficients with composition[J]. Industrial and Engineering Chemistry, 1970, 9:84-88.

[28] Kou S. Transport phenomena and materials processing[M]. New York: John Wiley & Sons Inc., 1996.

[29] 威尔特 J R, 威克斯 C E, 威尔逊 R E, 等. 动量、热量和质量传递原理[M]. 马紫峰, 吴卫生, 等, 译. 北京: 化学工业出版社, 2006.

[30] 陈卓, 周萍, 梅炽. 传递过程原理[M]. 长沙: 中南大学出版社, 2011.

[31] 赵黎明. 食品过程工程[M]. 北京: 中国轻工业出版社, 2020.